公益性行业（农业）科研专项（201503120）

中央引导地方科技发展资金项目（YDZJSX2021A032）

饲料油菜作绿肥提升
黄土高原耕地土壤质量研究

Study on growing forage oilseed rape as green manure to
improve the soil quality of arable land in Loess Plateau

杨珍平　著

中国农业出版社

北　京

图书在版编目（CIP）数据

饲料油菜作绿肥提升黄土高原耕地土壤质量研究/
杨珍平著. —北京：中国农业出版社，2022.4
ISBN 978-7-109-29326-7

Ⅰ.①饲… Ⅱ.①杨… Ⅲ.①绿肥－作用－黄土高原
－耕作土壤－土壤肥力－研究 Ⅳ.①S159.2

中国版本图书馆 CIP 数据核字（2022）第 062711 号

中国农业出版社出版

地址：北京市朝阳区麦子店街 18 号楼
邮编：100125
责任编辑：李 蕊 郭银巧 文字编辑：郝小青
版式设计：王 晨 责任校对：沙凯霖
印刷：中农印务有限公司
版次：2022 年 4 月第 1 版
印次：2022 年 4 月北京第 1 次印刷
发行：新华书店北京发行所
开本：787mm×1092mm 1/16
印张：12.5 插页：6
字数：300 千字
定价：75.00 元

山西位于黄河中游、黄土高原中部，是我国古老的农业区之一，地形多样，使得气候既有纬度地带性，又有明显的垂直变化，属温带季风性气候；主要粮食作物有小麦、玉米、高粱、谷子、豆类等，是我国小麦十大主产省份之一（隶属全国强筋中筋麦区）；种植制度多为一年一作，仅山西南部部分区域为小麦—玉米一年两作。长期单一的农作制度与土壤养分管理模式，使得该区农业生产面临着如下问题：①连作障碍严重。②肥料运用不科学，大量投入化肥，忽视有机肥与秸秆还田培肥地力的作用。③农田土壤侵蚀加重，大面积一年一熟制度使北方地区有近半年的农闲期，地表长期裸露，遭受风沙侵蚀，水土流失严重。④农牧结合不足，缺乏良好的用地养地生态循环链。基于黄土高原一熟区光热资源"一季有余、两季不足"，降水资源少且季节分布不均又水热同期的特点，2015 年作者承担公益性行业（农业）科研专项项目"北方一熟区耕地培肥与合理农作制"（201503120）子课题"山西一熟区耕地培肥与合理农作制"，从调整种植业结构、构建合理轮作制度入手，引进了华中农业大学傅廷栋院士团队育成的兼具"菜、花、饲、油、肥"特点的多功能作物——饲料油菜。充分利用麦收后 2～3 个月"半季"的光热水土资源，将饲料油菜插入山西南部黄淮中晚熟冬麦区和山西中部北方晚熟冬麦区麦后休闲期复种作绿肥改良麦田土壤肥力；充分利用绿肥作物饲料油菜的肥田特征，将饲料油菜插入山西北部高寒山区杂粮作物轮作体系中，改良潮土结构；初步探索了饲料油菜改良山西北部盐碱地的效果。研究表明，复种、轮作饲料油菜翻压还田的轮作倒茬生态培肥循环模式可有效提高我国北方黄土高原农田土壤有机质水平，改善农田土壤微生物群落和肥力结构，提高农业生产力水平，促进农民增收、农业增效，经济、社会和生态效益显著。本研究对促进绿肥作物在黄土高原地区的推广应用及该区农业高质量转型发展具有重要的指导意义。

本书收录了作者关于饲料油菜作绿肥提升耕地土壤质量方面的研究成果，部分成果已经在《中国农业科学》《水土保持学报》《应用与环境生物学报》

《核农学报》《华北农学报》《河南农业科学》《山西农业大学学报》《山西农业科学》、*Emirates Journal of Food and Agriculture* 等国内外核心学术刊物上发表。

　　本书所涉及的研究内容是在公益性行业（农业）科研专项（201503120）资助下完成的。项目开展实施过程中，得到了华中农业大学傅廷栋院士团队和国家小麦产业技术体系冬春混播麦区栽培岗位科学家高志强教授团队的大力支持，得到了试验示范基地垣曲县惠农种植专业合作社和惠民种植专业合作社、大同市新荣区昌牧润慷农民专业合作社、应县大黄巍乡北湛村的大力协助；得到了山西农业大学农学院各位领导及同仁的大力支持与帮助，在此一并感谢。另外，也要感谢参与项目实施及著作编写的各位研究生，他们是薛乃雯、杨晓晓、景豆豆、李文广、杨思、张晓琪、范倩玉、李晋、刘振华、李军辉。

　　由于作者水平有限，书中难免有不妥之处，敬请广大同行批评指正。

杨珍平

2020 年 11 月 3 日

目录
C O N T E N T S

第一章　绿肥作物提升耕地土壤质量研究综述

第一节　研究背景及意义

一、研究背景

（一）耕地质量与耕地土壤质量的内涵

从土地利用的角度来看，耕地质量指土壤环境、土地区位和土地投入与产出等方面。从土壤生产力的角度来看，耕地质量主要指耕地基础地力和耕地土壤肥力。耕地基础地力是由耕地的地形地貌条件、成土母质特征、农田基础设施及培肥管理水平、土壤理化性状等综合构成的耕地生产力（王蓉芳等，1996）；耕地土壤肥力是指影响作物生产力的土壤物理、化学、生物学特性的综合效应。21 世纪初，耕地质量的内涵为：耕地的自然属性（耕地生产能力高低）、环境属性（耕地环境状况优劣）和经济属性（耕地产品质量好坏）（刘友兆等，2003），也称耕地本底质量、健康质量和经济质量（李丹等，2004）。随着人类行为（如平田整地、兴修水利、农业机械化应用等）对耕地质量影响的深入，耕地管理质量被纳入了耕地质量的范畴，即耕地质量是耕地土壤质量、耕地环境质量（或称空间地理质量）、耕地管理质量和耕地经济质量的总和（陈印军等，2011；沈仁芳等，2012）。

耕地土壤质量是耕地质量的重要组成部分，也是耕地质量的基础，是指土壤在生态系统范围内，维持生物生产力、保护环境质量以及促进动植物和人类健康的能力（赵其国，1997；Doran，1994）。耕地土壤质量包括土壤的肥力质量（土壤的肥沃与贫瘠状况、提供养分和生产生物质的能力）、健康质量（耕地土壤污染状况）和环境质量（土壤容纳、吸收和降解各种污染物的能力）（曹志红，2008）。耕地环境质量指耕地所处位置的环境状况，包括地形地貌、地质、气候、水文等环境因素（陈印军，2011）。土壤肥力质量指标包括土壤物理、化学、生物学等指标。土壤物理指标包含土壤质地、土层和根系深度、容重、渗透率、团聚体的稳定性、土壤持水特征、土壤温度等参数；土壤化学指标包括有机质、pH、电导率、矿物质元素等；土壤生物学指标包括微生物生物量碳和微生物生物量氮、潜在可矿化氮、土壤呼吸量、酶、生物碳/总有机碳、微生物丰度及多样性、土壤动物的丰度、土壤动物生物量及多样性等。土壤环境质量指标包括土壤碳、氮储量及其向大气的释放量，土壤磷、氮储量及其向水体的释放量，土壤 pH，土壤质地，以及污染物质等（重金属、农药、化肥）的土壤环境容量、重金属元素全量和有效性、有机污染物残留量等。土壤健康质量指标包括污染物质残留、中微量营养元素全量及有效性、有益元素和有毒元素全量及有效性、人体必需的主要微量元素、全球地区性食物中缺乏的主要元素、全球地区性食物中过量的元素、有毒元素等（徐建明等，2010）。

（二）我国耕地土壤质量背景

我国人多地少，人地矛盾极为突出，我们用不到世界 10% 的耕地，养活了世界近 20% 的人口，耕地面积从 1996 年的 19.51 亿亩[*1] 减少到 2006 年的 18.27 亿亩，已逼近 18 亿亩的耕地红线（龚子同等，2007），耕地总量巨大但人均耕地不足 0.11 hm^2，仅为世界人均耕地的 45%、发达国家人均耕地的 1/4，只有美国的 1/6、阿根廷的 1/9、加拿大的 1/14、印度的 3/5（徐明岗等，2016）。2014 年和 2016 年农业部和国家统计局统计数据显示，在我国 96.78 亿亩农业用地中耕地仅有 20.24 亿亩，且耕地质量的整体水平不高，优等质量的耕地仅占耕地总面积的 27.3%（王军等，2019）。我国耕地的基本特征是整体质量偏低、中低产田比例大（陈印军等，2011）。土壤有机质含量低于 1% 的耕地占 26%，不及欧洲同类土壤有机质含量的一半。农业部 2008 年的调查结果表明，中低产田占全国耕地面积的 70.95%。现有耕地中，土壤退化、水土流失、土壤酸化等现象持续扩展（石全红等，2010；徐明岗等，2016），主要表现为：①耕层变薄，华北地区由于连续 30 多年浅层旋耕，农田土壤耕层仅为 13～15 cm，犁底层加厚至 5～8 cm，致使土壤透水透气性差，保水保肥能力降低，严重阻碍了土壤生产能力的提高（石彦琴等，2010）。②土壤污染严重，我国农药总用量高达 130 万 t，比发达国家高出 1 倍，是世界平均水平的 2.5 倍，化肥用量占世界化肥总用量的 1/3，单位面积施用量超过世界平均水平的 3 倍（刘钦普，2014；徐明岗等，2016）。基于此，必须通过不断提高耕地质量及单位耕地的生产能力来满足不断增长的各种物质需求，土壤耕地质量的保护与提升刻不容缓。土壤耕地质量的保护与提升不仅有利于解决当下面临的粮食安全、食品安全和生态环境问题，更有助于实现经济、社会协调可持续发展的千秋大业。

（三）绿肥在耕地土壤质量提升中的作用及发展

绿肥是农业生产中重要的有机生物肥源，压青还田能够改善土壤理化性质、提高作物产量、增加土壤肥力（刘国顺等，2010）。在我国，绿肥作物利用历史悠久。公元前 1000 年左右，人们开始使用除掉的杂草来养地。公元前 300 年左右，有了栽培绿肥作物的记载。北魏末年贾思勰在《齐民要术》中系统记载了绿肥作物的栽培和利用。经过长期的农业生产，农民已经认识到绿肥作物在农业系统中的重要作用。从 20 世纪 50 年代开始，绿肥作物在全国各地迅速发展，到 70 年代中期，其种植面积达到了 1 200 万 hm^2，其中南方冬季绿肥作物种植面积达到了 867 hm^2，这是我国绿肥作物发展的鼎盛时期。我国发展绿肥作物种植的潜力巨大，有约 0.5 亿 hm^2 的土地适合种植绿肥作物。但是 20 世纪 80 年代至 21 世纪初的 20 多年，在发展集约化农业的背景下，我国化肥工业迅速崛起，作物养分供应近乎完全依赖化肥，另外，由于绿肥作物的经济效益不显著等原因，农村绿肥作物种植面积急剧下滑。长期大量的化学品投入，导致资源环境压力增大、面源污染严重等

---

* 亩为非法定计量单位，15 亩＝1 hm^2。——编者注

问题。杨纪珂 1996 年发出了"营佳壤务农之本，种绿肥生态之根。岁岁年年存地力，年年岁岁庆丰登"的呼吁（杨纪珂，1996）。进入 21 世纪后，生产生态不协调，经济效益与环境效益不统一，以及国家及社会对环境健康、农产品健康的关注使绿肥作物这一良好的有机肥源再次成为热点。我国区域性、结构性、季节性闲置耕地多，适合发展绿肥生产。在种植业调整、减轻农业面源污染、改善农田生态、耕地用养结合、农产品提质增效中，绿肥作物将发挥其独特的作用（曹卫东，2009；徐晶莹，2011；曹卫东，2017）。

二、研究意义

占地面积为 0.4 亿 hm^2 的黄土高原旱区是我国重要的粮食主产区（Huang et al.，2000），其冬小麦的种植比例达到 44%，在粮食安全中发挥着关键性的作用（Jin et al.，2007）。Wang（1994）发现在黄土高原东部，冬小麦要达到最高产量需要大约 480 mm 的降水量。尽管黄土高原年平均降水量约为 580 mm，但是在冬小麦生长期的平均降水量只有 205 mm，且受大陆性季风气候的影响，黄土高原地区年降水的 60% 都集中在 7 月至 9 月。因此，水分短缺是制约该区农业发展的重要因素。长久以来，黄土旱塬形成了冬小麦—夏休闲的种植制度，夏季休闲期的雨水因为没有植被的覆盖而不能被很好地储存，光热资源也被白白浪费。李军等（1994）发现夏季休闲期的降雨不能满足大部分地区种植一茬作物的需水量，但是种植生育期较短的绿肥作物，在小麦播种之前还能够翻压还田，这样不仅可以充分利用夏闲期的降水和光热，还可以培肥地力。

农业实践证明，氮肥的大量施用促进了作物产量的大幅度提高，但同时也带来了诸多问题：经济效益下降，肥料利用率降低；环境污染，生态环境恶化现象严重（李军学，1994；鲁如坤，2004）；农作物体内硝酸盐累积，抗病虫能力下降，增加了化学农药的投入，这种恶性循环会造成更可怕的后果（洪庆文等，1994）。

绿肥作为一种养分完全的优质生物肥源，在提供农作物所需养分、改良土壤、改善农田生态环境和防止土壤侵蚀等方面均有良好作用（蒋维新等，1996；李军等，1994；李志杰等，2008）。因此，发展绿肥种植对建立一个具有良好生态环境、高度经济活力和提供富有营养、无污染、安全性强的农产品的高产、优质、高效的现代化农业生产体系具有十分重要的作用。

本研究的目的：①通过构建绿肥作物与冬小麦的轮作体系，探明夏闲期种植绿肥作物压青还田对土壤水分、养分、酶活性及后作小麦营养和产量的影响，揭示绿肥培肥原理，同时为旱地麦田的绿肥种植提供理论和实践指导。②比较不同轮作制度下土壤有机碳含量及物理性状的变化，明确不同轮作模式对土壤的改良作用，合理安排农业生产活动。③探究饲料油菜对盐碱地土壤的改良效果，为有效改良盐碱地提供新思路，拓宽饲料油菜的应用途径。

第二节　绿肥研究专题

一、绿肥种植模式研究

我国绿肥种植主要有间套作、轮作、肥饲兼用型绿肥牧草生产和果园绿肥种植等模式。

间套作绿肥种植模式有小麦间作绿肥种植模式（田飞等，2008；孟凤轩等，2010），玉米间作紫花苜蓿或大豆、魔芋等绿肥种植模式（田飞等，2008；黄体祥等，2008；徐文果等，2009；刘忠宽等，2009；王婷等，2010；孔德平等，2010），马铃薯间作绿肥高效种植模式（王婷等，2010），茶园套种不同绿肥品种模式（王建红等，2009），蔬菜、辣椒不同带距套作模式（黄体祥等，2008）等。

轮作复种绿肥模式：旱地小麦—豆科绿肥轮作模式（李可懿等，2011），绿肥—双季稻超高产种植模式（常新刚等，2007），绿肥—水稻—棉花立体种植模式（刘玉蓉，1994），菜椒—水稻—绿肥种植模式（黄启元等，2002），蚕豆（豌豆、小黑麦）—早稻—晚稻、油菜—大豆（豇豆）—晚稻、温敏核不育水稻繁殖—双季晚稻—绿肥等稻田轮作复种高效模式（盛良学等，2004；陈世建等，2009），绿肥—马铃薯—玉米—红薯高产高效栽培模式（夏可容等，2009）等。

绿肥牧草生产模式有湘南冬闲田稻—稻—绿肥（饲草）种植模式（梁海军等，2011）。

果园绿肥生态种植模式有花岗岩侵蚀区幼龄果树—绿肥优化配置模式（范明华，1998），果园生草、套种绿肥模式（曹明华，2000；陈加红等，2004），经济绿肥生态果园利用模式（涂国平，2003），绿肥套种生态果业模式（庄朱力，2004）等。

二、绿肥影响后茬作物产量研究

研究表明，绿肥翻压明显促进后茬作物烟草、水稻、玉米的生长和产量的提高（高菊生等，2013；卢秉林等，2014；张久东等，2013）。黑麦草和油菜作绿肥翻压不但促进烤烟中后期的营养生长和生殖生长，预防其早衰，提高烟草农艺性状指数，还显著增加烟叶和茎秆的干物质量，种植黑麦草和油菜后，烟叶干物质积累量比对照增加 88.4% 和 40.8%，茎秆干物质积累量增加 91.8% 和 73.7%（莫凯明等，2009）。将小麦、白菜和油菜作绿肥种植并翻压能够明显增加烟叶产量（徐祥玉等，2009）。在土壤氮肥施用量（90 kg/hm²）相同的条件下，种植光叶紫花苕子能够改善烟草的生物性状和烤烟产量，烤烟产量和总产值比对照分别增加 18.8% 和 26.0%（郭云周等，2010；王瑞宝等，2010）。紫花苕子翻压明显促进烟草对氮、磷、钾的吸收，从而提高烟草生物量（袁家富等，2009；黄平娜等，2009）。冬闲期种植绿肥可以提高早晚稻稻谷稻草产量、地上部生物总量，水稻产量与休闲相比分别增加 27.2%（紫云英）、20.5%（油菜）和 18.1%（黑麦草）（高菊生等，2011）。油菜和光叶紫花苕子作绿肥还田后玉米产量比对照平均增加 31.3%~33.0%（郑元红等，2009），达到了改良中低产田的目的。单独翻压箭筈豌豆，或者箭筈豌豆+秸秆还田均明显增加玉米产量和籽粒粗蛋白含量（孙锐锋等，2007）。翻压绿肥促进玉米植株生物量以及养分吸收量的增加，全氮、全磷、全钾吸收量分别比对照组增加 22.1%、7.7% 和 19.2%（陈正刚等，2010）。

绿肥作物对冬小麦生长和产量的影响因不同地区气候状况、耕作方式、土壤条件的不同而不尽相同。有研究表明，绿肥种植明显提高后茬小麦产量。热带豆科绿肥轮作系统中的小麦产量比禾本科轮作系统中的小麦产量增幅更大（0.2~0.68 t/hm²），达到 16%~353%（Peoples et al.，1990）。连续 5 年种植苜蓿的第一季小麦，比 5 年单作小麦增产 75.7%，种植苜蓿 4 年后第三季小麦产量较连作小麦仍然高出 36.3%（蒋维新等，

1996)。小麦与草木樨套种明显提高扬花期小麦叶绿素含量、单株叶面积、千粒重及产量，较对照分别提高 8.26%～27.2%、7.18%～13.7%、5.9%～17.7%和 12.5%～24.7%（朱军等，2008）。陕西关中地区冬小麦夏休闲期种植豆科绿肥比对照增产 21.1%（光叶苕子）和 24.3%（毛叶苕子）（张春等，2014）。四川丘陵旱地小麦预留带种植绿肥小麦增产 9.2%（谢树果等，2010）。刘均霞等（2007）、陈姣等（2009）及李银平等（2010）的研究结果也证明了绿肥对后茬小麦的增产效应。但也有研究表明，种植绿肥不能使后茬小麦明显增产，甚至导致减产。在北美大平原的小麦生长季前种植豆科绿肥，由于其对土壤水分消耗过大，结果下茬小麦严重减产（Vigil et al.，1998；Nielsen et al.，2005）。在降水很少的干旱年份种植绿肥会显著降低冬小麦产量（Zhang et al.，2007）。在渭北旱塬地冬小麦田应用豆科绿肥，与对照相比，不仅显著降低了每公顷穗数，还显著降低了产量，降幅分别达 13.8%～23.4%和 18.6%～31.3%。在甘肃灌区种植绿肥第一年，冬小麦产量随着绿肥比例的增加呈降低趋势，但土壤肥力显著提升；种植绿肥第二年，随着绿肥比例的增加小麦产量也呈增加趋势，且比对照增产 24.7%（张久东等，2011）。可见，绿肥种植是否保障主栽作物稳产增产，与该地区气候环境、土壤条件以及绿肥种植年限有关。

三、绿肥影响土壤水分含量研究

Anugroho 等（2010）和 Shepherd 等（1999）发现绿肥枝叶繁茂，对地表的覆盖性较好，能够减缓暴雨对地面的冲刷，进而减少水土流失和地表径流，茎叶对地面的覆盖还可以减少水分蒸发，增加水分入渗率，从而提高土壤水分含量。杨承建（2003）也发现绿肥覆盖相当于增加 400～500 mm 降水量。刘佳（2010）发现绿肥还田后会分解产生大量腐殖质，腐殖质是一种有机胶体，含有多糖和胡敏酸等水稳定性结构，绿肥翻压可以明显提高土壤中的水稳定性团粒数量，从而改善土壤的蓄水保墒能力。在甘肃河西地区，施用适量磷肥，同时翻压 4 500 kg/hm² 绿肥，土壤含水量比无绿肥处理和增施化肥处理分别增加 18.2%和 18.3%（包兴国等，1994）。

在干旱农业系统中，Oweis 等（2004）认为水分是影响旱地作物产量的关键因素，休闲期土壤水分储存量更是制约旱地农业发展和粮食产量的关键因素。通过土地休闲制度，每公顷土地每增加 1 mm 土壤储水量可以平均增加小麦产量 8 kg（French，1978）。而休闲期轮作绿肥的土壤水分含量因被绿肥作物利用而降低（Mc Guire et al.，1998；Schlegel et al.，1997）。Schlegel 等（1997）在美国半干旱地区进行的两年轮作试验发现，休闲期种植毛叶苕子消耗的土壤水分达到 178 mm。Zhang 等（2009）在陕西合阳的 3 年旱地研究发现，夏闲期种植豆科绿肥并且在小麦播种前一个月翻压有降低土壤水分含量的趋势。在陕西长武的试验发现，夏闲期种植豆科绿肥，下茬小麦播前 0～200 cm 土壤蓄水量比休闲对照降低 78～93 mm（赵娜等，2010），第二季的土壤蓄水量降低 6～29 mm（张达斌等，2012）。有数据表明，在湿润的休闲期，栽培绿肥能够使土壤水分降低 15 mm；在干旱的休闲期，栽培绿肥则能够使土壤水分降低 66 mm，因此，是否种植绿肥需要根据当地的气候条件确定（Mc Guire et al.，1998）。对于潮湿的热带地区，充足的季节性降雨可以弥补绿肥作物休闲期所消耗的水分。

四、绿肥提高土壤有机、无机养分含量研究

绿肥作物含有丰富的养分，翻压腐解后，不仅能够提高土壤有机质、氮、磷、钾、钙、镁及各种微量元素的含量，还可以更新和提升有机质的质量，提高有机无机复合度和阳离子交换量，最终使土壤通气性和透水性增强（陈家坊，1983；陈礼智，1982；刘忠翰，1984；张绍德，1983）。有数据表明，1 kg 绿肥鲜草能够提供氮 6.3 g、磷 1.3 g、钾 5 g，相当于 13.7 g 尿素、6 g 过磷酸钙、10 g 硫酸钾。而且绿肥的根系发达，能够显著提高土壤有机质含量，改善土壤结构，培肥地力。方日尧等（2003）连续 10 年在陕西省合阳县甘井基地开展绿肥试验得出，绿肥可显著提高土壤有机质含量 0.70 g/kg、提高全氮含量 0.085 g/kg、提高碱解氮含量 2.60 mg/kg，使有效磷、速效钾亦表现出增加的趋势。在陕西省宜川县秋林乡十里坪村的试验结果表明，白三叶草、小冠花、箭筈豌豆、禾本科黑麦草、早熟禾等能够使土壤有机质含量提高 10.8%～37.8%，使土壤全氮、速效氮、有效磷、速效钾含量分别提高 1.2%～10.7%、2.6%～31.9%、8.5%～24.7% 和 2.1%～10.5%。

不同绿肥作物对不同土壤养分的还田积累量不同。豆科绿肥的根瘤菌具有很强的固氮能力，在土壤氮素循环中具有至关重要的作用。荞麦、水花生等绿肥作物能够很好地富集钾。商陆科、杜英科、菊科等植物则能通过根系及其分泌物将土壤中的钾活化，提高了土壤中速效钾的含量。于凤芝等（2010）的研究显示，不同品种绿肥的氮还田量顺序为苏丹草＞红苋 R104＞阿尔冈金＞饲料苦荬菜＞澳洲青，磷还田量效果与氮一致，钾还田量顺序为红苋 R104＞苏丹草＞阿尔冈金＞饲料苦荬菜＞澳洲青。陈礼智（1992）研究发现光叶苕子绿肥的干物质中锌含量较高，连续种植 3 年后，表层土壤中的有效锌从最初的 2.9 mg/kg 提高到了 4.9 mg/kg。土壤有机质是评价土壤质量高低的重要指标（曹慧等，2003；陈家坊，1983；Goyal et al.，1999；杨珍平等，2010）。王建红等（2009）对绿肥还田后稻田有机质的长期动态监测结果显示，土壤中有机质的动态变化与绿肥品种密切相关，豆科绿肥腐解较快，其有机质含量变化快于禾本科绿肥，整体来说，绿肥还田后土壤有机质含量得到提高。刘国顺等（2006）对不同品种绿肥翻压的研究结果表明，绿肥中油菜和黑麦提高土壤有机质含量的效果最优。

五、绿肥改善土壤物理性状研究

绿肥根系对土壤具有穿透性，可增强土壤的孔隙度和空间性，提高土壤渗透性。绿肥翻压后，经土壤微生物的分解作用产生腐殖质，腐殖质与钙结合形成团粒结构，从而使得土壤疏松、透气，容重下降，保水保肥，增加土壤缓冲性，加速盐碱地脱盐，降低红壤中活性铝和游离铁的危害，利于农作物的生长。腐殖质的更新还能够降低氮素淋溶损失。胡霭堂等（2003）发现，连续 3 年翻压田菁 15.75 t/hm² 能够降低土壤容重，增加总孔隙度、渗透系数和每米土层的脱盐率。罗玲等（2010）连续 3 年翻压黑麦草绿肥的研究结果表明，与对照相比，绿肥处理的土壤容重降低 3.6%，孔隙度增加 1.7%，同时土壤肥力提高，烟叶产量提高、品质改善。绿肥还能够稳定地表温度（沈林洪等，2001）。

土壤团聚体是土壤结构的重要组成部分，影响土壤孔隙性、持水性、通透性和抗蚀性，对调节土壤中的水、肥、气、热有着重要作用，其数量和大小是决定土壤侵蚀、压实、板结等物理过程速度和幅度的关键指标。贾宇等（2020）的研究表明，连续施用绿肥能促进＞0.25 mm的微团聚体向＞2 mm的团聚体转移，且长期施用绿肥能显著提高耕层＞0.25 mm的水稳性团聚体的含量。

六、绿肥提高土壤生物活性研究

土壤微生物是土壤有机无机复合体的重要组成部分，其数量及活性影响着土壤养分的组成与转化，是土壤肥力的重要指标之一。绿肥翻压后，土壤有机物增加，从而促进土壤微生物的繁殖和活动，促进腐殖质形成、养分活化及土壤熟化。新翻压的植物体的主要成分是碳水化合物，是土壤微生物重要的碳源和能量来源，可与土壤黏粒松散结合，易被微生物利用，参与土壤碳氮循环。土壤碳源充分，微生物活性增强，也能够增加微生物对固有有机质的分解和利用，从而使土壤有机质处于动态平衡和不断更新的过程中，起到更新土壤的作用。刘均霞等（2007）研究发现，小麦与绿肥间作系统中，小麦根系活力、硝酸还原酶活性分别比单作显著提高57.95%和87.56%。高喜等（2008）研究发现，绿肥紫云英显著提高了土壤脲酶活性，为对照的374%，这可能是由于绿肥带来了土壤微生物所需的碳源，促进了微生物分泌脲酶。王丽宏等（2007）认为冬种紫云英和黑麦草可提高土壤好气型细菌、真菌和放线菌的数量。杨曾平等（2011）发现冬种绿肥翻压能显著提高长期双季稻田土壤微生物种群数量，其效果优于冬种油菜和黑麦草。林新坚等（2012）的研究表明，豆科绿肥配施氮、磷、钾处理可显著提高可培养微生物量，其中细菌、放线菌、真菌较对照分别增加455.3%、225.6%和100%。还有研究表明，复种绿肥还田影响茶树根际土壤真菌群落的组成，被孢霉门、子囊菌门、担子菌门和球囊菌门为优势门，从而改善茶园土壤生态环境，有利于实现茶叶绿色可持续发展（傅海平等，2020）。

七、绿肥转化土壤中难溶养分、促进植物吸收利用研究

有研究发现，绿肥作物的根系分泌物和分解产生的有机酸能够将土壤中难溶解的磷、钾转化为易吸收利用的有效磷和有效钾（杨利宁等，2015；兰忠明等，2012；占丽平等，2012）。草木樨的根部能够分泌有机酸，将难溶解的磷转化为有效磷，从而促进植物的吸收利用，并且能把土壤深层的磷富集到表面，增加耕层土壤的有效磷含量（郭志彬等，2012）。

八、绿肥促进畜牧业发展研究

畜牧业的快速发展增加了草场生产的压力，草场的过度利用会造成草场的退化及生态环境的破坏。研究表明种植饲草兼用的绿肥能够促进畜牧业发展，提高农民收益，改良中低产田，促进农业可持续发展。多种绿肥作物如苕子、满江红、紫云英、箭筈豌豆、沙打旺、草木樨等都是优良的牲畜饲料。绿肥作为饲料时，其养分利用率较高，茎叶中30%的养分可以被家畜转化为肉、奶等动物性蛋白质，70%转化为粪尿为农田提供粪肥。中国农业科学院土壤肥料研究所（1994）的调查资料表明，我国1 000 kg鲜草可转化为75 kg

鲜牛奶、22.5～35 kg 活体羊、14.1～25 kg 活体猪、32.1 kg 活体兔、40～50 kg 草鱼。周景福（2002）发现，绿肥—牲畜—粪肥—产量是一个良性循环系统，可促进农牧业共同发展。

九、绿肥保护土壤环境研究

绿肥作物能够覆盖地表，减少水分蒸发及地表径流，减少水土流失，在盐碱地、丘陵地和风沙区的保护作用更为重要。郜翻身等（1997）发现，连续种植绿肥作物 4 年后，土壤全盐含量显著降低。在新疆种植 3 年苜蓿，可以使 1 m 土层的土壤含盐量从 0.88%降到 0.14%，脱盐率达到 84%（李军学，1994）。在内蒙古种植田菁，能够减少地面水分蒸发，明显抑制了底层盐分上移（王景生等，1999）。利用沙打旺等绿肥作肥耐寒、耐旱、耐沙埋、耐瘠薄等特点对土地进行植被恢复，能够为作物生长创造良好的土壤环境。调查数据显示，在坡地无梯田条件下，清耕、全园生草和带状生草区水流失量分别为 790.8 kg/hm²、383.1 kg/hm² 和 401.1 kg/hm²，土壤流失量分别为 528.2 kg/hm²、17.0 kg/hm² 和 19.0 kg/hm²。胡霭堂和周立祥（2003）在内蒙古坝子口的试验发现，种植草木樨的果园其地表径流量比裸地减少 43.8%～61.5%，土壤冲刷量则减少 39.9%～90.8%。

十、绿肥缓解农田及果园病虫草害研究

在果园里种植绿肥可以大量培养害虫的天敌，是防治病虫害的有效措施。陈礼智（1992）发现，种植绿肥的苹果园内天敌数目比清耕园高出 58%，害虫爆发期推迟 7 d，峰值降低 39%；植草园的蚜虫和叶螨的高峰期延迟 3～15 d，桃子的卵果率下降，苹果腐烂病减少 41.51%～73.24%，轮纹烂果病减少 20.12%～30.35%，而且苹果小叶病发病率降低 43.53%；行间植草的苹果园每亩中华草蛉、小黑花蝽为 2 210 头和 8 340 头，天敌与害螨的比例约为 1∶（1.2～2.3）；但是清耕区的中华草蛉、小黑花蝽为 397 头和 888 头，天敌与害螨的比例约为 1∶（34～88），差异明显。栽植绿肥也是防治土传病害的有效措施。甘肃省农业科学院发现，种植秋绿肥（油菜）能够有效防治豌豆根病，实现增产。国外的研究发现，很多绿肥作物如十字花科植物及玉米、苏丹草、燕麦、蒲公英、莴苣等都有较好的防病效果。关于绿肥的防病机理还有待进一步研究。此外，Carvalho 等（2000）发现，在免耕时进行绿肥轮作翻压，可以抑制杂草，减少除草剂的施用，降低生产成本。

第三节　饲料油菜作绿肥还田改良黄土高原耕地土壤质量研究的切入点

黄土高原旱地是我国西北地区重要的耕地资源，土壤全氮和有机质含量相对较低，超过一半的土壤有机质含量低于 1%（Liu et al.，2011）。为提高作物产量，过量化学氮肥被施用（赵护兵等，2016），最终导致土壤酸化板结、微生物多样性降低。作为目前化学肥料零增长计划和土壤有机质提升计划的重要替代肥源（刘威等，2018），绿肥是一种养

分完全的生物肥源，对农业的可持续发展有着重要意义（Zhang et al.，2016）。绿肥还田能够更新土壤腐殖质、提高土壤肥力、改善土壤理化性状且增加作物产量（高菊生等，2013；杨滨娟等，2013），而饲料油菜作为绿肥优势明显，其植株高大，有机质含量高，盛花期全氮、全磷、全钾含量较其他绿肥高，其粗长的直根系对土壤形成穿刺效应，破除犁底层，使土壤形成很多微孔隙，改善了土壤的通气状况，提高了土壤的有氧呼吸效率及酶活性（王丹英等，2012；Nicolaisen et al.，2004）。

目前针对绿肥翻压还田对后茬作物产量及土壤肥力影响的研究多集中在南方地区，所选作物多为水稻。北方黄土高原旱地小麦大面积种植区缺乏关于绿肥还田对后茬作物产量、土壤理化性状、细菌群落结构以及多样性的影响的系统研究。李红燕等（2016）在不同夏季绿肥品种及种植方式的基础上，研究发现油菜翻压入土后能够增加土壤的养分含量和酶活性。王璐等（2010）通过 2 年双季稻免耕抛栽定位试验发现，紫云英和稻草还田可以提高水稻产量和土壤养分含量，并缓解长期免耕导致的土壤板结问题。Zhang 等（2017）通过长期定位试验将紫云英、油菜和黑麦草 3 种作物作为水稻田还田作物，研究结果表明，长期绿肥还田增加了水稻根际土壤的有益菌。

土壤微生物作为农田生态系统的重要组成部分，能够对肥料累积作用产生敏感而快速的响应，是评价土壤质量、土壤肥力和作物生产力的重要指标。开展对土壤微生物群落组成结构和丰度的研究，也能为进一步改进施肥和耕作制度提供依据（Ramirez et al.，2010；Ding et al.，2014）。有研究认为在复杂的微生物生态系统中，高丰度的优势细菌是影响群落结构的主要因素，近年来的一些研究表明低丰度的细菌同样对群落起到至关重要的作用（Adam et al.，2017）。因此，开展将饲料油菜作为绿肥合理还田对减少化肥施用、维持土壤肥力、保证作物产量、增加土壤细菌多样性的研究具有重要的意义。

另外，有学者研究发现土壤微生物群落组成的主要驱动力是作物类型和土壤类型等，油菜—小麦轮作有助于提高小麦产量，且改变根际微生物组成（Hilton，2018）。绿肥还田后土壤细菌群落代谢主要以碳水化合物代谢、氨基酸代谢、膜转运、信号传导和能量代谢等为主（包明等，2018）。目前的大多数研究多是针对绿肥还田后土壤理化性质或微生物菌群的改变，但这些单独的研究并不能系统地反映土壤中细菌群落、酶活性及养分间的关系。而 16S rRNA 细菌基因和 18S rRNA 真菌基因 Illumina MiSeq 高通量测序技术与 PICRUSt 细菌功能基因预测方法及 FUNGuild 真菌在线数据库，为研究饲料油菜还田对后作麦田土壤变化特征和机制的影响提供了先进的方法（Langille et al.，2013）。

因此，针对黄土高原一熟区光热资源"一季有余、两季不足"、降水资源少且季节分布不均又水热同期的特点，引进华中农业大学傅廷栋院士团队育成的兼具"菜、花、饲、油、肥"特点的十字花科春夏播作物——饲料油菜，在黄淮中晚熟冬麦区和北方晚熟冬麦区麦后休闲期复种作绿肥改良麦田土壤肥力，插入山西北部高寒山区杂粮作物轮作体系改良潮土结构，初步探索了饲料油菜改良盐碱地的效果。研究结果表明，复种、轮作饲料油菜翻压还田的轮作倒茬生态培肥循环模式可有效提高我国北方黄土高原农田土壤有机质水平，改善农田土壤微生物群落和肥力结构，提高农业生产力水平，促进农民增收、农业增效，经济、社会和生态效益显著。本研究对促进我国北方地区农业高质量转型发展具有重要的现实意义。

参考文献

包明，何红霞，马小龙，等，2018. 化学氮肥与绿肥对麦田土壤细菌多样性和功能的影响 [J]. 土壤学报，55（3）：734-743.

包兴国，邱进怀，刘生战，等，1994. 绿肥与氮肥配合施用对培肥地力和供肥性能的研究 [J]. 土壤肥料（2）：27-29.

曹慧，孙辉，杨浩，等，2003. 土壤酶活性及其对土壤质量的指示研究进展 [J]. 应用与环境生物学报，9（1）：105-109.

曹明华，2000. 红壤幼龄果园不同管理模式对土壤养分状况影响的研究 [J]. 福建热作科技，25（4）：1-4.

曹志红，周健民，2008，中国土壤质量 [M]. 北京：科学出版社.

常新刚，黄国勤，章秀福，等，2007. 江西绿肥—双季稻超高产种植模式与调控技术研究Ⅰ. 不同移栽方式对早稻生长发育及产量的影响 [J]. 中国农学通报，23（5）：171-174.

陈家坊，1983. 土壤胶体：第1册 [M]. 北京：科学出版社.

陈加红，王运香，王建岭，2004. 不同土壤管理模式对土壤肥力、果树树势及产量的影响 [J]. 山西果树（4）：11-12.

陈姣，吴良欢，2009. 两种野生绿肥对小白菜生长和营养品质的影响 [J]. 植物营养与肥料学报，15（3）：625-630.

陈礼智，1992. 绿肥在持续农业中的地位与使用 [M]. 沈阳：辽宁大学出版社.

陈世建，张振华，黄泽智，等，2009. 温敏核不育水稻繁殖—晚稻—绿肥一年三熟制复种模式初探 [J]. 作物研究，23（1）：52-53.

陈印军，肖碧林，方琳娜，等，2011. 中国耕地质量状况分析 [J]. 中国农业科学，44（17）：3557-3564.

陈正刚，田晓琴，李剑，等，2010. 贵州旱地玉米绿肥与氮磷钾化肥的效益研究 [J]. 耕作与栽培（3）：32-33.

范明华，1998. 花岗岩侵蚀区幼龄果树与绿肥优化配置模式研究 [J]. 南昌水专学报，17（3）：21-27.

方日尧，同延安，耿增超，等，2003. 黄土高原区长期施用有机肥对土壤肥力及小麦产量的影响 [J]. 中国生态农业学报，11（2）：47-49.

傅海平，周品谦，王沅江，等，2020. 绿肥间作对茶树根际土壤真菌群落的影响 [J]. 茶叶通讯，47（3）：406-415.

高菊生，曹卫东，李冬初，等，2011. 长期双季稻绿肥轮作对水稻产量及稻田土壤有机质的影响 [J]. 生态学报，31（16）：4542-4548.

高菊生，徐明岗，董春华，等，2013. 长期稻—稻—绿肥轮作对水稻产量及土壤肥力的影响 [J]. 作物学报，39（2）：343-349.

高喜，曹建华，程阳，等，2008. 绿肥种植对石灰土脲酶活性与土壤肥力的影响 [J]. 安徽农业科学，36（31）：13725-13728.

郜翻身，崔志祥，樊润威，等，1997. 有机物料对盐碱化土壤的改良作用 [J]. 土壤通报，28（1）：9-11.

龚子同，陈鸿昭，张甘霖，等，2007. 保护耕地：问题、症结和途径：谈我国1.2亿公顷耕地的警戒线

［J］. 生态环境（5）：1570-1573.

郭云周，尹小怀，王劲松，等，2010. 翻压等量绿肥和化肥减量对红壤旱地烤烟产量产值的影响［J］. 云南农业大学学报，25（6）：811-816.

郭志彬，王道中，刘长安，等，2012. 引入草木樨对半干旱黄土高原区早期植物群落演替和土壤养分的影响（英文）［J］. 西北植物学报，32（4）：787-794.

洪庆文，黄不凡，1994. 农业生产中的若干土壤学与植物营养学问题［M］. 北京：科学出版社：110-123.

胡霭堂，周立祥，2003. 植物营养学［M］. 2版. 北京：中国农业大学出版社：172-199.

黄平娜，秦道珠，龙怀玉，等，2009. 绿肥还田对烟田土壤培肥和烤烟产量品质的作用［J］. 土壤通报，41（2）：379-382.

黄启元，李检年，2002. 江西永丰县椒—稻—肥种植模式及其效果［J］. 中国辣椒，2（3）：39-40.

黄体祥，韦崇崴，韦云勤，2008. 绿肥—玉米/蔬菜—辣椒不同带距套作效果初探［J］. 农技服务（9）：37-38.

贾宇，车宗贤，包兴国，等，2020. 长期施用绿肥对灌漠土水稳性团聚体及其有机碳的影响［J］. 国土与自然资源研究（5）：49-54.

蒋维新，秦志前，1996. 发展绿肥 增加肥源［J］. 甘肃农业科技（8）：30-32.

孔德平，黄素芳，闫旭东，等，2010. 玉米—大豆合理间作模式研究［J］. 河北农业科学（1）：1-2.

来璐，郝明德，王永功，2004. 黄土高原旱地长期轮作与施肥土壤微生物量磷的变化［J］. 植物营养与肥料学报，10（5）：546-549.

兰忠明，林新坚，张伟光，等，2012. 缺磷对紫云英根系分泌物产生及难溶性磷活化的影响［J］. 中国农业科学，45（8）：1521-1531.

李丹，刘友兆，李治国，2004. 耕地质量动态变化实证研究：以江苏省金坛市为例［J］. 中国国土资源经济（6）：24-27，49.

李红燕，胡铁成，曹群虎，等，2016. 旱地不同绿肥品种和种植方式提高土壤肥力的效果［J］. 植物营养与肥料学报，22（5）：1310-1318.

李军，王立祥，1994. 渭北旱塬夏闲地开发利用研究［J］. 西北农业大学学报，22（2）：99-102.

李军学，1994. 撂荒地的收复与改造［J］. 新疆农业科技（6）：9-10.

李可懿，王朝辉，赵护兵，等，2011. 黄土高原旱地小麦与豆科绿肥轮作及施氮对小麦产量和籽粒养分的影响［J］. 干旱地区农业研究，29（2）：110-116，123.

李银平，徐文修，陈冰，等，2010. 绿肥种植模式对连作棉田土壤肥力及棉花产量的影响［J］. 西北农业学报，19（9）：149-153.

李志杰，马卫萍，孙文彦，等，2008. 现代农业中黄淮海地区适宜绿肥种植模式分析［J］. 现代农业科学（11）：52-54.

梁海军，秦道珠，黄平娜，等，2011. 湘南冬闲田稻—稻—绿肥（饲草）种植模式及效益研究［J］. 湖南农业科学（11）：32-35.

林新坚，林斯，邱珊莲，等，2012. 不同培肥模式对茶园土壤微生物活性和群落结构的影响［J］. 植物营养与肥料学报，19（1）：97-105.

刘国顺，罗贞宝，王岩，等，2006. 绿肥翻压对烟田土壤理化性状及土壤微生物量的影响［J］. 水土保持学报（1）：95-98.

刘佳，2010. 二月兰的营养特性及其绿肥效应研究［D］. 北京：中国农业科学院.

刘均霞，陆引罡，远红伟，等，2007. 小麦—绿肥间作对资源的高效利用［J］. 安徽农业科学，35

（10）：2884-2885.

刘钦普，2014. 中国化肥投入区域差异及环境风险分析 [J]. 中国农业科学，47（18）：3596-3605.

刘威，熊又升，徐祥玉，等，2018. 减量施肥模式对稻麦轮作体系作物产量和养分利用效率的影响 [J]. 中国农业科技导报，20（5）：91-99.

刘晓燕，金继运，任天志，等，2010. 中国有机肥料养分资源潜力和环境风险分析 [J]. 应用生态学报，21（8）：2092-2098.

刘友兆，马欣，徐茂，2003. 耕地质量预警 [J]. 中国土地科学（6）：9-12.

刘玉蓉，1994. 肥—稻—棉立体种植模式 [J]. 抚州科技（2）：16-18.

刘忠翰，1984. 稻草、紫云英对土壤复合体性质的影响 [J]. 土壤学报（1）：10-11.

刘忠宽，曹卫东，秦文利，等，2009. 玉米—紫花苜蓿间作模式与效应研究 [J]. 草业学报（6）：158-163.

卢秉林，包兴国，张久东，等，2014. 河西绿洲灌区玉米与绿肥间作模式对作物产量和经济效益的影响 [J]. 中国土壤与肥料（2）：67-71.

鲁如坤，2004. 我国的磷矿资源和磷肥生产消费Ⅱ. 磷肥消费和需求 [J]. 土壤，36（2）：113-116.

罗玲，余君山，秦铁伟，等，2010. 绿肥不同翻压年限对植烟土壤理化性状及烤烟品质的影响 [J]. 安徽农业科学（24）：13217-13219.

孟凤轩，迪力夏提，伊里哈木，等，2010. 伊犁河谷小麦绿肥适宜种植模式研究 [J]. 耕作与栽培（4）：5-6.

莫凯明，徐辉，熊霞，等，2009. 绿肥还田对旱地烤烟产量与品质的影响 [J]. 湖南农业科学（4）：73-75，78.

沈林洪，陈晶萍，黄炎和，2001. 宽叶雀稗的性状研究 [J]. 福建热作科技（2）：1-8.

沈仁芳，陈美军，孔祥斌，等，2012. 耕地质量的概念和评价与管理对策 [J]. 土壤学报，49（6）：1210-1217.

盛良学，黄道友，2004. 稻田复种应用经济绿肥效应研究 [J]. 中国生态农业学报，12（3）：109-111.

石全红，王宏，陈阜，等，2010. 中国中低产田时空分布特征及增产潜力分析 [J]. 中国农学通报，26（19）：369-373.

石彦琴，高旺盛，陈源泉，等，2010. 耕层厚度对华北高产灌溉农田土壤有机碳储量的影响 [J]. 农业工程学报，26（11）：85-90.

孙波，赵其国，张桃林，等，1997. 土壤质量与持续环境Ⅲ. 土壤质量评价的生物学指标 [J]. 土壤（5）：225-234.

孙锐锋，李剑，肖厚军，等，2007. 肥与秸秆混合还土效果试验 [J]. 贵州农业科学，35（5）：72-74.

田飞，苟正贵，陈颖，等，2008. 小麦—绿肥—玉米—大豆配套多熟种植模式的增产效应 [J]. 贵州农业科学，36（6）：29-31.

涂国平，2003. 水土保持型生态果业模式结构功能分析 [J]. 水土保持通报，23（6）：29-31.

王丹英，彭建，徐春梅，等，2012. 油菜作绿肥还田的培肥效应及对水稻生长的影响 [J]. 中国水稻科学，26（1）：85-91.

王建红，曹凯，傅尚文，2009. 几种茶园绿肥的产量及对土壤水分、温度的影响 [J]. 浙江农业科学（1）：100-102.

王景生，卜金明，贾树均，等，1999. 盐碱地改良与田菁种植 [J]. 内蒙古农业科技（增刊）：181-182.

王军，李萍，詹韵秋，等，2019. 中国耕地质量保护与提升问题研究 [J]. 中国人口·资源与环境，29（4）：87-93.

王丽宏，曾昭海，杨光立，等，2007. 前茬冬季覆盖作物对稻田土壤的生物特征影响 [J]. 水土保持学报 (1)：164-167.

王璐，吴建富，潘晓华，等，2010. 紫云英和稻草还田免耕抛栽对水稻产量和土壤肥力的影响 [J]. 中国农学通报，26 (20)：299-303.

王蓉芳，曹富有，彭世琪，等，1996. 中国耕地的基础能力与土壤改良 [M]. 北京：中国农业出版社.

王瑞宝，闫芳芳，夏开宝，等，2010. 不同苕子绿肥翻压模式对烤烟产量和品质的影响 [J]. 安徽农业科学，38 (12)：6183-6188.

王婷，包兴国，2010. 河西绿洲灌区马铃薯间作绿肥高效种植模式研究 [J]. 甘肃农业科技 (10)：12-15.

夏可容，谢光忠，向立忠，2009. "绿肥—马铃薯—玉米—红薯"高产高效栽培模式探讨 [J]. 农技服务 (7)：22-23.

谢树果，韩文斌，冯文强，等，2010. 豆科绿肥对四川丘陵旱地作物的产量及经济效益初探 [J]. 中国土壤与肥料 (5)：82-85.

徐建明，张甘霖，谢正苗，等，2010. 土壤质量指标与评价 [M]. 北京：科学出版社.

徐明岗，卢昌艾，张文菊，等，2016. 我国耕地质量状况与提升对策 [J]. 中国农业资源与区划，37 (7)：8-14.

徐文果，张宏芳，陈志雄，2009. 魔芋套种玉米加绿肥高效栽培模式 [J]. 农村百事通 (2)：35-36.

徐祥玉，王海明，袁家富，等，2009. 不同绿肥对土壤肥力质量及其烟叶产质量的影响 [J]. 中国农学通报，25 (13)：58-61.

杨滨娟，黄国勤，王超，等，2013. 稻田冬种绿肥对水稻产量和土壤肥力的影响 [J]. 中国生态农业学报，21 (10)：1209-1216.

杨曾平，高菊生，郑圣先，等，2011. 长期冬种绿肥对红壤性水稻土微生物特性及酶活性的影响 [J]. 土壤，43 (4)：576-583.

杨承建，2003. 长治市旱地果园土壤肥力状况及培肥措施 [J]. 河北农业科学 (1)：68-70.

杨晶，沈禹颖，南志标，等，2010. 保护性耕作对黄土高原玉米—小麦—大豆轮作系统产量及表层土壤碳管理指数的影响 [J]. 草业科学，19 (1)：75-82.

杨利宁，敖特根·白银，李秋凤，等，2015. 苜蓿根系分泌物对土壤中难溶性磷的影响 [J]. 草业科学，32 (8)：1216-1221.

杨珍平，张翔宇，苗果园，2010. 施肥对生土地谷子根苗生长及根际土壤酶和微生物种群的影响 [J]. 核农学报，24 (4)：802-808.

于凤芝，曹卫东，高同彬，等，2010. 黑龙江主要绿肥品种肥料价值和饲料价值的比较 [J]. 中国土壤与肥料 (4)：69-72.

袁家富，徐祥玉，赵书军，等，2009. 绿肥翻压和减氮对烤烟养分累积、产量及质量的影响 [J]. 湖北农业科学，48 (9)：2106 2109.

占丽平，丛日环，李小坤，等，2012. 低分子量有机酸对红壤和黄褐土 K^+ 吸附动力学的影响 [J]. 土壤学报，49 (6)：1147-1157.

张春，杨万忠，韩清芳，等，2014. 夏闲期种植不同绿肥作物对土壤养分及冬小麦产量的影响 [J]. 干旱地区农业研究，32 (2)：66-72.

张达斌，李婧，姚鹏伟，等，2012. 夏闲期连续两年种植并翻压豆科绿肥对旱地冬小麦生长和养分吸收的影响 [J]. 西北农业学报，21 (1)：59-65.

张帆，黄凤球，肖小平，等，2009. 冬季作物对稻田土壤微生物量碳、氮和微生物熵的短期影响 [J].

生态学报, 29 (2): 734-739.

张久东, 包兴国, 曹卫东, 等, 2013. 间作绿肥作物对玉米产量和土壤肥力的影响 [J]. 中国土壤与肥料 (4): 43-47.

张久东, 包兴国, 胡志桥, 等, 2011. 绿肥与化肥配施对小麦产量和土壤肥力的影响 [J]. 干旱地区农业研究, 29 (6): 125-129.

张绍德, 1983. 绿肥和厩肥对土壤有机无机复合体性质影响的试验研究 [J]. 土壤通报 (3): 32-35.

赵护兵, 王朝辉, 高亚军, 等, 2016. 陕西省农户小麦施肥调研评价 [J]. 植物营养与肥料学报, 22 (1): 245-253.

赵娜, 赵护兵, 鱼昌为, 等, 2010. 夏闲期种植翻压绿肥和施氮量对冬小麦生长的影响 [J]. 西北农业学报, 19 (12): 41-47.

赵其国, 孙波, 张桃林, 1997. 土壤质量与持续环境Ⅰ. 土壤质量的定义及评价方法 [J]. 土壤 (3): 113-120.

郑国璋, 郑玮, 孙敏, 等, 2015. 旱地小麦休闲期地膜覆盖对土壤水分和产量的影响 [J]. 沈阳农业大学学报, 46 (3): 357-362.

郑元红, 潘国元, 毛国军, 等, 2009. 不同绿肥间套作方式对培肥地力的影响 [J]. 贵州农业科学, 37 (1): 79-81.

中国土壤调查协会, 1998. 中国土壤 [M]. 北京: 中国农业出版社.

周景福, 2002. 浅谈绿肥在土壤农业中作用 [J]. 北方园艺 (6): 17.

周品谦, 王沅江, 莫泽东, 等, 2020. 绿肥间作对茶树根际土壤真菌群落的影响 [J]. 茶叶通讯, 47 (3): 406-415.

朱军, 石书兵, 马林, 等, 2008. 不同时期套种绿肥对免耕春小麦光合生理特性及产量的影响 [J]. 新疆农业科学, 45 (6): 990-995.

庄朱力, 2004. 经济绿肥生态果园利用模式的应用推广 [J]. 福建农业 (10): 10.

Adam I K U, Duarte M, Pathmanathan J, et al., 2017. Microbial communities in pyrene amended soil-compost mixture and fertilized soil [J]. AMB Express, 7 (1): 1-17.

Anugroho F, Kitou M, Nagumo F, et al., 2010. Potential growth of hairy vetch as a winter legume cover crops in subtropical soil conditions [J]. Soil Science and Plant Nutrition, 56 (2): 254-262.

Carvalho A M, SodréFilho J, 2000. Green manures and their use for soil covering [J]. Boletim de Pesquisa-Embrapa Cerrados (11).

Ding J, Jiang X, Guan D, et al., 2017. Influence of inorganic fertilizer and organic manure application on fungal communities in a long-term field experiment of Chinese mollisols [J]. Applied Soil Ecology, 11: 114-122.

French R J, 1978. The effect of fallowing on the yield of wheat. Ⅱ. The effect on grain yield [J]. Australian Journal of Agricultural Research, 29 (4): 669-684.

Goyal S K, Chander K, Mundra M C, et al., 1999. Influence of inorganic fertilizers and organic amendments on soil organic matter and soil microbial properties under tropical conditions [J]. Biology and Fertility of Soils, 29 (2): 196-200.

Hilton S, Bennett A J, Chandler D, et al., 2018. Preceding crop and seasonal effects influence fungal, bacterial and nematode diversity in wheat and oilseed rape rhizosphere and soil [J]. Applied Soil Ecology, 126: 34-46.

Huang M, Li Y, 2000. Study on potential yield increase of dry land winter wheat on the loess tableland

[J]. Journal of Natural Resources (in Chinese), 15 (2): 143-148.

Jin K, Cornelis W M, Schiettecatte W, et al., 2007. Effects of different management practices on the soil water balance and crop yield for improved dryland farming in the Chinese Loess Plateau [J]. Soil and Tillage Research, 96 (1): 131-144.

Kueneman E A, Root W R, Dashiell K E, et al., 1984. Breeding soybeans for the tropics capable of nodulating effectively with indigenous *Rhizobium* spp [J]. Plant and Soil, 82 (3): 387-396.

Ladha J K, Dawe D, Ventura T S, et al., 2000. Long-term effects of urea and green manure on rice yields and nitrogen balance [J]. Soil Science Society of America Journal, 64 (6): 1993-2001.

Langille M G I, Zaneveld J, Caporaso J G, et al., 2013. Predictive functional profiling of microbial communities using 16S rRNA marker gene sequences [J]. Nature Biotechnology, 31 (9): 814-821.

Larson W E, Pierce F J, 1994. The dynamics of soil quality as a measure of sustainable management [J]. Defining Soil Quality for A Sustainable Environment, 35: 37-51.

Liu Z P, Shao M A, Wang Y Q, 2011. Effect of environmental factors on regional soil organic carbon stocks across the Loess Plateau region, China [J]. Agriculture, Ecosystems and Environment, 142 (3): 184-194.

Mc Guire A M, Bryant, et al., 1998. Wheat yields, nitrogen uptake, and soil moisture following winter legume cover crop vs. fallow [J]. Agronomy Journal, 90 (3): 404-410.

Nicolaisen M H, Risgaard P N, Revsbech N P, et al., 2004. Nitrification-denitrification dynamics and community structure of ammonia oxidizing bacteria in a high yield irrigated philippine rice field [J]. FEMS Microbiology Ecology, 49 (3): 359-369.

Nielsen D C, Vigil M F, 2005. Legume green fallow effect on soil water content at wheat planting and wheat yield [J]. Agron omy Journal, 97 (3): 684-689.

Odum E P, 1989. Input management of production systems [J]. Science, 243 (4888): 177-182.

Oweis T, Hachum A, Pala M, 2004. Water use efficiency of winter-sown chickpea under supplemental irrigation in a mediterranean environment [J]. Agricultural Water Management, 66 (2): 163-179.

Peoples M B, Herridge D F, 1990. Nitrogen fixation by legumes in tropical and subtropical agriculture [M]. Advances in agronomy. Pittsburgh: Academic Press, 44: 155-223.

Ramirez K S, Lauber C L, Knight R, et al., 2010. Consistent effects of nitrogen fertilization on soil bacterial communities in contrasting systems [J]. Ecology, 91 (12): 3463-3470.

Schlegel A J, Havlin J L, 1997. Green fallow for the central Great Plains [J]. Agronomy Joural, 89 (5): 762-767.

Shannon C E, 1997. The mathematical theory of communication [J]. M D Computing, 14 (4): 306-317.

Shepherd M A, Webb J, 1999. Effects of overwinter cover on nitrate loss and drainage from a sandy soil: consequences for water management [J]. Soil Use and Management, 15 (2): 109-116.

Vigil M F, Nielsen D C, 1998. Winter wheat yield depression from legume green fallow [J]. Agronomy Journal, 90 (6): 727-734.

Wang W M, 1994. Dryland farming technology in north China [J]. China Agricultural Science and Technology Press: 167-192.

Zhang D B, Yao P W, Zhao N, et al., 2016. Contribution of green manure legumes to nitrogen dynamics in traditional winter wheat cropping system in the Loess Plateau of China [J]. European Journal of

Agronomy，72：47-55.

Zhang S，Lvdahl L，Grip H，et al.，2007. Modeling the effects of mulching and fallow cropping on water balance in the Chinese Loess Plateau [J]. Soil and Tillage Research，93 (2)：283-298.

Zhang X，Zhang R，Gao J，et al.，2017. Thirty-one years of rice-rice-green manure rotations shape the rhizosphere microbial community and enrich beneficial bacteria [J]. Soil Biology and Biochemistry，104：208-217.

第二章　研究内容及相关指标测定方法

第一节　研究内容

一、麦后复种绿肥对黄土高原半干旱区麦田土壤肥力的影响研究

(一)试验地概况

试验于 2015 年 7 月至 2016 年 6 月在山西省运城市闻喜县邱家岭村（110°59′E，35°09′N）开展。试验地属于丘陵旱地，无灌溉系统。受大陆性季风气候影响，该地区降水集中在 7 月至 9 月（此期为上季小麦收获后至下茬小麦播种前的夏闲期），从 10 月开始到次年 6 月降水稀少。2005 年至 2016 年 12 年间的年平均降水量为 478.81 mm，平均气温为 13.44℃。试验期间该地区降水及气温见图 2-1，可见夏闲期降水偏少，只有历年夏闲期平均降水量的 37%。绿肥种植前土壤养分含量见表 2-1。

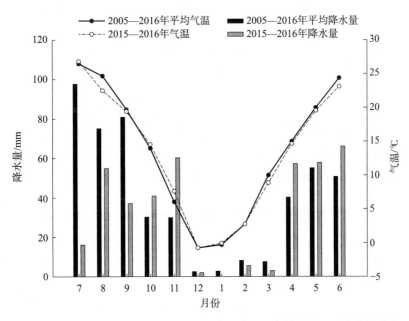

图 2-1　2015 年 7 月至 2016 年 6 月山西省闻喜县邱家岭村气温及降水量分布

表 2-1　土壤基础养分含量

土层深度/cm	有机质(g/kg)	全氮(g/kg)	全磷(g/kg)	速效氮(mg/kg)	有效磷(mg/kg)	速效钾(mg/kg)
0～20	4.09	0.91	1.00	36.47	1.424	206.14
20～40	4.02	0.78	0.87	27.20	1.568	138.20
40～60	3.03	0.71	0.78	19.78	0.472	98.57
60～80	2.50	0.75	0.78	16.07	0.336	91.77
80～100	3.65	0.65	0.77	20.39	0.344	97.43

（二）试验材料

饲料油菜：华油杂 62 号，甘蓝型半冬性波里马细胞质雄性不育系杂交种，属甘蓝型"双低"优质杂交油菜品种，芥酸含量为 0，硫苷含量为 29.64 μmol/g（饼），全生育期 140 d 左右，由华中农业大学、湖北国科高新技术有限公司提供。

夏大豆：晋大 78 号，亚有限结荚习性，株型紧凑，根系发达，抗倒性较强，由山西农业大学大豆育种研究室提供。

冬小麦：烟农 21 号，水旱兼宜品种，冬性，中熟，抗寒、抗旱、抗倒伏能力强，抗病性好，分蘖力强，成穗率高。由侯马市金色农田农业科技市场有限公司提供。

（三）实施方案

1. 麦后复种绿肥

2015 年 6 月 15 日前茬小麦收获时留高茬，茬高 20～30 cm。麦收后第一场雨后进行硬茬直播绿肥，实际播种时间为 2015 年 7 月 3 日。试验设 5 个处理，分别是：饲料油菜小播量 7.5 kg/hm²（G1）、中播量 15.0 kg/hm²（G2）、大播量 22.5 kg/hm²（G3），大豆播量 105.0 kg/hm²（G4），以不种植绿肥的裸地（L6）为对照。L6 处理在麦收后进行机械深松，深度为 35～40 cm。每个处理规格为 11.5 m×3 m，随机排列。重复 3 次，共计 15 个小区。

后作小麦播种前（实际时间为 2015 年 9 月 27 日），对上述绿肥处理进行旋耕还田，旋耕深度为 15～20 cm。每个绿肥处理再设茎叶还田 R 和不还田 N（即地上部收获）两个副处理，每个副处理面积为 17.25 m²。整体试验以裸地 L6 为对照。共计 27 个小区。还田当天，所有处理均人工撒施氮磷钾肥，施肥量分别为 N 150 kg/hm²、P₂O₅ 150 kg/hm²、K₂O 150 kg/hm²。

图 2-2 中为试验田复种大豆、饲料油菜及绿肥还田图片。

2. 后作小麦

于 2015 年 10 月 1 日播种后作小麦，膜际条播，行距为 30 cm，播量为 97.5 kg/hm²。

（四）取样及测定项目

分别于绿肥苗期（取样时间为 2015 年 8 月 12 日）、开花期（8 月 30 日/9 月 7 日/9 月 15 日）、成熟期（9 月 25 日）和小麦越冬期、返青期、拔节期、孕穗期、开花期、成熟期取地上部植株样品和 0～20 cm 根系样品，测定农艺性状指标、干物质积累动态及植株养分

A   B   C

图 2-2　试验田

A. 复种大豆　B. 复种饲料油菜　C. 绿肥还田

指标；同时采用直径为 4 cm 的土钻，以植株根轴为中心，垂直地面分层取 0～100 cm 土层土样，每 20 cm 为一个土层，每小区重复 3 次；将所取土样去除根系及石砾等杂物后混匀，再分为两份，一份放入铝盒中以测定土壤含水量，另一份放入灭菌自封袋中，待风干过筛后测土壤养分和土壤酶活性指标。另外，取上述绿肥苗期、开花期和成熟期的 0～20 cm 和 20～40 cm 土层的少量土样放入冰盒中，迅速带回实验室置于－80℃冰箱中，以备土壤微生物高通量测序分析。

二、麦后复种饲料油菜作绿肥还田提升黄土高原半湿润偏旱区土壤质量研究

（一）试验地概况

试验于 2016 年 6 月至 2017 年 6 月在山西省运城市垣曲县长直乡鲁家坡村十倾园（111°43.3′E，35°14.4′N）试验地进行。该区属暖温带半湿润大陆性季风气候，年均气温为 13.5 ℃，年均日照时数为 2 026.2 h，年积温为 4 900 ℃，年降水量为 600～800 mm，年蒸发量为 1 200 mm，全年无霜期为 236 d 左右，降水集中在 5 月至 9 月，是典型旱作雨养农业区。试验期间该地区降水量及气温见图 2-3。试验地为山顶梯田，土壤质地为中壤，土壤类型属于褐土性红立黄土，pH 为 8.0。饲料油菜播前测得 0～20 cm 耕层土壤基本性质为有机质 11.51 g/kg、全氮 0.87 g/kg、全磷 0.81 g/kg、碱解氮 41.13 mg/kg、有效磷 14.58 mg/kg。

（二）试验材料

饲料油菜：华油杂 62 号，由华中农业大学、湖北国科高新技术有限公司提供。

夏玉米：联创 808，根系发达，茎秆韧性强，抗倒伏倒折，抗青枯病、斑病、锈病等多种病虫害，由侯马市金色农田农业科技市场有限公司提供。

冬小麦：烟农 21 号，由侯马市金色农田农业科技市场有限公司提供。

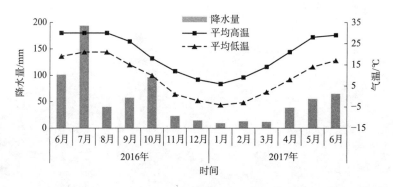

图 2-3　2016 年 6 月至 2017 年 6 月试验区气温和降水量分布

（三）实施方案

前茬小麦收获后复种饲料油菜，考察合理的种植密度；后作小麦播种前将饲料油菜还田，考察适宜的还田时间。试验采用二因素裂区设计：主区为播量（S），设置 7.5 kg/hm² （小播量，S1）、15.0 kg/hm²（中播量，S2）和 22.5 kg/hm²（大播量，S3）3 个播量水平；副区为还田时期（D），设置 9 月 10 日（早期还田，D1）、9 月 20 日（中期还田，D2）和 9 月 30 日（晚期还田，D3）3 个不同还田时期，以常规农户的麦后复种夏玉米模式（9 月 30 日玉米收获后秸秆全量还田）作为对照。每个处理重复 3 次，共计 30 个小区，小区规格为 15 m×44 m。

2016 年 6 月 10 日麦收后按照试验设计复种饲料油菜，条播，行距为 20 cm，分别于 9 月 10 日、20 日和 30 日对设定小区进行饲料油菜翻压还田；10 月 9 日采用施肥播种一体机种植冬小麦，条播，行距为 20 cm，种植密度为 112.5 kg/hm²，施肥深度为 20～40 cm，肥料为氮磷钾复合肥（N：P_2O_5：K_2O＝18：22：5），用量为 750 kg/hm²。常规农户模式的麦后复种夏玉米种植采用机械化种肥同穴播种，肥料为氮磷钾复合肥（N：P_2O_5：K_2O＝20：10：10），用量为 750 kg/hm²，施于距种子 10 cm 处，其他管理措施同一般大田生产，9 月 30 日翻耕还田。试验田麦后复种饲料油菜苗期和后作小麦成熟期作物长势见图 2-4。

图 2-4　试验田作物长势

A. 麦后复种饲料油菜苗期　B. 后作小麦成熟期

（四）取样及测定项目

分别于 2016 年 7 月 10 日（油菜苗期）、8 月 10 日（油菜开花期）和 9 月 10 日（油菜成熟期）取油菜样，每个小区分别随机取 10 株油菜，测定其地上部鲜重和根鲜重，烘干测单株地上部干重和根干重；再随机取 3 株，称取 0.2 g 绿叶测定叶绿素含量；将根部清洗干净后，取 0.5 g 根尖部位测定根系活力；同时用直径为 4 cm 的灭菌土钻，以油菜植株根轴为中心，垂直地面分层采集 0～100 cm 土层土样，20 cm 为一个土层。将所取土样风干、研磨、过筛后测定土壤碱解氮、有效磷、有机质含量及土壤脲酶、碱性磷酸酶、蔗糖酶活性。

分别于 2016 年 9 月 10 日、20 日和 30 日绿肥作物还田当日，在每个小区随机选取 3 个 1 m² 样方，收获植株地上部分，待测还田生物量（即地上部干物质重；将待测样品置于烘箱中，105 ℃杀青 30 min，再 80 ℃烘干至恒重）。

分别于 2017 年 3 月 14 日（小麦返青期）、4 月 8 日（小麦拔节期）、5 月 13 日（小麦抽穗期）和 6 月 17 日（小麦成熟期）取小麦样，每个处理随机选取 10 株小麦，测量株高、倒二叶长和宽、分蘖数、次生根数、单株绿叶数、主茎叶龄。收获时，每个小区随机选取 3 个 0.66 m² 样方，自然风干，测定穗数、穗粒数、穗粒重、千粒重、总粒重等。

2017 年 6 月 17 日小麦收割前采集土壤样品。每个试验小区取 3 个样方作为区内重复，每个样方内随机选取 5 个点，以小麦植株根轴为中心，用直径为 4 cm 的灭菌土钻采集 0～20 cm 耕层土样，去除根系、动植物残体、石块等杂物后混合均匀迅速装入无菌自封袋，用 4 ℃冰盒带回实验室后将混合土样分为 3 份，将其中 2 份风干后分别用于土壤养分及酶活性的测定，将另外 1 份保存于−80 ℃冰箱中用于土壤微生物 DNA 的提取。

三、麦后复种苜蓿作绿肥还田提升黄土高原半湿润偏旱区土壤质量研究

（一）试验地概况

试验于 2016 年 6 月至 2017 年 6 月进行。试验地位于山西省运城市垣曲县长直乡鲁家坡村十倾园。试验地气候、土壤条件及试验期间气温降水见本节二中的试验地概况。苜蓿播前测得 0～40 cm 土层土壤养分含量为：有机质 7.71～8.81 g/kg、碱解氮 31.5～46.1 mg/kg、有效磷 5.10～11.26 mg/kg、速效钾 92.5～132.0 mg/kg。

（二）试验材料

紫花苜蓿：蔷薇目豆科苜蓿属，多年生草本植物，其根系粗壮发达，深入土层，茎直立、丛生，枝叶茂盛，素有"牧草之王"之称，由宁夏西贝农林牧生态科技有限公司提供。

夏玉米：联创 808，由侯马市金色农田农业科技市场有限公司提供。

冬小麦：烟农 21 号，由侯马市金色农田农业科技市场有限公司提供。

（三）实施方案

前茬小麦收获后复种苜蓿，考察合理的种植密度；后作小麦播种前，将苜蓿压青还田，考察适宜的还田时间。试验采用二因素裂区设计，主区为苜蓿种植密度，设置 3 个播量水平：7.5 kg/hm²（小播量，S）、15.0 kg/hm²（中播量，M）、22.5 kg/hm²（大播

量，L）；副区为还田时间，设置 3 个还田时间：2016 年 9 月 10 日（早还田，T1）、9 月 20 日（中还田，T2）、9 月 30 日（晚还田，T3）。以常规麦后复种夏玉米模式为对照（CK），9 月 30 日玉米收获后秸秆全量还田。重复 3 次，共计 30 个小区，每个小区面积为 15 m×44 m＝660 m²。

2016 年 6 月 10 日麦收后按试验设计播种苜蓿和夏玉米。苜蓿种植采用机械化条播技术，行距为 20 cm，于 9 月 10 日、20 日、30 日按试验设计依次进行翻耕还田；夏玉米种植采用机械化种肥同穴播种技术，肥料为氮磷钾复合肥（N：P$_2$O$_5$：K$_2$O＝20：10：10），用量为 750 kg/hm²，种肥间距为 10 cm，于 9 月 30 日翻耕还田。2016 年 10 月 9 日，在各小区采用施肥播种一体机条播小麦，行距为 20 cm，种植密度为 112.5 kg/hm²，施肥深度为 20～40 cm，肥料为氮磷钾复合肥（N：P$_2$O$_5$：K$_2$O＝18：22：5），用量为 750 kg/hm²，于 2017 年 6 月 10 日收获。采用常规田间管理技术。后作小麦生长情况见图 2-5。

A   B

图 2-5　后作小麦田间长势

A. 返青期　B. 成熟期

（四）取样及测定项目

分别于苜蓿幼苗期（7 月 10 日）、花芽分化期（8 月 10 日）、鼓粒期（9 月 10 日），采用直径为 4 cm 的灭菌土钻，以植株根轴为中心，采集不同小区 0～100 cm 土层土样，每 20 cm 为一层，重复 3 次，装入灭菌塑封袋中，风干研磨后用于土壤养分和酶活性的测定。还田当日，在每个小区内随机选取 3 个 1 m² 样方，收获植株地上部分置于烘箱中，105℃杀青 30 min，再 80 ℃烘干至恒重，记录各样方地上部干重，即还田生物量。

分别于小麦返青期、拔节期、抽穗期在每个小区随机取样 10 株，测定单株株高、主茎倒二叶长和宽、绿叶数及单株干重等农艺性状指标。于小麦成熟期（2017 年 6 月 1 日），在各小区按五点取样法，以植株根轴为中心，用直径为 4 cm 的灭菌土钻取 0～20 cm 表层土样，重复 3 次。剔除根系及石砾等杂物后装入灭菌塑封袋，充分混匀，用装有冰袋的保温箱运抵实验室。将所有样品分为 2 份，1 份置于阴凉通风处风干、研细过 1 mm 筛，用于土壤养分及酶活性的测定；1 份于－80℃冰箱中保存，用于土壤微生物 DNA 的提取分析。

四、麦后复种饲料油菜提升北方晚熟冬麦区小麦生长和土壤质量及周年经济效益研究

（一）试验地概况

试验于 2015 年 6 月至 2016 年 6 月在山西省晋中市太谷县山西农业大学试验田内进行。试验田土壤类型为褐土，土质为中壤土，0～40 cm 耕层土壤养分含量为：有机质 13.25 g/kg、全氮 1.89 g/kg、全磷 198.5 mg/kg、速效氮 57.5 mg/kg、有效磷 11 mg/kg、速效钾 135 mg/kg、pH8.0。

（二）试验材料

饲料油菜：华油杂 62 号，由华中农业大学、湖北国科高新技术有限公司提供。

冬小麦：中国农业科学院作物科学研究所育成品系 CA0547，冬性，强筋。

（三）实施方案

2015 年 6 月 28 日，前茬小麦收获后，撒播饲料油菜，播种量为 22.5 kg/hm²，播种面积为 300 m²，以不种油菜为空白对照（CK₀）。重复 3 次。9 月 14 日，在上述每个重复的饲料油菜田中，取 3 个 0.667 m² 的样段，将地上部植株收获，测定鲜重和干重（经测定平均鲜重为 66.64 t/hm²，平均干重为 8.15 t/hm²）；将植株晾干粉碎，测定植株氮、磷含量（经测定平均氮含量为 360.75 kg/hm²，平均磷含量为 35.7 kg/hm²）。之后，将每个重复的饲料油菜田平均划分成 2 个小区，其中 1 个小区将油菜植株的地上部分全部收获（CK₁），另 1 个小区将油菜植株的地上部分全部粉碎还田（T）。9 月 26 日，对上述所有地块统一进行旋耕处理，并机械条播后作小麦，行距为 20 cm，播种量为 225 kg/hm²。试验田油菜生长、地上部收割及油菜还田情况见图 2-6。

A

图 2-6　试验田油菜生长、地上部收割及还田情况

A. 油菜生长期　B. 地上部收割　C. 油菜还田

（四）取样及测定项目

于后作小麦三叶期（2015 年 10 月 16 日）、越冬期（2015 年 12 月 1 日）、返青期（2016 年 3 月 8 日）、起身期（2016 年 4 月 2 日）、拔节初期（2016 年 4 月 15 日）、拔节中期（2016 年 4 月 23 日）、孕穗期（2016 年 5 月 1 日）、抽穗期（2016 年 5 月 4 日）、扬花期（2016 年 5 月 11 日）取样，每个处理随机取样 10 株，测定株高、绿叶数、旗叶长宽、倒二叶长和宽以及整株干重和穗干重。

于拔节初期（2016 年 4 月 15 日）和孕穗期（2016 年 5 月 1 日）取土样，每个处理随机选取 3 个样点，以植株根轴为中心，用直径为 8 cm 的螺旋式土钻，按 0～10 cm、10～20 cm、20～40 cm、40～60 cm、60～80 cm 和 80～100 cm 的垂直土层依次分层获取土样，将所取土样分成 2 份，1 份装入铝盒用于土壤相对含水量的测定，1 份装入自封塑料袋用于土壤酶活性和土壤有机质含量的测定。

于灌浆期（2016 年 5 月 11 日至 6 月 11 日），每个处理每隔 5 d 随机取 10 个茎，测定旗叶长宽、倒二叶长和宽以及单茎干重和穗干重。将上述各个时期的单株或单茎样品烘干粉碎，待测植株氮、磷含量。

于开花期，每个处理选择同天开花、大小均匀的穗挂牌标记，于花后 5 d、10 d、15 d、20 d、25 d 和 30 d 取样，每次取 30 个穗。取部分穗 105 ℃杀青 30 min，再 80 ℃烘干至恒重，然后粉碎，待测籽粒蛋白质及其组分含量。

在小麦成熟期，每个处理随机取 3 个面积为 0.667 m² 的样方进行单独收获，并计算每个样方的总穗数、穗粒数、千粒重和实际产量。将收获后的小麦籽粒烘干粉碎，待测籽粒蛋白质及其组分含量。

五、轮作饲料油菜秸秆还田对高寒山区潮土土壤有机碳含量及结构的影响研究

(一)试验地概况

试验于 2018 年至 2019 年在山西省大同市新荣区破鲁乡高向台村（112°55′E，40°13′N）进行。该区位于山西省最北端，年均气温为 5 ℃左右，年均降水量为 350 mm，无霜期平均 110 d，为典型的一年一熟制地区。试验地土壤类型为潮土，土质为黏土，容重为 1.47 g/cm³，总孔隙度为 39.2%，田间持水量为 25.6%。0～20 cm 耕作层土壤有机碳含量为 6.27 g/kg，全氮含量为 0.19 g/kg，硝态氮含量为 15.07 mg/kg，有效磷含量为 5.65 mg/kg。

(二)试验材料

1. 供试作物

油菜：华油杂 62。玉米：黑甜糯 639。马铃薯：晋薯 16。燕麦：冀张燕 2 号。荞麦：晋荞麦 2 号。

2. 基施肥料

氮磷钾复合肥（$N：P_2O_5：K_2O=18：18：18$，山西天脊煤化工集团有限公司生产）；磷酸氢二铵肥（$N：P_2O_5：K_2O=18：46：0$，云南三环中化化肥有限公司生产）。

(三)实施方案

试验设 6 个轮作处理（表 2-2），3 次重复，共计 18 个小区，小区规格为 70 m×3 m。2018 年作物播种日期为：玉米（C），2018 年 5 月 1 日；油菜（R）和马铃薯（P），2018 年 5 月 3 日；燕麦（O）和荞麦（B），2018 年 5 月 25 日。作物播种行距为：油菜、燕麦和荞麦，20 cm；玉米，50 cm；马铃薯，60 cm。作物播种量为：油菜 15 kg/hm²，马铃薯 1 500 kg/hm²，玉米 20.25 kg/hm²，荞麦 30 kg/hm²，燕麦 60 kg/hm²，随播种一次性基施氮磷钾复合肥 600 kg/hm²。各处理均以不施肥处理和休闲裸地（F）为对照。2018 年 9 月 19 日收获上述作物，并将秸秆粉碎全量翻压还田，还田深度为 25 cm。施肥区秸秆还田量分别为：油菜 2 400 kg/hm²，玉米 18 486 kg/hm²，马铃薯 3 682 kg/hm²，燕麦 2 955 kg/hm²，荞麦 8 205 kg/hm²。未施肥区秸秆还田量分别为：油菜 2 250 kg/hm²，玉米 9 849 kg/hm²，马铃薯 2 750 kg/hm²，燕麦 2 765 kg/hm²，荞麦 5 128 kg/hm²。2019 年 6 月 30 日，所有处理在 2018 年的基础上统一播种荞麦，播种行距为 12 cm，播种量为 22.5 kg/hm²，基施磷酸氢二铵 150 kg/hm²。2019 年 9 月 25 日收获荞麦，并将秸秆粉碎全量翻压还田，还田深度为 25 cm。

表 2-2　轮作试验处理一览表

处理	代码	轮作模式描述
休闲—休闲	FF	2018 年、2019 年全年休闲
油菜—荞麦	RB	2018 年油菜，2019 年荞麦
玉米—荞麦	CB	2018 年玉米，2019 年荞麦
马铃薯—荞麦	PB	2018 年马铃薯，2019 年荞麦
燕麦—荞麦	OB	2018 年燕麦，2019 年荞麦
荞麦—荞麦	BB	2018 年荞麦，2019 年荞麦

　　试验期间各小区统一管理，适时进行杂草防除和病虫害防治等田间管理。休闲裸地的管理同其他处理，同时保持试验期间无植物。轮作试验中不同作物的田间生长状况见图2-7。

图2-7　轮作试验中作物田间生长状况
A. 油菜　B. 玉米　C. 马铃薯　D. 荞麦　E. 燕麦

（四）取样及测定项目

　　于2019年9月荞麦收获后采集土壤样品，每个处理用铝盒分别取0～20 cm、20～40 cm、40～60 cm剖面原状土；将采集的原状土样倒扣在样品盘上，置于干净整洁的室内通风处，2～3 d后，将大块土样沿自然结构轻轻掰成直径为10 mm左右的小土块，并挑出植物残根等杂物，室温条件下自然风干，在此期间避免暴晒，并注意防止污染。对风干土样进行土壤团聚体的分离，分离后取部分土壤样品过0.15 mm筛用于土壤有机碳的测定。

六、当年种植饲料油菜改良盐碱地效果初探

（一）试验地概况

　　试验于2018年7月在山西省朔州市应县（112°58′～113°37′E，39°17′～39°45′N）

进行。应县位于山西省境内北部，年均气温为 7 ℃左右，年降水量为 360 mm。试验地总面积为 1.4 hm²。试验地土壤基本理化性质见表 2-3。

表 2-3　试验地土壤基本理化性质

试验地划分	碱解氮含量/(mg/kg)	有效磷含量/(mg/kg)	速效钾含量/(mg/kg)	有机质含量/(g/kg)	全盐含量/%	Na⁺含量/(g/kg)	pH
Ls	31.30	7.35	116.17	7.81	0.52	0.44	7.72
Ms	31.91	6.97	94.63	7.13	0.70	0.96	7.77
Hs	33.11	6.52	78.75	8.35	0.78	1.30	7.81

注：Ls 表示低盐土壤；Ms 表示中盐土壤；Hs 表示高盐土壤。

（二）供试作物

饲料油菜：华油杂 62，由华中农业大学国家油菜工程技术研究中心提供。

（三）试验方案

根据试验地实际土壤盐分含量设高盐（Hs）、中盐（Ms）、低盐（Ls）3 个处理，重复 3 次，共计 9 个小区，每个小区面积为 1 555 m²。播前机械撒施氮磷钾复合肥（总养分含量为 51%，$N:P_2O_5:K_2O=17:17:17$）600 kg/hm²。2018 年 7 月 19 日播种，油菜播量为 15 kg/hm²。

（四）取样及测定项目

2018 年 7 月 18 日播前土壤样品采集；10 月 4 日（初花期）采集土壤和油菜植株样品（分为根、茎、叶 3 部分）用于测定土壤养分含量、pH、全盐含量、矿质元素含量等指标。各小区按对角线法选择 3 个取样地点，将地上部作物收获，然后以植株根轴为中心，采用直径为 8 cm 的螺旋式土钻，垂直于地面获取 0～20 cm 土层的土壤样品，装入塑料自封袋备用。

第二节　植株样品指标测定方法

一、叶绿素含量测定

采用分光光度计法（熊庆娥，2003）。取新鲜植物叶片，擦净组织表面污物，去除中脉剪碎。称取剪碎的新鲜样品 0.2 g 于研钵中，加入少量石英砂和碳酸钙粉及 3 mL 95% 乙醇（或 85% 丙酮），研成匀浆，再加入 10 mL 乙醇，继续研磨直至组织变白。静置 3～5 min。取 1 张滤纸置于漏斗中，用乙醇湿润，沿玻璃棒把匀浆液倒入漏斗，用 100 mL 棕色容量瓶收集滤液；然后用乙醇少量多次冲洗研钵、研棒，将冲洗液连同残渣一起倒入漏斗过滤；再用滴管吸取乙醇，将滤纸上残留的叶绿体色素洗入容量瓶，直至滤纸和残渣中无绿色为止；最后用乙醇定容至 100 mL，摇匀。取叶绿体色素提取液 20 mL，在波长663 nm 和 645 nm 处测定吸光度，以 95% 乙醇为空白对照。计算公式如下：

$$叶绿素 a 含量（mg/g）=(12.7 \times A_{663}-2.69 \times A_{645}) \times \frac{V}{W \times 1\,000}$$

$$\text{叶绿素 b 含量(mg/g)} = (12.7 \times A_{645} - 2.69 \times A_{663}) \times \frac{V}{W \times 1\,000}$$

式中：A 为吸光度；V 为提取液体积；W 为样品质量。

二、根系活力测定

用 TTC（氯化三苯基四氮唑）法测定根活力（李合生，2000）。吸取 0.25 mL 0.4% TTC 溶液于 10 mL 容量瓶中，加少许连二亚硫酸钠（$Na_2S_2O_4$）粉末，摇匀后产生红色的三苯甲腙（TTF），用乙酸乙酯定容至刻度，摇匀。分别取此溶液 0.25 mL、0.50 mL、1.00 mL、1.50 mL、2.00 mL 于 10 mL 容量瓶中，用乙酸乙酯定容至刻度，得到含 TTF 25 μg、50 μg、100 μg、150 μg、200 μg 的标准比色系列，以空白（乙酸乙酯）作参比，在波长 485 nm 处测定光密度，绘制标准曲线。

称取根样 0.5 g 于小培养皿（空白试验先加硫酸再加根样品，其他操作同下），加入 0.4% TTC 溶液和磷酸缓冲液的等量混合液 10 mL，充分浸没根样，在黑暗处 37℃ 保持 3 h，然后加入 1 mol/L 硫酸 2 mL，以停止反应。取出根样，吸干水分后与 3~4 mL 乙酸乙酯和少量石英砂一起磨碎，提出红色 TTF，把红色提取液移入 10 mL 容量瓶中，并用少量乙酸乙酯把残渣洗涤 2~3 次，最后用乙酸乙酯定容至刻度，在 485 nm 处测定溶液的光密度。对照标准曲线，求出四氮唑还原量。根系活力用四氮唑还原强度表示，计算公式如下：

$$\text{四氮唑还原强度} \left[\mu g/(g \cdot h) \right] = \frac{\text{四氮唑还原量（}\mu g\text{）}}{\text{根重（g）} \times \text{时间（h）}}$$

三、植株氮磷钾联合测定

采用硫酸-过氧化氢消化法。称取磨细烘干的植物样品（过 0.25~0.5 mm 筛）0.100 0~0.200 0 g 于 100 mL 三角瓶中，用少量水湿润样品，加浓硫酸 5 mL，摇匀，过夜；然后于瓶口盖一弯颈漏斗，在电炉上先缓慢加热，待浓硫酸分解冒白烟时逐渐升高温度，消煮至溶液呈均匀棕黑色时，取下三角瓶，稍冷后提起弯颈漏斗，滴加 30% 的过氧化氢 10 滴，摇匀；再加热（微沸）10~20 min，取下三角瓶，稍冷后滴加 30% 的过氧化氢 5~10 滴。如此进行 2~3 次，直至消煮液呈无色或清亮色后，再加热 5~10 min（赶尽过氧化氢），取下三角瓶，冷却，用水冲洗漏斗于瓶中；最后将消煮液转入 50 mL 容量瓶中，用水定容至刻度，静置或过滤，备用。

植株氮含量测定：采用半微量凯氏定氮法。吸取消煮好的待测液 5~10 mL 于蒸馏管中并固定；在 150 mL 三角瓶中加入硼酸 2 mL 和指示剂 2 滴，摇匀，置于定氮仪冷凝管末端，管口距离硼酸液面以上 3~4 cm；向蒸馏管中加 10 mol/L 氢氧化钠溶液约 5 mL，通入蒸汽蒸馏，待馏出液体积约为 50 mL 时，蒸馏完毕。植株氮含量按如下公式计算：

$$\text{植株全氮含量（\%）} = (V_1 - V_0) \times c \times 14 \times n \times 10^{-3} \times 100/m$$

式中：V_1 为样品测定所消耗标准酸体积（mL）；V_0 为空白试验所消耗标准酸体积（mL）；c 为标准酸（H^+）的浓度（mol/L）；14 为氮原子的摩尔质量（g/mol）；

10^{-3} 为 mL 换算为 L 的系数；n 为分取倍数；m 为干样品质量（g）。

植株磷含量测定：采用钒钼黄比色法。吸取消煮好的待测液 10 mL 于 50 mL 容量瓶中，加 2，6-二硝基酚指示剂 2 滴，用 6 mol/L 氢氧化钠调 pH 至刚显示黄色，然后加钒钼酸铵试剂 10 mL，用蒸馏水定容，摇匀，放置 5 min，用分光光度计在 450 nm 处比色。以空白液调零。

磷标准曲线绘制：分别吸取 50 μg/mL 的磷标准溶液 0 mL、1.0 mL、2.5 mL、5.0 mL、7.5 mL、10.0 mL、15.0 mL 于 50 mL 容量瓶中，按照上述操作步骤显色和比色。

植株磷含量计算公式为

$$植株全磷含量（\%）= \rho \times V \times n \times 10^{-4} / m$$

式中：ρ 为从标准曲线查得的显色液磷的质量浓度（μg/mL）；V 为显色液体积（mL）；n 为分取倍数；m 为干样品质量（g）。

植株钾含量测定：采用火焰光度计法。吸取消煮好的待测液 5～10 mL 于 50 mL 容量瓶中，用蒸馏水定容，摇匀后进行测定。

钾标准曲线绘制：分别吸取 100 μg/mL 的钾标准溶液 0 mL、1 mL、2.5 mL、5 mL、10 mL、20 mL、30 mL 于 50 mL 容量瓶中，加入与吸取的待测液等量的空白消煮液，定容（该标准系列钾的浓度分别为 0 μg/mL、2 μg/mL、5 μg/mL、10 μg/mL、20 μg/mL、40 μg/mL、60 μg/mL），然后进行测定。

植株钾含量计算公式为

$$植株全钾含量（\%）= \rho \times V \times n \times 10^{-4} / m$$

式中：ρ 为从标准曲线查得的显色液钾的质量浓度（μg/mL）；V 为测定液体积（mL）；n 为分取倍数；m 为干样品质量（g）。

四、籽粒蛋白质及其组分含量测定

采用半微量凯氏定氮法测定籽粒含氮量，计算籽粒蛋白质含量（含氮量×5.7）。采用连续提取法测定籽粒清蛋白、球蛋白、醇溶蛋白和谷蛋白含量（苏珮等，1993）。

第三节　土壤样品指标测定方法

一、土壤营养测定

按照鲍士旦（2000）的土壤养分测定法进行。将风干土样按各种养分测定的要求过筛。土壤有机质测定采用重铬酸钾容量法-外加热法；土壤速效氮测定采用碱解扩散法；土壤全氮测定采用重铬酸钾-硫酸消化法；土壤有效磷测定采用 0.5 mol/L 碳酸氢钠浸提-钼锑抗比色法；土壤全磷测定采用高氯酸-硫酸消煮法；土壤速效钾测定采用醋酸铵浸提-火焰光度法。

二、土壤酶活性测定

按照关松荫（1986）的土壤酶活性测定法进行。

（一）土壤磷酸酶活性

采用磷酸苯二钠比色法测定土壤磷酸酶活性。

绘制标准曲线：取 1 g 苯酚溶于蒸馏水，定容至 1 000 mL 得到酚原液，保存在暗色瓶中。取 10 mL 酚原液，定容至 1 000 mL，得到 10 μg/mL 酚标准液。分别取酚标准液 0 mL、1 mL、3 mL、5 mL、7 mL、9 mL、11 mL、13 mL 于 50 mL 容量瓶中，加入 5 mL pH 为 9.4 的硼酸盐缓冲液和 4 滴氯代二溴对苯醌亚胺显色剂，显色后稀释至刻度，用空白作参比，30 min 后在 660 nm 处比色。

称取过 0.1 mm 筛的风干土样 5 g 于三角瓶中，加入 2.5 mL 甲苯，15 min 后加 20 mL 0.5％磷酸苯二钠溶液（基质），摇匀。同时设无基质对照（用 20 mL 蒸馏水代替 0.5％磷酸苯二钠溶液）和无土壤对照（不加土样，不加基质）。37 ℃培养 24 h 后，在培养液中加入 100 mL 0.3％硫酸铝溶液，过滤。分别吸取上述滤液 3 mL 于 50 mL 容量瓶中，按照标准曲线绘制方法进行比色。读取吸光度，查标准曲线计算显色液中酚浓度（mg/mL）。土壤磷酸酶活性的表示：培养 24 h 后每克干土中所含酚的量（mg），计算公式如下：

$$土壤磷酸酶活性（mg/g）= \frac{(A_{样品} - A_{无土} - A_{无基质}) \times V \times n}{m}$$

式中：A 为从标准曲线查得的显色液中的酚浓度（mg/mL）；V 为显色液体积（mL）；n 为分取倍数；m 为烘干土重（g）。

（二）土壤蔗糖酶活性

采用 3，5-二硝基水杨酸（DNS）比色法测定土壤蔗糖酶活性。

绘制标准曲线：将分析纯葡萄糖置于 80 ℃烘箱内约 12 h。准确称取 50 mg 葡萄糖于烧杯中，用蒸馏水溶解，移至 50 mL 容量瓶中，定容，摇匀（在 4 ℃冰箱中保存期约为 7 d）。分别吸取 1 mg/mL 标准葡糖糖溶液 0 mL、0.1 mL、0.2 mL、0.3 mL、0.4 mL、0.5 mL 于试管中，加蒸馏水至 1 mL，加 DNS 试剂 3 mL 混匀，于沸水浴中准确反应 5 min（从试管放入重新沸腾时算起），取出移至自来水流下冷却 3 min 至室温（溶液因生成 3-氨基-5-硝基水杨酸而呈橙黄色），用蒸馏水稀释至 50 mL，以空白管调零，在波长 540 nm 处比色。

称取 5 g 过 0.1 mm 筛的风干土样于 50 mL 三角瓶中，注入 15 mL 8％蔗糖溶液（基质）、5 mL pH 为 5.5 的磷酸缓冲液和 5 滴甲苯，摇匀。同时设无土壤对照和无基质对照。均于 37℃恒温箱中培养 24 h。取出后迅速过滤。分别吸取上述滤液 1 mL 于 50 mL 容量瓶中，按照标准曲线绘制方法进行比色。读取吸光度，查标准曲线计算显色液中葡萄糖浓度（mg/mL）。土壤蔗糖酶活性的表示：培养 24 h 后每克干土中所含葡萄糖的量（mg），计算公式如下：

$$土壤蔗糖酶活性（mg/g）= \frac{(A_{样品} - A_{无土} - A_{无基质}) \times V \times n}{m}$$

式中：A 为从标准曲线查得的显色液中葡萄糖的浓度（mg/mL）；V 为显色液体积（mL）；n 为分取倍数；m 为烘干土重（g）。

（三）土壤脲酶活性

采用靛酚蓝比色法测定土壤脲酶活性。

绘制标准曲线：将精确称取的 0.471 7 g 硫酸铵溶于水并稀释至 1 000 mL，得到 0.1 mg/mL 氮的标准溶液。吸取配制好的氮标准溶液 10 mL，定容至 100 mL，然后分别吸取 0 mL、1 mL、3 mL、5 mL、7 mL、9 mL、11 mL、13 mL 于 50 mL 容量瓶中，加蒸馏水至 20 mL，再加入 4 mL 苯酚钠，混匀后加入 3 mL 次氯酸钠，充分摇荡，静置 20 min，溶液呈现靛酚蓝色，用蒸馏水稀释至刻度，以空白管调零，1 h 内于 578 nm 处比色。

称取过 0.1 mm 筛的风干土样 5 g 于 100 mL 三角瓶中，加入 1 mL 甲苯，放置 15 min 后，加入 10 mL 10% 的尿素溶液（基质）和 20 mL 柠檬酸缓冲液（pH 为 6.7），摇匀。同时设无土壤对照和无基质对照。均于 37℃ 恒温培养箱中培养 24 h。取出后迅速过滤。分别吸取上述滤液 3 mL 于 50 mL 容量瓶中，按照绘制标准曲线的方法依次加入苯酚钠和次氯酸钠，显色定容，1 h 内于 578 nm 处比色。读取吸光度，查标准曲线计算显色液中氨态氮的浓度（mg/mL）。土壤脲酶活性的表示：培养 24 h 后每克干土中所含氨态氮的量（mg），计算公式如下：

$$土壤脲酶活性（mg/g）= \frac{(A_{样品} - A_{无土} - A_{无基质}) \times V \times n}{m}$$

式中：A 为从标准曲线查得的显色液中氨态氮的浓度（mg/mL）；V 为显色液体积（mL）；n 为分取倍数；m 为烘干土重（g）。

（四）土壤蛋白酶活性

采用加勒斯江法测定土壤蛋白酶活性。

绘制标准曲线：取 0.1 g 甘氨酸溶于水中，定容至 1 L，得到 1 mL 含 0.02 mg 氨基氮的标准溶液。再稀释 10 倍制成工作液。分别吸取工作液 0 mL、1 mL、3 mL、5 mL、7 mL、9 mL、11 mL 于 50 mL 容量瓶中，加 1 mL 茚三酮，冲洗瓶颈后沸水浴加热 10 min，显色后，用蒸馏水稀释至刻度，于 500 nm 处比色测定。

称取过 1 mm 筛的 4 g 风干土样于 50 mL 三角瓶中，加 20 mL 1% 酪素液（基质）和 1 mL 甲苯，小心振荡后用木塞盖紧。同时设无土壤对照和无基质对照。均于 30℃ 恒温箱中培养 24 h 后，于混合物中加 2 mL 0.05 mol/L 硫酸和 12 mL 20% 硫酸钠溶液以沉淀蛋白质，6 000 r/min 离心 15 min，取上清液 2 mL 于 50 mL 容量瓶中，按标准曲线显色方法比色测定。读取吸光度，查标准曲线计算显色液中氨基氮的浓度（mg/mL）。土壤蛋白酶活性的表示：培养 24 h 后每克干土中所含氨基氮的量（mg），计算公式如下：

$$土壤蛋白酶活性（mg/g）= \frac{(A_{样品} - A_{无土} - A_{无基质}) \times V \times n}{m}$$

式中：A 为从标准曲线查得显色液中氨基氮的浓度（mg/mL）；V 为显色液体积（mL）；n 为分取倍数；m 为烘干土重（g）。

（五）土壤过氧化氢酶活性

采用高锰酸钾滴定法测定土壤过氧化氢酶活性。

称取过 1 mm 筛的风干土样 2 g 于 100 mL 三角瓶中，注入 40 mL 蒸馏水和 5 mL

0.3%过氧化氢溶液，置于往复式振荡机上振荡 20 min，然后加入 5 mL 1.5 mol/L 硫酸，以稳定未分解的过氧化氢溶液，用慢速型滤纸过滤。吸取上述滤液 25 mL，用 0.02 mol/L 高锰酸钾溶液滴定至淡粉色终点，读取土壤滤液消耗高锰酸钾溶液体积 A（mL）。同时取无土壤的上述原始混合液 25 mL，用 0.02 mol/L 高锰酸钾溶液滴定至淡粉色，读取其消耗高锰酸钾溶液的体积 B（mL）。土壤过氧化氢酶活性的表示：每克干土每小时消耗高锰酸钾溶液的体积（mL），计算公式如下：

$$土壤过氧化氢酶活性（mL/g）= \frac{(A-B) \times T}{m}$$

式中：A 为滴定土壤滤液所消耗高锰酸钾溶液的体积（mL）；B 为滴定 25 mL 原始混合液所消耗高锰酸钾溶液的体积（mL）；T 为高锰酸钾溶液滴定度的校正值；m 为烘干土质量（g）。

三、土壤物理性状测定

土壤容重、总孔隙度、毛管孔隙度和田间持水量采用环刀法测定。按以下公式进行计算：

$$土壤容重（g/cm^3）= \frac{W_3 - W_0}{V} \tag{1}$$

$$土壤总孔隙度（\%）= \frac{W_1 - W_3}{V} \times 100\% \tag{2}$$

$$土壤毛管孔隙度（\%）= \frac{W_2 - W_3}{V} \times 100\% \tag{3}$$

$$土壤田间持水量（\%）= \frac{W_2 - W_3}{W_3 - W_0} \times 100\% \tag{4}$$

式中：W_0 为环刀重（g）；W_1 为饱和重（g）（环刀内土壤充分吸水直至饱和）；W_2 为环刀内土壤充分吸水至饱和静置 12 h 排出重力水后的重量（g）；W_3 为烘干土重和环刀重（g）；V 为环刀体积（cm³）。

四、土壤团聚体及其稳定性测定

采用干筛法测定土壤团聚体（张曼夏等，2013）。先将风干土样称重，然后将土样置于孔径为 3 mm、1 mm、0.25 mm 的套筛顶部，加筛盖和筛底盒后，沿套筛水平方向用手摇动进行筛分，直至各筛的土团不再下漏为止，从而将土样分成 ≥3 mm、3~1 mm、1~0.25 mm、<0.25 mm 4 个粒级，最后收集各筛的土样（在分开每个筛子时，用手掌在筛壁上小心地敲打几下），分别称重，计算各粒级机械稳定性团聚体的百分含量。

团聚体的稳定性采用平均重量直径（MWD）、几何平均直径（GMD）、分形维数（D）、粒径>0.25 mm 团聚体含量（$R_{0.25}$）来描述，分别按以下公式计算：

$$MWD（mm）= \sum_{i=1}^{n} X_i W_i \tag{5}$$

$$GMD（mm）= \exp\left[\sum_{i=1}^{n} (\ln X_i W_i)\right] \tag{6}$$

$$\frac{W\ (\delta-\overline{d_i})}{w_0}=\left(\frac{\overline{d_i}}{\overline{d_{max}}}\right)^{3-D} \tag{7}$$

$$R_{0.25}=1-\frac{M_{X<0.25}}{M_T} \tag{8}$$

式中：X_i 为第 i 个筛子上团聚体的直径（mm）；W_i 为第 i 个筛子上团聚体的重量百分比（％）；$\overline{d_i}$ 为某级团聚体的平均直径（mm）；$W\ (\delta-\overline{d_i})$ 表示粒径小于 $\overline{d_i}$ 的团聚体的质量；w_o 为团聚体总质量；$\overline{d_{max}}$ 为团聚体的最大粒径（mm）；$M_{X<0.25}$ 为粒径＜0.25 mm 的团聚体的质量；M_T 为团聚体总质量。

五、土壤总有机碳及团聚体有机碳测定

土壤总有机碳和土壤团聚体有机碳含量均采用重铬酸钾外加热法测定，其中团聚体有机碳含量需将上述干筛收集到的各粒级团聚体土壤样品磨细过 0.15 mm 筛，再进行测定。

团聚体有机碳储量（Q_i）及其对土壤总有机碳的贡献率（P）的计算公式如下：

$$Q_i=C_i\times\rho_b\times H\times W_i\times10 \tag{9}$$

$$P=[(C_i\times W_i)\ /S]\ \times100\% \tag{10}$$

式中：Q_i 为第 i 级团聚体有机碳储量（t/hm^2）；C_i 为第 i 级团聚体有机碳含量（g/kg）；ρ_b 为土壤容重（g/cm^3）；H 为土层厚度（本试验中为 0.2 m）；W_i 为第 i 级团聚体质量百分数（％）；P 是团聚体对土壤有机碳的贡献率；S 为土壤有机碳含量。

六、土壤有效态矿质元素含量测定

土壤有效态矿质元素含量采用电感耦合等离子体发射原子光谱法测定（鲁如坤，2000）。用全谱直读电感耦合等离子体发射光谱仪（5300-ICP，PerkinEimer）测定土壤 Na$^+$、有效锰、有效铁、有效硼、有效钙、有效镁含量。

七、土壤全盐含量测定

采用电导率法测定土壤全盐含量（鲁如坤，2000）。称取过 2 mm 筛的风干土样 50.000 g（精确至 0.001 g）置于干燥的 500 mL 锥形瓶中，加入 250 mL 无二氧化碳的水，加塞，在振荡机上振荡 3 min，经干过滤或离心分离，获得清亮的待测浸出溶液，同时做空白试验；调节电导仪至工作状态，将铂电极用待测液冲洗几次后插入待测液中，测量并读取电导值；取出铂电极，用水冲洗，用滤纸吸干，用于下一土样的测定，同时测量待测液温度。按下式计算 25 ℃时 1∶5 土壤水浸出液的电导率：

$$L=C\times ft\times K$$

式中：L 为 25 ℃时 1∶5 土壤水浸出液的电导率（mS/cm）；C 为测得的电导值（mS/cm）；ft 为温度校正系数；K 为电极常数（电导仪上如有补偿装置，不需乘电极常数）。

八、土壤 pH 测定

采用 pH 计法（水∶土＝2.5∶1）测定土壤 pH。称取 10 g 通过 1 mm 筛孔的风干土

样置于 50 mL 烧杯中，加蒸馏水 25 mL 混匀，静置 30 min，用校正过的 pH 计测定悬液的 pH。测定时，将甘汞电极侧孔上的塞子拔去，分别将玻璃电极球部和甘汞电极浸在悬液泥层和上部清液中，测读 pH。

九、土壤微生物多样性及群落结构测定

（一）土壤微生物基因组总 DNA 提取

采用 Fast DNA SPIN Extraction Kits 试剂盒（MP Biomedicals，Santa Ana，CA，美国）提取土壤微生物总 DNA。使用 NealDel-ND1000 分光光度计（Thermo Fisher Scientific，Waltham，MA，美国）和琼脂糖凝胶电泳分别测定 DNA 浓度和纯度。

（二）目标片段 PCR 扩增及扩增产物回收纯化、荧光定量及高通量测序

细菌基因组 16S rRNA V3～V4 区扩增引物采用 520F（AYTGGGYDTAAA GNG），802R（TACNVGGGTATCTAATCC），真菌基因组 18S rRNA ITS 区扩增引物采用 ITS5F（GGAAGTAAAAGTCGTAACAAGG）和 ITS1R（GCTGCGTTCTTCATCGATGC）。PCR 扩增体系：5 μL Q5 反应缓冲液（5×），5μL Q5 高保真气相色谱缓冲液（5×），0.25 μL Q5 高保真 DNA 聚合酶（5 U/μL），2 μL（2.5 mmoL/L）dNTPs，上游引物与下游引物均为 1 μL（10 μmol/L），2 μL DNA 模板，8.75 μL 灭菌双蒸水，PCR 反应条件为 98℃预变性 2 min，25 个循环；98℃变性 15 s；55℃退火 30 s；72℃延伸 30 s；72℃后延长 5 min，于 4℃条件下保存。扩增产物用 Agencourt AMPure Beads 试剂盒（Beckman Coulter，Indianapolis，IN）回收纯化，并用 PicoGreen dsDNA Assay Kit 检测试剂盒（Invitrogen，Carlsbad，CA，美国）对细菌和真菌的扩增产物进行量化。样品委托上海派森诺生物科技有限公司采用 Illumina MiSeq 高通量测序技术平台进行序列测序和分析（Edgar，2010；Langille et al.，2013；Schloss et al.，2011；Schloss et al.，2005）。

第四节　数据处理与统计分析方法

采用 Excel 2010 数理统计与分析软件进行数据整理及制表，用 Sigma Plot 12.0 进行制图，用 SAS 9.4 进行 ANOVA 方差分析及多重比较（$P < 0.05$），用 SPSS 统计软件进行 Spearman 相关分析。结果用平均值±标准差表示。

对高通量测序原始数据进行质量过滤和双端序列连接，运用 QIIME（version 1.9.0，//qilme.org/）进行序列过滤，数据过滤标准：去除 5′端引物错配碱基数 >1 的序列；去除含有 N（模糊碱基）的序列；去除含有连续相同碱基数 >8 的序列；去除长度 ≤150 bp 的序列。运用 MOTHUR 软件（version1.31.2，http：//www.mothur.org/）中的 UCLHIME 方法去除嵌合体序列，得到最终用于后续分析的优质序列。

在 QIIME 中，调用 UCLUST 方法对优质序列按序列相似度 97% 进行聚类，选取每个类中最长的序列为代表序列；调用 BLAST 方法对序列数据库进行比对，获得每个 OTU（operational taxonomic unit）代表序列的分类学信息。注释数据库为 Greengenes（Release 13.8，http：//greengenes.secondgenome.com/）。之后对 OTU 进行精简处理，

去掉丰度值小于总序列数条数 0.001% 的 OTU，得到后续分析使用的精简后的 OTU 列表。

　　根据微生物 OTU 列表中的各样品物种丰度情况，应用 MOTHUR 软件中的 summary. Single 命令，计算菌的 Alpha 多样性指数，包括群落丰富度（Community richness）指数（Chao1 指数、ACE 指数）以及群落多样性（Community diversity）指数（Shannon 指数和 Simpson 指数）。

　　Chao1 指数（The Chao1 estimator, http: //www. mothur. org/wiki/Chao）：用 Chao1 算法估计样品中所含 OTU 数目的指数，Chao1 指数在生态学中常用来估计物种总数，由 Chao 最早提出。ACE 指数（The ACE estimator, http: //www. mothur. org/wiki/Ace）：用来估计群落中 OTU 数目的指数，由 Chao 提出，是生态学中估计物种总数的常用指数之一，与 Chao1 的算法不同。Chao1 或 ACE 指数越大，说明群落丰富度越高。Shannon 指数（The Shannon index, http: //www. mothur. org/wiki/Shannon）（Shannon, 1997）：用来估算样品中微生物多样性的指数之一。它与 Simpson 多样性指数常被用来反映 alpha 多样性指数。Shannon 指数越大，说明群落多样性越高。Simpson 指数（The Simpson index, http: //www. mothur. org/wiki/Simpson）：被用来估算样品中微生物多样性的指数之一，由 Edward Hugh Simpson 提出，在生态学中常被用来定量描述一个区域的生物多样性。Simpson 指数越大，说明群落多样性越低。使用 QIIME 软件对 Weighted 的 UniFrac 距离矩阵进行 UPGMA（unweighted pair group method with arithmetic average）聚类分析；用 R 软件进行数据可视化；用 CANOCO 4.5 软件对土壤化学性质和细菌群落结构及多样性进行冗余分析（redundancy analysis, RDA）。细菌功能和代谢途径预测采用 PICRUSt 软件进行分析，利用 QIIME 获得的 closed OTU-table 与 KEGG 数据库进行比对，获得不同细菌群落功能预测信息。真菌功能预测采用 FUNGuild 在线数据库（http: //www. GitHub - UMNFuN/FUNGuild: FUNGuild: parsing OTUs into functional guilds）进行分析。

参考文献

鲍士旦，2000. 土壤农化分析 [M]. 3 版. 北京：中国农业出版社.

关松荫，1986. 土壤酶及其研究法 [M]. 北京：农业出版社.

李合生，2000. 植物生理生化实验原理和技术 [M]. 北京：高等教育出版社.

鲁如坤，2000. 土壤农业化学分析方法 [M]. 北京：中国农业科技出版社.

苏珮，蒋纪云，工春虎，1993. 小麦蛋白质组分的连续提取分离法及提取时间的选择 [J]. 河南职技师院学报（2）：1-4, 19.

熊庆娥，2003. 植物生理学实验教程 [M]. 成都：四川科学技术出版社.

张曼夏，季猛，李伟，等，2013. 土地利用方式对土壤团聚体稳定性及其结合有机碳的影响 [J]. 应用与环境生物学报，19（4）：598-604.

Edgar R C, 2010. Search and clustering orders of magnitude faster than BLAST [J]. Bioinformatics, 26 (19)：2460.

Langille M G I, Zaneveld J, Caporaso J G, et al., 2013. Predictive functional profiling of microbial communities using 16S rRNA marker gene sequences [J]. Nature Biotechnology，31 (9)：814-821.

Schloss P D，Gevers D，Westcott S L，2011. Reducing the effects of PCR amplification and sequencing artifacts on 16S rRNA-based studies [J]. PLoS One，6 (12)：1-14.

Schloss P D，Handelsman J，2005. Introducing DOTUR，a computer program for defining operational taxonomic units and estimating species richness [J]. Applied and Environmental Microbiology，71 (3)：1501-1506.

第三章 麦后复种绿肥对黄土高原半干旱区麦田土壤肥力的影响研究

第一节 麦后复种绿肥生长期内土壤水分、养分研究

一、不同绿肥作物农艺性状比较

为明确麦后复种饲料油菜在黄土高原半干旱区的适应性，试验于 2015 年 6 月 15 日前茬小麦收获后进行，以传统绿肥作物复播大豆为对照，比较了饲料油菜不同种植密度的农艺性状差异（表 3-1）。表 3-1 中，G1、G2、G3、G4 分别表示饲料油菜小播量 7.5 kg/hm²、中播量 15.0 kg/hm²、大播量 22.5 kg/hm² 和复播大豆播量 105.0 kg/hm²。结果表明，在生育前期，饲料油菜的株高和植株干物质积累量均不及复播大豆，但茎粗始终高于大豆；抽薹开花后，G1 和 G3 处理的饲料油菜生长速度渐快；到成熟期，以 G3 大播量油菜的株高为最高，G1 小播量油菜的地上部干物质重、根系干物质重及单株总干重最高，均高于复播大豆处理。作绿肥翻压时（2015 年 9 月 27 日），复种油菜（G1、G2、G3）的整株翻压量和地下部还田量均显著高于大豆处理（G4）（$P<0.05$），分别是复播大豆翻压还田干重的 4.78～5.76 倍和 3.64～6.43 倍。说明饲料油菜群体根茎叶生长量大，更适于作绿肥，但 3 个播量之间差异不显著（$P>0.05$）。

表 3-1 夏闲期不同处理绿肥作物单株农艺性状比较（2015 年）

生育时期	处理	株高/cm	茎粗/mm	地上部干重/g	根干重/g	单株总干重/g
苗期 （8 月 12 日）	G1	21.70±2.75c	7.96±1.94a	5.38±0.46c	0.63±0.24b	6.02±0.73b
	G2	28.56±1.27ab	8.16±0.46a	6.53±0.69b	0.65±0.07b	7.18±1.04b
	G3	26.10±1.03bc	8.50±0.69a	6.21±0.68bc	0.82±0.12b	7.02±0.83b
	G4	31.60±0.93a	6.91±0.85a	8.90±0.44a	2.27±0.38a	11.17±0.74a
开花期 （8 月 30 日）	G1	31.50±2.13ab	8.45±0.18c	7.69±0.90b	1.52±0.34b	9.21±0.75c
	G2	29.80±3.60ab	11.15±0.21a	12.01±0.74a	2.46±0.66a	14.87±1.48a
	G3	24.40±1.95b	9.53±0.16b	5.56±0.37c	1.62±0.08b	7.17±0.42d
	G4	33.00±1.58a	6.62±0.37d	11.13±0.44a	1.98±0.52ab	13.11±0.69b

（续）

生育时期	处理	株高 /cm	茎粗 /mm	地上部干重 /g	根干重 /g	单株总干重 /g
开花期（9月7日）	G1	38.90±4.03a	16.45±2.10a	17.35±0.65a	4.03±0.47a	21.38±5.60a
	G2	29.06±1.51b	11.64±1.81ab	6.14±0.56d	2.56±0.26b	8.70±0.27c
	G3	41.90±2.83a	15.82±2.45a	12.84±1.07c	2.53±0.34b	15.38±3.31b
	G4	36.78±3.03ab	6.23±0.37b	14.81±0.96b	2.39±0.47b	17.20±4.57b
开花期（9月15日）	G1	39.60±3.01b	13.11±1.26a	11.07±1.07ab	2.10±0.10ab	13.17±1.08ab
	G2	35.90±1.58b	9.38±0.32bc	7.64±1.62b	1.26±0.30c	8.90±1.88b
	G3	47.54±1.64a	10.65±1.69ab	11.66±3.86ab	1.53±0.35bc	13.19±2.20ab
	G4	41.00±0.55b	7.25±0.34c	18.28±1.88a	2.42±0.21a	20.70±2.07a
成熟期（9月25日）	G1	43.70±1.91a	16.11±1.47a	22.38±0.34a	4.43±1.08a	26.80±6.22a
	G2	34.40±4.03b	12.36±1.43b	11.08±0.38d	2.21±0.41b	13.29±2.60b
	G3	49.10±0.37a	13.24±0.87ab	16.11±0.75c	2.72±0.46ab	18.83±3.13ab
	G4	43.20±2.20a	7.47±0.43c	17.43±0.16b	1.97±0.12b	19.4±2.72ab

生育时期	处理	整株翻压干重/（kg/hm²）		地下部还田干重/（kg/hm²）		
成熟期（9月27日）	G1	1 289.63±309.38a		1 075.71±302.55ab		
	G2	1 253.54±336.49a		1 900.61±301.67a		
	G3	1 509.65±333.44a		1 431.72±302.47a		
	G4	262.15±55.05b		295.78±47.81b		

注：同列不同小写字母表示各处理间的差异显著（$P<0.05$），复播作物于7月3日播种。

二、不同绿肥作物植株氮、磷、钾积累比较

表 3-2 中是复播油菜和复播大豆植株氮、磷、钾积累的比较。从表中可以看出，复播大豆根、茎叶含氮率和含钾率苗期最高，根的氮、钾含量分别为 3.25%、3.52%，茎叶的氮、钾含量为 5.41%、4.31%，随着生育时期的推进，整体呈降低趋势；而根、茎叶含磷率则以开花初期（2015 年 8 月 30 日）为最高（15% 左右），之后急剧降低；到成熟期，根、茎叶含磷率（近 7.50%）＞含氮率（1.54%～2.29%）＞含钾率（0.58%～1.53%）。与复播大豆相比，复播油菜的茎叶氮、磷含量在苗期与复播大豆差异不显著，含氮率在 5% 左右，含磷率＞10%；随着生育时期的推进，茎叶氮、磷含量有不同程度的升降；到成熟期，茎叶氮、磷含量明显高于大豆且含氮率维持在 5% 左右、含磷率＞10%。成熟期复播油菜根系氮、磷含量不同程度地降低，但含磷率（8.55%～11.51%）明显高于大豆（$P<0.05$），含氮率略低于大豆但差异不显著（$P>0.05$）。复播油菜根、茎叶钾含量整个生育期都明显高于复播大豆（成熟期根系除外，这可能与大豆老根木质化有关）。总的来说，本试验中，就成熟期翻压绿肥而言，复播油菜茎叶氮、磷含量更高，更适合作绿肥向

土壤归还氮、磷养分。就复播油菜播量而言，在绿肥成熟期，较大播量 G2 和 G3 处理的茎叶氮、磷含量更高，G1 处理的根系磷含量更高。

表 3-2　夏闲期不同处理绿肥作物植株氮、磷、钾含量比较（2015 年）

时期	处理	茎叶			根		
		氮/%	磷/%	钾/%	氮/%	磷/%	钾/%
苗期 （8月12日）	G1	4.84±0.28b	13.44±1.56a	11.50±0.49a	5.68±0.11a	12.12±0.15a	13.43±0.46a
	G2	6.65±0.10a	10.97±1.00a	11.38±0.02a	3.70±0.38c	10.92±1.63a	9.03±0.03ab
	G3	6.74±0.09a	11.89±1.13a	12.80±0.58a	4.77±0.32b	12.80±2.28a	7.26±0.05c
	G4	5.41±0.31b	12.06±0.81a	4.31±0.53b	3.25±0.15c	11.35±4.03a	3.52±0.42d
开花期 （8月30日）	G1	4.62±0.55a	12.97±0.38a	13.78±0.15a	1.04±0.09a	13.80±0.26a	5.45±0.64a
	G2	2.33±0.14b	12.58±1.90a	10.77±0.28b	1.64±0.07a	13.97±0.53a	5.88±0.04a
	G3	1.52±0.87b	19.71±5.89a	8.43±0.18c	1.35±0.03a	16.98±1.43a	5.57±0.38a
	G4	2.10±0.10b	16.85±0.83a	4.12±0.41d	1.03±0.01a	14.16±3.56a	0.17±0.03b
开花期 （9月7日）	G1	2.06±0.26a	14.99±0.33a	12.48±1.33a	1.21±0.24a	12.31±1.44a	3.95±0.47a
	G2	1.67±0.01ab	13.27±0.24b	7.63±0.66b	1.14±0.01a	12.12±0.35a	2.68±0.33ab
	G3	1.53±0.12bc	13.79±0.62ab	8.15±0.12b	0.89±0.14a	10.24±0.43a	3.65±0.07a
	G4	1.11±0.35c	11.28±0.31c	3.06±0.23c	1.02±0.19a	10.88±0.95a	0.16±0.01b
开花期 （9月15日）	G1	4.29±0.22b	10.76±0.98a	11.85±1.68a	2.59±0.26a	13.67±1.67a	8.16±1.48a
	G2	3.64±0.39b	12.50±1.11a	10.13±2.01a	2.08±0.02ab	12.26±0.21ab	4.96±0.01b
	G3	5.89±0.16a	11.68±1.90a	12.92±0.30a	2.56±0.07a	10.58±0.35b	4.25±0.21b
	G4	3.44±0.08b	11.26±0.63a	2.61±0.01b	1.82±0.11b	10.52±1.13b	0.22±0.09c
成熟期 （9月25日）	G1	3.08±0.46b	10.68±1.20ab	0.75±0.01b	1.51±0.10a	11.51±0.40a	0.66±0.00b
	G2	5.63±1.14a	13.52±2.44a	0.75±0.01b	1.81±0.37a	9.61±0.23b	0.65±0.01b
	G3	5.71±0.52a	13.18±0.80a	0.79±0.00a	2.19±0.95a	8.55±0.37c	0.62±0.00b
	G4	1.54±0.03b	7.35±1.38b	0.58±0.01c	2.29±0.16a	7.19±0.27d	1.53±0.32a

注：同列不同小写字母表示各处理间的差异显著（$P<0.05$）。

三、不同绿肥作物生长期内 0～100 cm 土层土壤相对含水量比较

以裸地（L6）为对照，对夏闲期 4 个绿肥处理在苗期、开花期、成熟期 0～100 cm 土层的土壤相对含水量进行方差分析和多重比较（图 3-1）。结果表明：①生育时期对土壤水分的影响极显著（$P<0.01$），表现为苗期土壤水分含量最高（图 3-1A），随着植株生长发育加快，吸收水分增多，土壤水分含量降低，但成熟期（图 3-1C）＞开花期（图 3-1B），这与成熟期降水量大于开花期降水量有关。②绿肥处理对土壤水分的影响极显著（$P<0.01$），总体表现为裸地（L6）土壤水分含量最高，而复播绿肥明显耗水，且

群体生物量越大（G2、G3），土壤耗水越多，群体生物量越小（G1、G4），耗水越少，这种表现以苗期和成熟期更为突出。③土层对土壤水分的影响整体表现为差异不显著（$P >$ 0.05），但在不同生育时期的表现又存在差异，苗期（图 3-1A），因降雨下渗，土壤蓄水主要集中在 0～60 cm 土层（L6），此期复播绿肥根系主要分布在 0～40 cm 土层，该土层耗水较多，随着植株生长发育加快（图 3-1B），根系下扎，20～60 cm 土层耗水明显增多，值得一提的是，到成熟期（图 3-1C），复播油菜 60 cm 以下土层耗水逐渐增加，说明其根系发达，下层根量增加，而复播大豆 40～100 cm 土层土壤水分含量呈高-低-高的变化趋势，说明其根系总长可能在 60～80 cm，80 cm 以下无根。总之，夏闲期复种绿肥消耗了 0～100 cm 土层土壤的水分，大播量油菜 G3 对土壤水分的消耗最多。

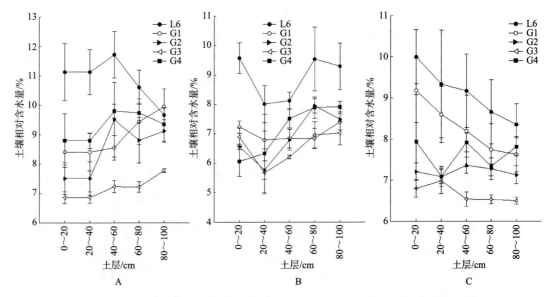

图 3-1　不同处理绿肥不同时期 0～100 cm 土层土壤相对含水量

A. 苗期　B. 开花期　C. 成熟期

四、不同绿肥作物生长期内 0～100 cm 土层土壤养分含量比较

（一）土壤速效氮和全氮含量变化

比较不同绿肥作物苗期和成熟期 0～100 cm 土层土壤速效氮含量（图 3-2），发现：①苗期 0～60 cm 土层土壤速效氮含量明显高于成熟期，这主要与作物生长耗氮有关，也可能与成熟期气温降低导致影响土壤矿化的酶的活性降低有关。②土层对土壤速效氮含量影响极显著（$P < 0.05$），随着土层的加深，0～80 cm 土层土壤速效氮含量递减，这可能与作物根系在不同土层分布的递减趋势有关，但 80～100 cm 土层土壤速效氮含量有所增加，这可能与前茬小麦施氮肥过量而淋溶下渗到土壤深层有关。③与裸地（L6）比较，复种饲料油菜中、高播量（G2、G3）有提高苗期土壤速效氮含量的作用，成熟期复种大豆（G4）对 0～80 cm 土层的固氮作用凸显，其次是大播量饲料油菜（G3）明显增氮。

复种大豆（G4）和大播量饲料油菜（G3）对土壤全氮亦表现出不同程度的增加作用（图 3-3），但差异不显著（$P > 0.05$）。

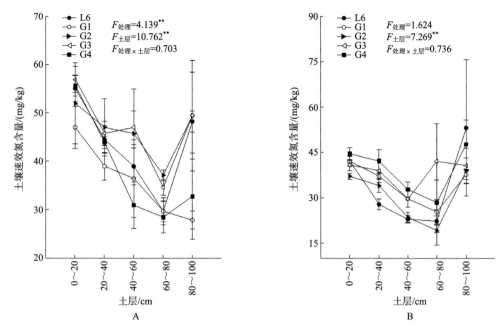

图 3-2　不同绿肥处理不同时期 0～100 cm 土层土壤速效氮含量

A. 苗期　B. 成熟期

注：图中 F 表示方差分析显著性；＊＊ 表示差异极显著水平（P＜0.01）。

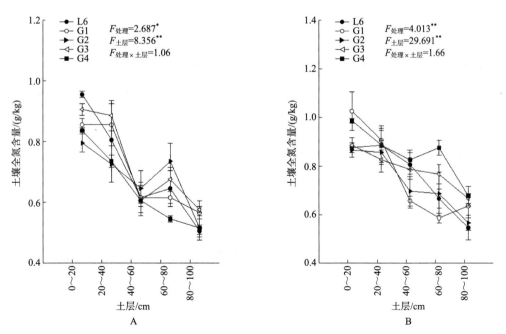

图 3-3　不同绿肥处理不同时期 0～100 cm 土层土壤全氮含量

A. 苗期　B. 成熟期

注：图中 F 表示方差分析显著性；＊＊、＊ 分别表示差异极显著水平（P＜0.01）和差异显著水平（P＜0.05）。

（二）土壤有效磷和全磷含量变化

比较不同绿肥作物苗期和成熟期 0～100 cm 土层土壤有效磷含量（图 3-4），发现：①成熟期 0～40 cm 耕层土壤有效磷含量明显低于苗期，40 cm 以下土层则明显高于苗期，这可能与磷素移动性小和作物根系吸收磷素有关。②随着土层加深到 60 cm，土壤有效磷含量整体呈降低趋势。③与裸地 L6 比较，复播油菜（G1 和 G3）明显提高苗期 0～20 cm 表层土壤的有效磷含量，复播油菜（G1）和复播大豆（G4）明显提高成熟期 0～20 cm 表层土壤的有效磷含量，其余土层无论苗期还是成熟期复播绿肥（G1、G3 和 G4）均明显提高土壤的有效磷含量，说明合理的绿肥密度有利于增加土壤磷素。复播大豆苗期耗磷，生产上应注重施用磷肥。

从土壤全磷含量（图 3-5）同样可以看出：复播绿肥有利于增加土壤全磷含量，且复播油菜的土壤全磷含量高于复播大豆；复播大豆苗期 0～100 cm 土层（除 40～60 cm 土层外）土壤全磷含量均低于裸地，可见其解磷吸收能力较强。复播油菜密度越低，对磷素的固定作用越强，反之，解磷吸收能力越强。

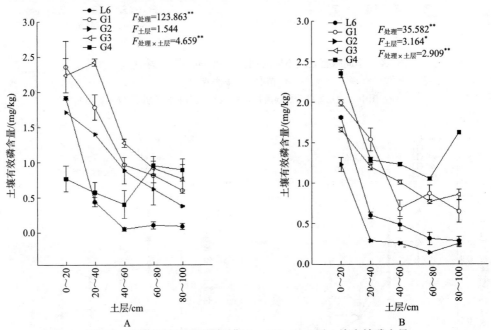

图 3-4 不同绿肥处理不同时期 0～100 cm 土层土壤有效磷含量

A. 苗期 B. 成熟期

注：图中 F 表示方差分析显著性；**、* 分别表示差异极显著水平（$P < 0.01$）和差异显著水平（$P < 0.05$）。

（三）土壤速效钾含量变化

比较不同绿肥作物苗期和成熟期 0～100 cm 土层土壤速效钾含量（图 3-6），发现：①苗期土壤速效钾含量明显低于成熟期，原因有待重复试验验证分析。②随着土层的加深，苗期土壤速效钾含量递减（$P < 0.05$），成熟期土壤速效钾含量没有明显变化。③与裸地（L6）和复播大豆（G4）比较，复播饲料油菜能够提高 0～100 cm 土层土壤速效钾含量，成熟期显示，复播油菜（G3）的提高作用更明显，其次是复播大豆处理。

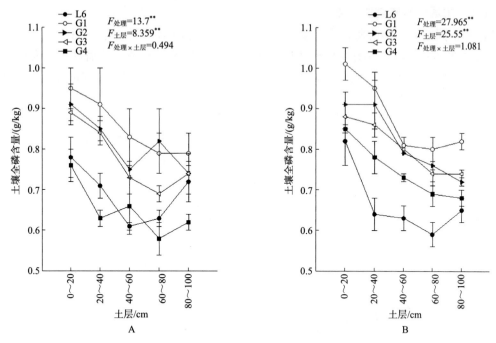

图 3-5　不同绿肥处理不同时期 0～100 cm 土层土壤全磷含量

A. 苗期　B. 成熟期

注：图中 F 表示方差分析显著性；** 表示差异极显著水平（P＜0.01）。

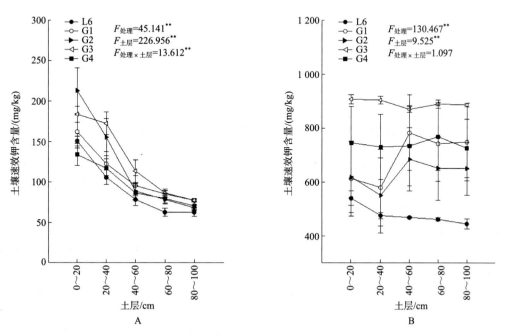

图 3-6　不同绿肥处理不同时期 0～100 cm 土层土壤速效钾含量

A. 苗期　B. 成熟期

注：图中 F 表示方差分析显著性；** 表示差异极显著水平（P＜0.01）。

（四）土壤有机质含量变化

比较不同绿肥作物苗期和成熟期 0～100 cm 土层土壤有机质含量（图 3-7），发现：①与裸地（L6）比较，复播大豆成熟期土壤有机质含量明显提高，复播油菜没有明显作用。②在苗期，复播油菜不同程度地改变了不同土层土壤有机质含量，这可能与油菜茎叶脱落物回归土壤有关。

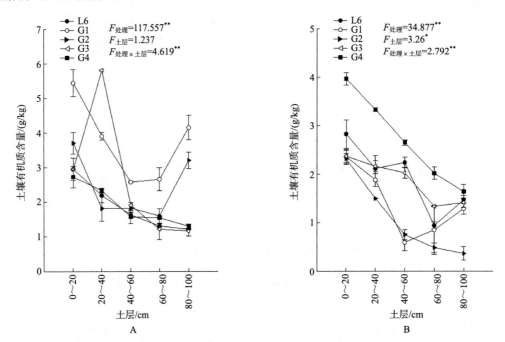

图 3-7　不同绿肥处理不同时期 0～100 cm 土层土壤有机质含量

A. 苗期　B. 成熟期

注：图中 F 表示方差分析显著性；∗∗、∗ 分别表示差异极显著水平（$P<0.01$）和差异显著水平（$P<0.05$）。

五、不同绿肥作物生长期内 0～100 cm 土层土壤酶活性比较

分析表 3-3 和表 3-4 绿肥苗期和成熟期 0～100 cm 土层 5 种土壤酶活性可以得出以下结论。

（1）在绿肥苗期，土壤蔗糖酶、脲酶、碱性磷酸酶活性随土层加深呈降低趋势，这符合根系在土层的分布特征；与裸地（L6）比较，复种油菜（G3）明显提高 20～100 cm 土层土壤蔗糖酶活性（$P<0.05$），对 0～20 cm 土层的土壤酶活性无显著影响（$P>0.05$）；复种大豆（G4）明显提高 20～40 和 60～100 cm 土层土壤蔗糖酶活性，其余土层与裸地处理差异不显著，但不及 G3 处理；复种绿肥明显降低 0～40 cm 土层土壤脲酶活性，其余土层脲酶活性除 G3 处理外也均有不同程度的降低，这可能是由绿肥油菜增氮（图 3-2A）和绿肥大豆的固氮作用导致的；复种油菜（G3）也明显提高了土壤碱性磷酸酶活性，促进了土壤磷素的增加（图 3-4A），这与绿肥油菜根系吸收磷元素（表 3-2）也一致。

　　绿肥成熟期，由于绿肥根系下扎，土壤酶活性递减趋势减弱；但复种绿肥整体有提升土壤这3类酶活性的作用，其中大播量油菜（G3）处理对土壤脲酶和碱性磷酸酶活性的提升幅度更加显著，其次是复种大豆处理。蔗糖酶活性的提高幅度则表现为G1＞G2＞G3＞G4。

　　（2）土壤过氧化氢酶和蛋白酶活性随土层的变化不显著（$P＞0.05$）；与裸地（L6）比较，复种绿肥对苗期土壤过氧化氢酶的作用不明显；但对苗期 0～60 cm 土层蛋白酶活性和成熟期 0～100 cm 土层土壤过氧化氢酶和蛋白酶活性具有明显的促进作用。苗期复种大豆（G4）和复种油菜（G3）的促进作用显著；成熟期复种油菜尤其是 G3 处理的促进作用显著优于复种大豆。

表 3-3　绿肥苗期 0～100 cm 土层土壤酶活性

指标	处理	0～20 cm	20～40 cm	40～60 cm	60～80 cm	80～100 cm
蔗糖酶/ (mg/g)	G1	150.69±23.45bA	110.31±11.20cAB	68.37±5.34bBC	44.84±4.12bBC	10.54±0.18cC
	G2	157.38±25.67bA	131.02±10.76bcB	65.55±5.23bC	26.95±2.01dD	11.58±0.10cE
	G3	208.30±20.93aA	195.75±10.37aA	134.96±14.28aB	69.71±3.92aC	32.22±0.31aD
	G4	199.61±19.03aA	172.96±14.10aA	59.09±5.02bB	36.97±3.21cB	23.68±0.21bB
	L6	206.89±20.25aA	146.17±10.29bB	61.32±4.34bC	23.24±2.10dD	13.07±0.11cE
脲酶/ (mg/g)	G1	148.96±13.23bA	129.03±12.03bB	77.48±0.62abC	47.44±0.41cD	26.14±0.23bE
	G2	140.73±12.34bA	113.22±10.54cB	69.05±0.51bcC	31.73±0.21dD	27.42±0.20bD
	G3	127.13±11.34cA	126.29±12.02bA	88.76±0.53aB	63.57±0.52aC	38.06±0.32aD
	G4	121.97±12.31cA	109.64±10.45cA	62.41±0.52cB	48.18±0.42bcBC	36.58±0.32aC
	L6	184.06±13.65aA	141.05±12.03aA	83.91±0.61aC	53.76±0.39bD	28.04±0.23bE
碱性磷酸酶/ (mg/g)	G1	60.81±5.23bA	55.99±4.29bA	33.92±3.94cB	22.44±2.12cC	11.47±1.03dD
	G2	63.92±4.39bA	52.44±3.21bB	30.21±2.23cC	16.07±1.54dD	14.29±1.02cD
	G3	78.07±6.25aA	75.47±3.28aA	50.66±3.20aB	32.73±2.18aC	25.55±2.10aC
	G4	59.26±3.29bA	56.59±4.26bA	34.51±2.19cB	28.51±1.92bB	16.21±1.29bB
	L6	63.55±5.23bA	54.14±3.72bB	40.21±3.21bC	24.36±2.02cD	17.62±1.03bD
过氧化氢酶/ (mL/g)	G1	8.95±0.34bC	9.31±0.86bcA	9.09±0.85bBC	9.24±0.57abAB	9.02±0.75aC
	G2·	9.02±0.86bA	9.09±0.76cA	9.24±0.74abA	9.39±0.58aA	9.09±0.59aA
	G3	9.46±0.76aA	9.61±0.73abA	9.39±0.58abA	9.39±0.47aA	8.95±0.32aB
	G4	9.61±0.87aA	9.68±0.69aA	9.61±0.73aA	9.46±0.59aA	9.24±0.56aA
	L6	9.68±0.76aA	9.53±0.63abAB	9.31±0.72abB	8.80±0.73bC	9.02±0.39aC
蛋白酶/ (mg/g)	G1	100.22+6.37cA	105.97±8.36bA	109.73±3.28bA	110.62±6.38aA	114.60±10.12bA
	G2	116.15±7.29bA	114.16±4.57aA	117.26±10.36abA	115.71±7.29aA	114.16±11.35bA
	G3	120.35±10.36bA	114.60±9.26aA	128.54±11.35aA	118.58±5.35aA	117.70±10.52bA
	G4	134.29±3.28aA	109.96±9.27abB	127.21±10.26aAB	119.69±6.37aAB	120.35±8.37bAB
	L6	96.90±5.27cB	99.78±4.27bB	105.53±9.36bB	116.59±5.27aAB	141.37±12.49aA

　　注：同列小写字母不同表示同一土层不同处理之间差异显著（$P＜0.05$）；同行大写字母不同表示同一处理不同土层之间差异显著（$P＜0.05$）。

表 3-4　绿肥成熟期 0～100 cm 土层土壤酶活性

指标	处理	0～20 cm	20～40 cm	40～60 cm	60～80 cm	80～100 cm
蔗糖酶/ (mg/g)	G1	208.00±23.47aA	174.45±10.54aB	208.45±15.25aC	210.75±13.20aC	198.28±13.24aC
	G2	160.42±12.20bA	138.45±12.19bB	184.02±12.03bC	168.81±12.09bD	102.81±10.23bE
	G3	65.40±4.13cA	76.76±3.21cA	133.25±11.20cB	97.91±0.72cB	49.29±0.45cB
	G4	38.60±2.15dA	39.20±2.14dB	111.20±10.21dC	55.16±0.52dD	31.62±0.31dE
	L6	33.33±3.12dA	22.34±2.15eB	120.04±10.26cdC	36.67±0.32eD	24.05±0.21eD
脲酶/ (mg/g)	G1	181.74±12.34bA	135.67±12.45bB	83.70±6.34cC	50.07±2.98dD	51.13±3.28cD
	G2	160.66±13.47cA	132.30±12.12bB	81.38±6.98cC	53.45±5.36cdD	34.26±3.54dE
	G3	203.14±20.13aA	167.19±15.29aB	142.84±13.09aC	111.53±10.35aD	118.28±10.65aD
	G4	175.21±14.26bA	148.96±13.29bB	108.90±10.29bC	72.63±21.29bD	60.09±4.24bD
	L6	162.03±16.23cA	97.51±5.34cB	82.33±2.20cC	57.87±4.28cD	44.28±3.20cE
碱性磷酸酶/ (mg/g)	G1	58.66±3.29bcA	51.73±3.18bB	31.99±3.21bC	22.44±2.10cD	25.70±2.19bD
	G2	63.40±3.24abA	51.77±2.19bB	36.73±3.28bC	23.99±1.39cD	20.88±2.15cD
	G3	64.90±2.39aA	58.44±5.24aAB	51.40±4.13aBC	47.62±3.27aC	43.33±3.15aC
	G4	64.73±2.19aA	56.36±3.20aAB	47.33±3.21aB	32.73±2.14bC	26.81±2.19bC
	L6	55.10±3.17cA	43.03±3.12cB	36.73±2.19bB	21.18±1.53cC	20.81±3.18cC
过氧化氢酶/ (mL/g)	G1	8.95±0.51aB	9.75±0.83aA	9.53±0.57aA	9.53±0.34aA	9.53±0.37aA
	G2	9.46±0.37aA	9.53±0.65aA	9.31±0.75aA	9.53±0.57aA	9.31±0.54aA
	G3	9.61±0.29aB	9.75±0.42aAB	9.90±0.49aAB	9.75±0.62aAB	9.97±0.28aA
	G4	6.16±0.53bA	6.38±0.58bA	6.01±0.25bA	5.57±0.25bA	6.16±0.53bA
	L6	5.35±0.47bA	5.21±0.53cA	4.84±0.43cA	5.35±0.39bA	5.57±0.38bA
蛋白酶/ (mg/g)	G1	118.58±10.34aA	110.40±10.12aAB	106.64±9.26aAB	92.92±6.48bB	107.74±9.26aAB
	G2	97.35±6.28cA	101.99±7.36aA	102.88±3.67abA	102.43±6.38aA	117.92±9.27aA
	G3	107.30±4.36bA	82.52±4.97bB	97.57±3.56bAB	104.87±8.25aA	81.86±7.24bB
	G4	59.07±4.19dAB	61.06±3.27cA	47.79±5.28cC	56.19±4.26cB	59.51±4.29cAB
	L6	58.85±3.26dA	54.42±4.28cAB	52.43±3.45cAB	49.78±3.69dB	50.66±2.53cAB

注：同列小写字母不同表示同一土层不同处理之间差异显著（$P<0.05$）；同行大写字母不同表示同一处理不同土层之间差异显著（$P<0.05$）。

六、不同绿肥作物生长期内 0～40 cm 土层土壤细菌群落结构比较

应用 Illlumina MiSeq 测序平台，对不同绿肥作物苗期、花期、成熟期 0～20 cm（C1）和 20～40 cm（C2）土层土壤细菌 16S rRNA 的 V3～V4 变区进行高通量测序，筛选有效序列，得到 OTU 分类单元。根据 OTU 计算不同处理绿肥生长期内不同土层土壤细菌群落 Alpha 多样性指数（表 3-5），发现：①与裸地（L6）土壤比较，复种绿肥明显提高了苗期 20～40 cm 土层和成熟期 0～20 cm 土层土壤细菌群落丰富度（Chao1 指数、ACE 指数增加），且苗期复种油菜（G3）处理最优，成熟期复种大豆（G4）最优。②复种绿肥对苗期 0～40 cm 土层土壤细菌群落多样性没有明显影响，而对花期和成熟期 20～40 cm 土层的影响显著，其中，复种大豆（G4）降低了花期土壤细菌群落多样性（Simpson 指数、Shannon 指数降低），复种油菜与 L6 差异不显著，但大播量油菜（G3）处理多样性指数相对更高，成熟期复种大豆（G4）和复种油菜（G3）的多样性更大。③0～20 cm 表层土壤细菌群落多样性（Simpson 指数和 Shannon 指数）高于 20～40 cm 耕层土壤，苗期土壤细菌群落多样性（Shannon 指数）高于成熟期。

OUT 分类单元门水平组成结果（图 3-8）表明，夏闲期复播绿肥油菜、大豆以及裸地土壤 0～40 cm 土层中的优势细菌群落主要有变形菌门（Proteobacteria）、酸杆菌门（Acidobacteria）、放线菌门（Actinobacteria）、浮霉菌门（Planctomycetes）和芽单胞菌门（Gemmatimonadetes）。

不同生育时期、不同土层、不同绿肥处理门分类水平细菌菌群丰度不同（图 3-8）。与裸地（L6）比较，复种绿肥（G1 除外）降低了苗期 0～40 cm 土层变形菌门和酸杆菌门丰度，而增加了放线菌门、浮霉菌门和芽单胞菌门丰度，且复种油菜（G3）和复种大豆（G4）处理的变化幅度更大（图 3-8A、B）。花期（图 3-8C、D），复种绿肥明显改变了 20～40 cm 土层细菌菌群丰度，其中复种油菜（G1 除外）降低了变形菌门丰度而增加了放线菌门、酸杆菌门和浮霉菌门丰度；复种大豆则明显增加了变形菌门和酸杆菌门丰度，而降低了放线菌门、浮霉菌门和芽单胞菌门丰度。成熟期（图 3-8E、F），复种油菜（G3）和复种大豆（G4）处理的 0～20 cm 土层各菌群丰度与裸地（L6）接近。总之，复种绿肥改善了土壤细菌群落结构，起到了用地养地的作用。

对属分类水平细菌群落（图 3-9）作 KEEG 功能预测分析（图 3-10），结果表明：绿肥处理细菌群落主要参与土壤-作物氨基酸代谢、碳水化合物代谢和能量代谢，相对丰度达 6% 以上；与裸地（L6）比较，复种油菜（G3）和复种大豆（G4）明显促进了 0～20 cm 土层（C1）土壤氨基酸代谢和碳水化合物代谢，复种油菜（G3）还促进了该层土壤能量代谢。在低于 6% 丰度的功能基因中，复种油菜（G3）和复种大豆（G4）还明显促进了 0～20 cm 土层（C1）土壤油脂代谢、异生素生物降解、萜类和聚酮化合物代谢、聚糖生物合成代谢以及酶家族活性；而复种油菜（G3）还对土壤其他次生代谢物生物合成、辅助因子和维生素代谢、其他氨基酸代谢以及核苷酸代谢具有促进作用。复种油菜（G3）对 20～40 cm 土层（C2）土壤碳水化合物代谢、聚糖生物合成代谢、油脂代谢、萜类和聚酮化合物代谢以及异生素生物降解的促进作用更大；复种大豆（G4）对该层土壤代谢的促进作用仅仅体现在碳水化合物代谢上，其他代谢与裸地差异不显著，或者不及裸地土壤（如氨基酸代谢）。

表 3-5 不同绿肥处理生长期内 0~40 cm 土层根际土壤细菌群落多样性

取样时期	处理	Chao1 指数		ACE 指数		Simpson 指数		Shannon 指数	
		0~20 cm	20~40 cm	0~20 cm	20~40 cm	0~20 cm	20~40 cm	0~20 cm	20~40 cm
绿肥苗期	G1	5 109±324a	5 058±204b	5 090±209a	5 030±206b	0.993±0.024a	0.984±0.035a	9.89±0.78a	9.60±0.49a
	G2	5 309±236a	5 240±104ab	5 292±367a	5 224±348ab	0.997±0.035a	0.989±0.025a	10.24±0.36a	9.87±0.57a
	G3	5 169±296a	5 391±205a	5 149±253a	5 346±269a	0.997±0.025a	0.997±0.026a	9.98±0.58a	10.25±0.47a
	G4	5 227±237a	5 191±128ab	5 213±309a	5 182±362ab	0.997±0.026a	0.997±0.036a	10.21±0.45a	10.09±0.36a
	L6	5 193±198a	5 045±103b	5 141±258a	5 004±408b	0.997±0.031a	0.984±0.026a	10.14±0.92a	9.54±0.35a
绿肥开花期	G1	5 274±109a	5 011±201a	5 289±343a	5 018±257a	0.995±0.025a	0.993±0.049a	9.93±0.57a	9.72±0.74ab
	G2	5 198±103a	5 233±203a	5 192±257a	5 237±349a	0.996±0.016a	0.996±0.021a	10.10±0.26a	9.97±0.59ab
	G3	5 106±203a	5 240±106a	5 106±159a	5 246±425a	0.996±0.025a	0.997±0.015a	9.98±0.29a	10.18±0.71a
	G4	5 185±109a	4 947±104a	5 170±249a	4 993±354a	0.993±0.026a	0.967±0.013b	9.90±0.39a	9.10±0.48b
	L6	5 130±106a	4 730±205a	5 134±203a	4 717±207a	0.997±0.029a	0.989±0.017a	10.13±0.48a	9.30±0.49ab
绿肥成熟期	G1	5 212±103a	5 034±103a	5 169±304ab	5 027±136a	0.985±0.015a	0.984±0.019bc	9.68±0.49a	9.51±0.59ab
	G2	5 247±109a	4 673±114a	5 248±247a	4 692±249a	0.994±0.028a	0.978±0.026c	9.93±0.72a	9.06±0.71b
	G3	5 074±206ab	5 170±105a	5 058±298ab	5 190±348a	0.988±0.017a	0.991±0.032ab	9.65±0.59a	9.75±0.62ab
	G4	5 317±107a	5 303±203a	5 323±406a	5 255±346a	0.992±0.025a	0.996±0.015a	9.89±0.69a	9.92±0.73a
	L6	4 768±103b	4 742±186a	4 754±294a	4 771±274a	0.993±0.031a	0.991±0.025ab	9.67±0.58a	9.29±0.64ab

注：同列小写字母不同表示同一土层不同处理之间差异显著（$P<0.05$）。

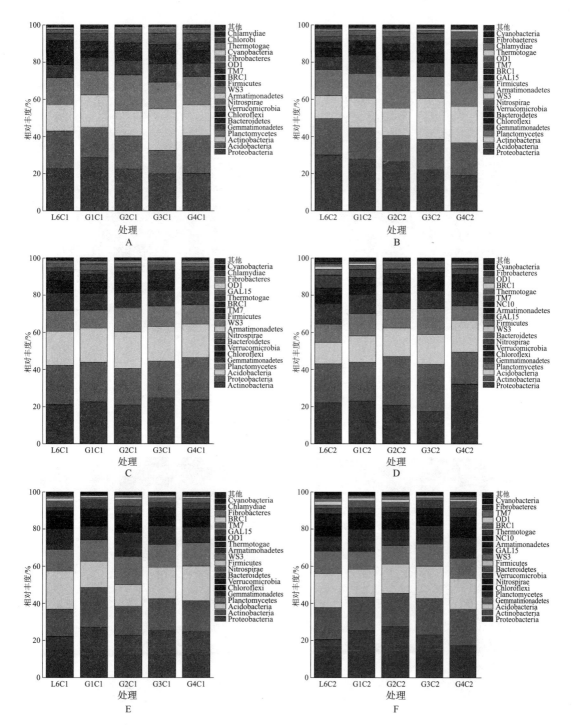

图 3-8　不同绿肥处理不同生育时期不同土层土壤细菌群落在门分类水平上的组成（见彩图）

A. 苗期 0～20 cm 土层　B. 苗期 20～40 cm 土层　C. 开花期 0～20 cm 土层　D. 开花期 20～40 cm 土层

E. 成熟期 0～20 cm 土层　F. 成熟期 20～40 cm 土层

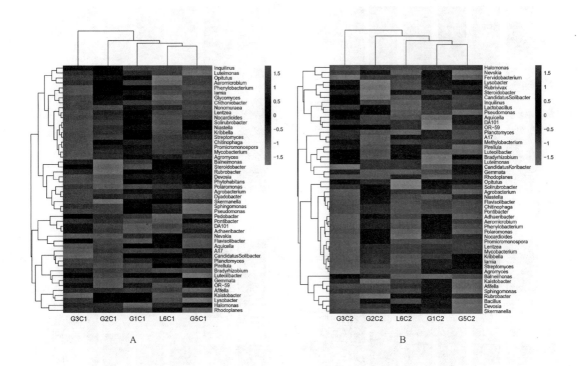

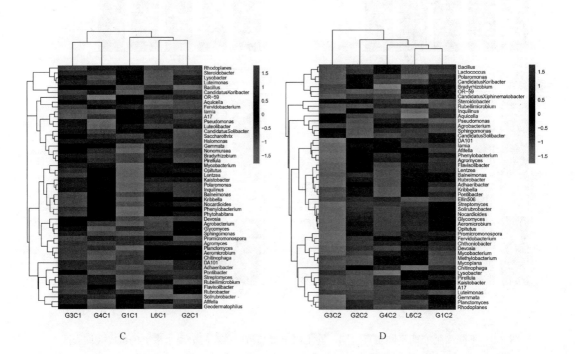

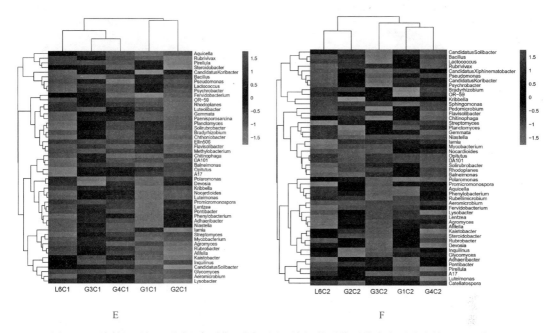

图 3-9　不同绿肥处理不同生育时期不同土层土壤细菌群落属分类水平聚类热图（见彩图）

A. 苗期 0～20 cm 土层　B. 苗期 20～40 cm 土层　C. 开花期 0～20 cm 土层

D. 开花期 20～40 cm 土层　E. 成熟期 0～20 cm 土层　F. 成熟期 20～40 cm 土层

注：各分图左边表示不同细菌群落分类水平聚类，上部表示不同处理绿肥聚类。

七、不同绿肥作物生长期内 0～40 cm 土层土壤真菌群落结构比较

应用 Illlumina MiSeq 测序平台，对不同绿肥作物苗期、开花期、成熟期 0～20 cm（C1）和 20～40 cm（C2）土层土壤真菌 18S rRNA 的 ITS 区进行高通量测序，筛选有效序列，得到 OUT 分类单元。根据 OUT 计算绿肥作物不同生育时期不同土层真菌群落的 Alpha 多样性指数，结果（图 3-10、表 3-6）显示：①绿肥苗期，0～40 cm 土层土壤真菌群落丰富度（Chao1 指数、ACE 指数）及 0～20 cm 土层土壤真菌群落多样性（Simpson 指数、Shannon 指数）均没有明显变化；复种绿肥明显降低 20～40 cm 土层土壤真菌群落多样性，且复种油菜（G3）的降低幅度更大，复种大豆（G4）和复种油菜（G1）的降低幅度较小；复种油菜随播量增加多样性指数降低。②绿肥花期，复种大豆（G4）处理的 0～40 cm 土层土壤真菌群落丰富度和多样性均高于其他处理，且在 20～40 cm 土层均达到显著差异（$P<0.05$）；复种油菜与裸地（L6）差异不显著（$P>0.05$）。③绿肥成熟期，复种大豆（G4）处理 0～40 cm 土层土壤真菌群落丰富度和多样性整体来看均低于其他处理，除 0～20 cm 土层 Chao1 指数和 0～40 cm 土层 Simpson 指数外，各土层其余指标均达到显著差异；与裸地（L6）及复种大豆比较，复种油菜明显提高土壤真菌群落多样性和丰富度。④总体而言，随着生育时期的推进或土层的加深，土壤真菌群落多样性和丰富度呈增加趋势。

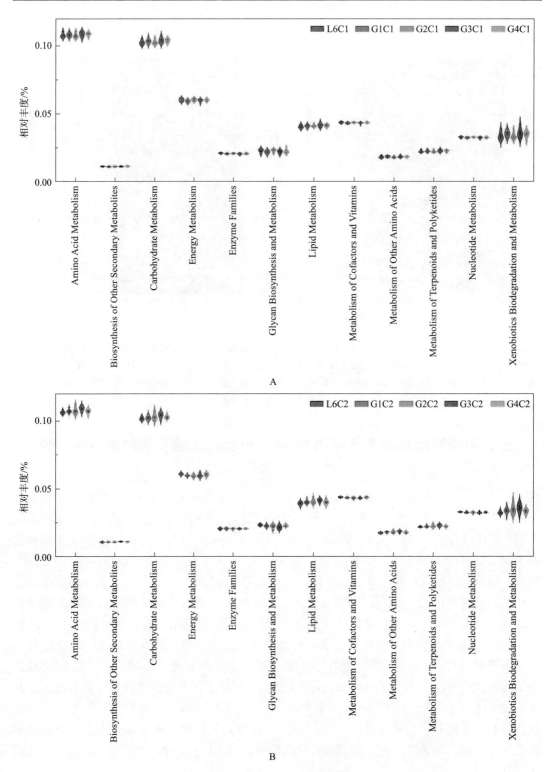

图 3-10　不同绿肥处理不同土层土壤细菌群落的代谢功能预测

A. 0～20 cm 土层　B. 20～40 cm 土层

表 3-6　不同绿肥处理生长期内 0~20 cm 和 20~40 cm 土层根际土壤真菌群落多样性

时期	处理	Chao1 指数		ACE 指数		Simpson 指数		Shannon 指数	
		0~20 cm	20~40 cm	0~20 cm	20~40 cm	0~20 cm	20~40 cm	0~20 cm	20~40 cm
绿肥苗期	G1	292±12a	332±13a	333±23a	375±32a	0.876±0.023a	0.935±0.021a	4.63±0.36a	5.65±0.23ab
	G2	283±23a	297±23a	323±24a	342±25a	0.867±0.012a	0.880±0.014b	4.99±0.37a	4.91±0.16b
	G3	262±26a	284±13a	312±16a	335±17a	0.777±0.027a	0.831±0.016c	3.87±0.38a	4.10±0.34c
	G4	303±34a	301±23a	341±27a	331±26a	0.934±0.028a	0.931±0.024a	5.47±0.28a	5.37±0.25ab
	L6	317±27a	324±15a	349±35a	352±29a	0.862±0.013a	0.957±0.027a	4.74±0.35a	5.80±0.17a
绿肥开花期	G1	306±23a	329±17b	347±21ab	377±32ab	0.906±0.024a	0.931±0.037ab	5.16±0.24a	5.336±0.24ab
	G2	282±14a	268±14c	310±15b	340±23b	0.831±0.015a	0.784±0.014b	4.44±0.27a	3.56±0.16c
	G3	304±25a	294±24bc	364±32ab	342±25b	0.838±0.035a	0.871±0.025ab	4.40±0.16a	4.44±0.25bc
	G4	314±16a	387±23a	375±16a	423±21a	0.852±0.025a	0.965±0.026a	4.45±0.15a	6.23±0.16a
	L6	325±18a	302±25bc	373±17a	336±14b	0.931±0.024a	0.872±0.036ab	5.36±0.24a	4.75±0.25abc
绿肥成熟期	G1	342±17a	369±25a	435±23a	415±24a	0.863±0.021a	0.957±0.034a	4.62±0.28b	5.86±0.26a
	G2	372±29a	367±35a	438±25a	420±31a	0.938±0.016a	0.940±0.036a	5.45±0.36ab	5.65±0.18ab
	G3	408±31a	346±26ab	471±28a	392±23ab	0.957±0.017a	0.950±0.027a	6.11±0.25a	5.61±0.24ab
	G4	342±23a	291±24b	388±32ab	331±24b	0.939±0.018a	0.798±0.032a	5.5±0.15ab	4.27±0.17b
	L6	309±14a	332±26ab	328±27b	368±34ab	0.931±0.026a	0.860±0.027a	5.38±0.24ab	4.94±0.27ab

注：同列小写字母不同表示同一土层不同处理之间差异显著（$P<0.05$）。

土壤真菌群落 OUT 分类单元门水平结果表明，夏闲期复播绿肥油菜、大豆以及裸地土壤的 0～40 cm 土层中，优势真菌群落主要有子囊菌门（Ascomycota）、接合菌门（Zygomycota）和担子菌门（Basidiomycota）（图 3-11），其中子囊菌门的相对丰度达到 50.9%～96.7%，占绝对地位；其次是接合菌门和担子菌门，相对丰度最高达到 29.5%，最低仅占 0.6%。

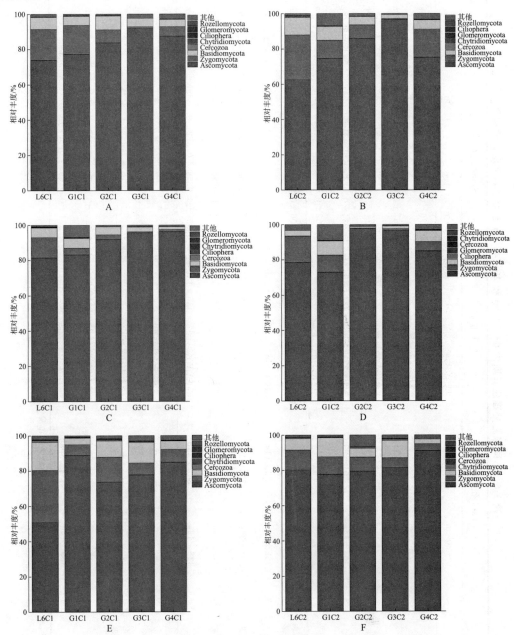

图 3-11　不同绿肥处理不同生育时期不同土层土壤真菌群落在门分类水平上的组成（见彩图）

A. 苗期 0～20 cm 土层　　B. 苗期 20～40 cm 土层　　C. 开花期 0～20 cm 土层

D. 开花期 20～40 cm 土层　　E. 成熟期 0～20 cm 土层　　F. 成熟期 20～40 cm 土层

　　3 类真菌菌群的相对丰度因生育时期、土层及夏闲期土地利用方式的不同而不同。在复种绿肥苗期（图 3-12A、B），休闲期裸地（L6）土壤中的子囊菌门的相对丰度表现为 0～20 cm 表层＞20～40 cm 耕层，而接合菌门和担子菌门的相对丰度正好相反，均表现为 0～20 cm 表层＜20～40 cm 耕层；复种绿肥明显提高了这两层土壤中子囊菌门的相对丰度，而降低了接合菌门和担子菌门的相对丰度，大播量油菜（G3）处理的变化幅度最大；复播大豆（G4）对表层土壤真菌菌群的影响仅次于 G3。在复种绿肥花期（图 3-12C、D），所有处理的子囊菌门的相对丰度比苗期进一步提高，接合菌门和担子菌门的相对丰度更低；复种油菜或复种大豆对 3 类真菌菌群的影响趋势与苗期一致。在复种绿肥成熟期（图 3-12E、F），0～20 cm 表层土壤中，子囊菌门的相对丰度比花期明显降低，而接合菌门和担子菌门的相对丰度有所回升，且这两类菌群的相对丰度提高幅度最大的是裸地（L6），其次是 G2、G3、G4、G1；20～40 cm 耕层土壤中，接合菌门和担子菌门的相对丰度提高幅度最大的是 G3，其次是 G2、G1，而裸地（L6）和复种大豆（G4）的这两类菌群的相对丰度从苗期到花期到成熟期持续下降。总体来看，复种绿肥处理较裸地土壤在整个生长期内有明显提高 0～40 cm 土层土壤子囊菌门相对丰度的作用；在苗期或花期，复种油菜（G3）的作用更大；在成熟期，则复种大豆（G4）的作用更大。

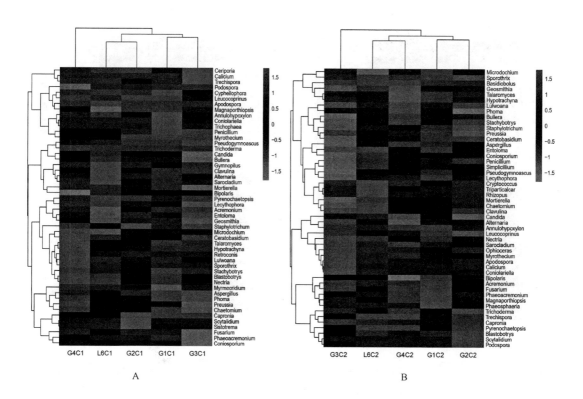

A

B

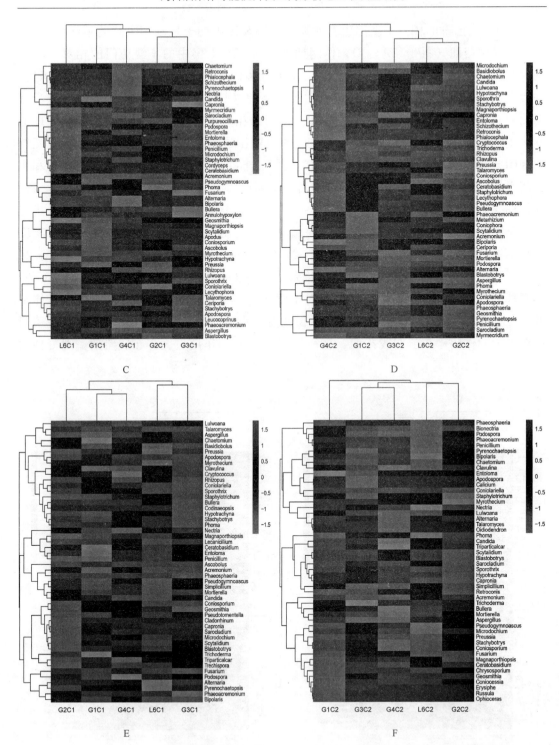

图 3-12　不同绿肥处理不同生育时期不同土层土壤真菌群落属分类水平聚类热图（见彩图）

A. 苗期 0～20 cm 土层　B. 苗期 20～40 cm 土层　C. 开花期 0～20 cm 土层

D. 开花期 20～40 cm 土层　E. 成熟期 0～20 cm 土层　F. 成熟期 20～40 cm 土层

注：各分图左边表示不同细菌、真菌群落分类水平聚类，上部表示不同绿肥处理聚类。

第二节　麦后复种绿肥还田对后作冬小麦生长及土壤肥力的影响

一、后作冬小麦抽穗前农艺性状差异

以麦后休闲裸地（L6）为对照，比较夏闲期复种饲料油菜小播量（G1）、中播量（G2）、大播量（G3）和复种大豆（G4）作绿肥还田对后作冬小麦抽穗前农艺性状的影响，以地上部不还田为各处理的阳性对照。试验结果见表3-7。表中各处理符号的含义分别是：N_{G1}、R_{G1}，油菜小播量茎叶不还田和还田；N_{G2}、R_{G2}，油菜中播量茎叶不还田和还田；N_{G3}、R_{G3}，油菜大播量茎叶不还田和还田；N_{G4}、R_{G4}，大豆茎叶不还田和还田；L6，休闲裸地（对照）。

表3-7　不同绿肥处理下后作冬小麦越冬—孕穗期单株农艺性状

	处理	株高/cm	分蘖数	绿叶数	倒二叶长/cm	倒二叶宽/cm	次生根数	主茎叶龄
越冬期	N_{G1}	20.63±1.21b	3.80±0.13dc	13.90±0.13b	12.42±0.14b	0.90±0.01a	7.90±0.24ab	8.23±0.21a
	R_{G1}	23.98±2.15a	3.80±0.25dc	14.40±0.24b	15.27±0.15a	0.93±0.02a	8.00±0.31ab	8.42±0.25a
	N_{G2}	23.94±1.26a	3.90±0.36dc	12.80±0.16b	14.87±0.13a	0.87±0.01a	8.20±0.25ab	5.81±0.31c
	R_{G2}	22.86±1.76a	4.00±0.16dc	12.50±0.27b	15.48±0.09a	0.85±0.03a	9.20±0.31a	6.03±0.41c
	N_{G3}	19.77±1.25bc	3.73±0.24d	12.36±0.15b	13.32±0.08b	0.76±0.02a	6.73±0.27b	5.72±0.28c
	R_{G3}	20.94±2.18b	3.40±0.39d	9.30±0.26c	12.86±0.25b	0.83±0.03a	6.60±0.14b	5.55±0.31c
	N_{G4}	18.75±1.31c	5.40±0.25b	14.10±0.17b	12.66±0.15b	0.83±0.05a	7.50±0.15ab	7.36±0.14ab
	R_{G4}	24.00±2.15a	6.30±0.17a	17.30±0.25a	15.66±0.14a	0.90±0.01a	8.20±0.13ab	7.76±0.26a
	L6	24.21±1.25a	4.60±0.18c	14.00±0.16b	16.22±0.13a	0.89±0.04a	9.00±0.24a	6.52±0.43bc
返青期	N_{G1}	19.40±1.26bc	6.10±0.24abc	11.80±1.25cd	10.97±0.74b	0.89±0.04b	10.00±0.03ab	7.08±0.01b
	R_{G1}	17.97±2.61cd	5.30±0.21c	12.90±1.27cd	10.76±0.65b	0.91±0.06ab	8.40±0.04bc	6.89±0.02b
	N_{G2}	20.31±3.41b	5.90±0.31bc	12.80±1.23cd	11.08±0.41b	0.83±0.05bc	8.50±0.05bc	6.96±0.04b
	R_{G2}	16.99±3.23d	4.50±0.27c	10.50±0.94d	9.91±0.28b	0.75±0.04c	6.50±0.04c	6.31±0.05b
	N_{G3}	18.85±2.47bcd	6.20±0.35abc	15.50±1.11abc	10.95±0.27b	0.90±0.03b	11.30±0.06a	6.89±0.06b
	R_{G3}	20.18±1.26b	7.80±0.14a	18.30±1.25a	12.33±0.38a	1.00±0.04a	7.30±0.05c	8.61±0.03a
	N_{G4}	19.82±1.27bc	5.20±0.27c	13.90±1.32bcd	10.09±0.47b	0.85±0.02bc	6.40±0.07c	7.01±0.03b
	R_{G4}	20.72±2.16b	5.10±0.16c	13.00±1.24cd	10.71±0.58b	0.83±0.01bc	5.90±0.03c	6.93±0.02b
	L6	23.58±1.25a	7.25±0.25ab	16.88±1.42ab	12.79±0.53a	0.85±0.02bc	8.25±0.02bc	6.84±0.01b
拔节期	N_{G1}	54.53±2.48c	8.40±0.51a	28.50±1.48a	21.49±1.26ab	1.16±0.25ab	19.40±1.17abcd	13.21±0.87a
	R_{G1}	59.15±3.17a	6.40±0.42a	18.50±1.49b	23.39±1.84a	1.15±0.26ab	26.00±1.29a	10.47±0.92bc
	N_{G2}	62.33±2.38a	7.10±0.31a	18.90±1.37b	17.98±1.38dc	1.10±0.27bcd	25.20±1.36ab	11.82±0.75ab
	R_{G2}	56.12±3.29c	6.30±0.26a	18.80±1.28b	19.70±1.37bc	1.14±0.29bc	18.10±1.32bcd	12.37±0.88a
	N_{G3}	61.71±2.49ab	7.55±0.37a	25.90±1.29ab	19.17±1.27dc	1.06±0.27bcd	20.40±1.38abcd	9.86±0.73c
	R_{G3}	59.43±3.19b	7.89±0.47a	28.00±2.34a	16.97±1.29dc	1.03±0.23cd	23.80±1.48abc	12.68±0.69a
	N_{G4}	63.87±2.17a	7.30±0.52a	30.20±2.18a	11.86±1.36e	0.99±0.22d	17.00±1.39dc	12.58±0.65a
	R_{G4}	59.66±3.27b	7.80±0.37a	30.90±3.16a	13.57±1.29e	1.10±0.21bcd	16.30±1.35dc	12.97±0.74a
	L6	62.73±3.28a	8.40±0.48a	28.90±2.17a	23.76±2.29a	1.25±0.20a	14.50±1.29d	13.62±0.57a

（续）

处理		株高/cm	分蘖数	绿叶数	倒二叶长/cm	倒二叶宽/cm	次生根数	主茎叶龄
孕穗期	N_{G1}	90.12±2.68a	3.60±0.25a	13.70±1.25abc	16.82±1.27ab	1.04±0.37b	13.80±1.27d	—
	R_{G1}	82.71±3.53bc	3.60±0.21a	11.20±2.34bc	15.78±1.46ab	1.11±0.48b	16.60±1.39bcd	—
	N_{G2}	87.39±1.93ab	3.30±0.18a	14.20±1.46abc	16.47±1.39ab	2.52±0.39a	18.00±2.59bcd	—
	R_{G2}	79.01±3.27c	3.30±0.14a	9.80±1.34c	15.25±1.29b	0.96±0.28b	18.70±2.47bcd	—
	N_{G3}	84.62±4.28bc	3.20±0.11a	15.00±2.38ab	17.85±0.98a	1.17±0.36b	27.56±2.48a	—
	R_{G3}	81.67±3.19c	4.30±0.13a	16.50±1.29a	16.31±0.77ab	1.07±0.29b	15.40±1.36cd	—
	N_{G4}	79.89±2.38c	3.20±0.12a	12.30±2.15abc	16.25±0.83ab	1.03±0.46b	20.90±2.47b	—
	R_{G4}	81.86±1.53c	3.00±0.14a	10.80±1.27bc	16.54±0.79ab	1.08±0.57b	19.30±2.71bc	—
	L6	83.57±2.37bc	2.70±0.35a	11.40±0.94bc	15.56±0.78ab	1.14±0.73b	28.70±2.31a	—

注：同列小写字母不同表示各处理间差异显著（$P<0.05$）。

结果表明，从越冬期到孕穗期，复种油菜处理的后作冬小麦单株农艺性状整体不及休闲裸地（L6）。具体来看，复种油菜处理的后作冬小麦冬前发育弱，表现为植株小、根蘖少、叶小而数量少，其中小播量（G1）处理的主茎叶龄（8.3左右）明显高于裸地（6.5），而中、高播量（G2和G3）处理的冬前主茎叶龄（6.0左右）不及裸地，这可能与复种油菜生物量大消耗土壤水分、养分多有关，播量越大消耗越多；油菜茎叶还田与不还田处理之间差异不显著（$P>0.05$）。而复种大豆（G4）处理对土壤具有固氮能力且植株生物量相对较小而消耗土壤水分、养分较少，因而其后作冬小麦单株发育明显较好，表现为主茎叶龄适当（7.5左右），分蘖数多；茎叶还田处理 R_{G4} 明显优于不还田处理 N_{G4}。春季返青期，复种油菜或大豆处理均发育缓慢，但复种油菜大播量茎叶还田处理 R_{G3} 表现较优，其单株性状接近裸地（L6），这可能与大播量油菜腐解还田生物量大有关。到拔节期，我们发现前茬是绿肥处理的后作冬小麦其根系发育均优于休闲裸地，而地上部指标整体不及休闲裸地。随着分蘖两极分化（孕穗期），与裸地（L6）比较，绿肥油菜茎叶不还田处理的冬小麦株高、单株绿叶数、倒二叶长均有增加趋势，而次生根数明显减少；绿肥大豆茎叶不还田处理的上述指标均与绿肥油菜处理表现一致（株高除外）。

二、后作冬小麦群体分蘖动态差异

从后作冬小麦各生育时期的群体分蘖动态（表3-8）可以看出，后作冬小麦群体最大分蘖数除 R_{G1} 出现在拔节期外，其余处理均出现在越冬期；另外，N_{G1} 分蘖数越冬期与返青期相当，N_{G3} 分蘖数越冬期与拔节期相当，这充分说明旱地冬小麦培育冬前壮苗的重要性。各处理间群体差异主要体现在基本苗数及越冬期和拔节期的分蘖数，而孕穗—开花期没有显著差异（$P>0.05$）：复种油菜处理的基本苗数不及复种大豆（N_{G4}、R_{G4}）和裸地（L6）处理；复种油菜处理中，小播量（N_{G1}、R_{G1}）处理的出苗较差，基本苗偏少，而中、高播量处理（N_{G2}、R_{G2}、N_{G3}、R_{G3}）的出苗相对较好，基本苗增多；冬前群体分蘖

数以复种大豆 N_{G4} 和裸地（L6）为最高，其次是较大播量油菜处理；拔节期群体分蘖数同样以上述处理相对较高，说明复种大豆茎叶不还田、休闲裸地和较大播量油菜均有利于保证冬小麦相对稳定的出苗数和群体最大分蘖数。

表 3-8　不同绿肥处理下后作冬小麦各生育时期的群体分蘖动态（$\times 10^6$ 个/hm^2）

处理	基本苗数	越冬期分蘖数	返青期分蘖数	拔节期分蘖数	孕穗期分蘖数	开花期分蘖数
N_{G1}	1.17±0.14b	4.55±0.21bcd	4.56±0.13a	3.73±0.13ab	3.27±0.12a	3.82±0.10a
R_{G1}	1.21±0.16b	3.53±0.23d	4.09±0.14a	4.22±0.12ab	3.77±0.13a	3.52±0.12a
N_{G2}	1.44±0.17ab	5.63±0.25abc	5.20±0.15a	5.04±0.16ab	3.34±0.14a	3.70±0.13a
R_{G2}	1.36±0.13ab	5.21±0.26abc	4.59±0.15a	5.00±0.17ab	3.96±0.13a	4.03±0.14a
N_{G3}	1.41±0.14ab	5.35±0.27abc	3.64±0.14a	5.30±0.18a	3.74±0.16a	4.17±0.15a
R_{G3}	1.31±0.15ab	4.91±0.19abcd	4.49±0.15a	3.85±0.19ab	3.60±0.17a	4.07±0.16a
N_{G4}	1.59±0.14a	6.35±0.16a	5.76±0.16a	4.58±0.14ab	4.10±0.18a	3.84±0.13a
R_{G4}	1.56±0.13a	4.50±0.13cd	3.64±0.17a	3.45±0.13b	3.10±0.19a	3.35±0.12a
L6	1.57±0.12a	6.22±0.14ab	4.40±0.18a	5.10±0.14ab	3.91±0.13a	4.21±0.10a
平均	1.40	5.14	4.49	4.47	3.64	3.86

注：同列小写字母不同表示各处理间差异显著（$P<0.05$）。

三、后作冬小麦群体干物质积累动态差异

为了明确不同绿肥处理对后作冬小麦群体干物质积累动态的影响，我们把群体指标按器官划分为叶部、根部、茎秆、穗部 4 部分（表 3-9）。

冬前，所有绿肥处理的叶部干物质积累均不及 L6（较其他处理高 39.93%～116.26%），而绿肥油菜处理（N_{G2} 除外）又不及绿肥大豆（N_{G4} 和 R_{G4}），油菜处理中 N_{G3} 和 R_{G3} 处理的积累量最低；根部干物质积累量除 R_{G4} 外，其余处理也均不及 L6（较其他处理高 9.21%～71.78%），绿肥处理同样是 N_{G4} 和 R_{G4} 积累量最高而 N_{G3} 和 R_{G3} 的积累量最低，说明夏闲期复种绿肥影响了后作冬小麦冬前地上部、地下部干物质积累量，复种大豆处理因土壤氮素营养高促进了小麦植株干物质积累，而复种油菜处理因根茎叶腐解量大，需要消耗一定的土壤养分，从而减少了小麦植株干物质的积累。

返青期，除 N_{G3}、R_{G3} 和 N_{G4} 处理的地上部、地下部干物质量较越冬期增加外，其余处理均不同程度降低；与 L6 比较，复种绿肥的叶部干物质量平均降低 82.4%，而根部干物质量没有普遍降低，其中 N_{G3}、R_{G3} 和 N_{G4}、R_{G4} 的根部干物质量明显增加，N_{G4} 的值最高。

表3-9　不同绿肥处理下后作冬小麦群体干物质积累动态（kg/hm²）

时期	部位	干物质积累动态								
		N_{G1}	R_{G1}	N_{G2}	R_{G2}	N_{G3}	R_{G3}	N_{G4}	R_{G4}	L6
越冬期	叶干重	915.42±123.12cd	1 088.21±134.56bc	1 235.54±98.26b	1 070.22±124.19bc	798.28±76.24d	769.88±56.12d	1 111.94±145.24bc	1 189.80±96.23b	1 664.95±73.26a
	根干重	72.14±2.36de	70.91±3.56de	85.38±4.27dc	85.78±3.28de	67.79±4.26de	60.46±3.28e	95.10±3.24b	119.40±3.29a	103.86±2.37ab
返青期	叶干重	829.80±124.25e	762.98±126.38e	914.81±103.26de	487.66±82.57f	1 089.55±103.25dc	1 155.18±112.47bc	1 367.06±102.46ab	926.40±78.35de	1 576.87±123.24a
	根干重	61.96±2.35d	43.27±2.34e	66.11±4.27cd	38.37±3.38e	82.04±4.36bc	74.43±5.35cd	112.65±10.26a	94.20±3.79b	60.84±4.27d
拔节期	叶干重	1 908.85±125.67dce	1 574.33±124.72e	2 266.58±158.26dc	1 791.12±123.56de	2 333.55±167.23c	2 140.54±124.26dc	2 817.34±124.29b	2 934.36±134.57ab	3 327.62±136.27a
	茎秆干重	2 606.69±134.27dc	2 270.22±126.38d	3 443.28±152.37ab	2 441.20±123.37dc	3 236.25±157.29ab	3 099.46±146.28bc	4 021.15±178.26a	4 165.20±178.29a	3 805.68±152.15ab
	根干重	97.28±23.24e	106.64±24.26de	114.08±25.37cde	102.68±26.28e	121.26±23.27cde	151.96±22.58ab	162.46±23.29a	139.62±23.28abc	134.24±26.38bcd
孕穗期	叶干重	962.29±226.27cd	926.04±253.27cd	1 158.76±356.89bc	773.16±276.39d	1 665.21±216.39a	1 637.50±167.28a	861.45±123.19d	918.06±112.27cd	1 212.04±125.67b
	茎秆干重	5 071.83±337.29bcd	5 409.25±378.23abc	6 035.61±358.39ab	4 532.20±389.27cd	6 247.71±376.25a	6 401.97±365.38a	4 185.99±329.39d	4 247.10±321.53d	5 848.25±317.86ab
	根干重	206.79±37.29bc	195.21±36.89bc	403.95±39.48a	208.08±36.58bc	202.34±32.19bc	210.26±31.57bc	244.09±35.68b	238.68±36.72b	171.13±32.19c
开花期	叶干重	700.75±34.29ab	698.30±35.29ab	395.34±57.82e	785.40±26.38a	542.15±90.23cd	446.06±86.37cd	684.72±59.87ab	651.30±56.78bc	790.50±53.29a
	茎秆干重	3 165.89±135.28b	3 623.44±136.28ab	2 324.70±154.29c	3 982.08±137.28a	3 384.00±126.78ab	2 312.15±127.39c	3 659.77±134.29ab	3 740.88±127.89ab	4 045.11±137.27a
	穗轴颖壳干重	873.17±98.27bc	974.24±76.28abc	517.32±75.39d	1 070.32±123.65a	959.51±123.65a	609.15±63.29d	827.37±73.26c	999.96±83.27abc	1 009.51±124.28ab
	根干重	128.15±12.42bc	166.29±13.29a	95.43±14.28d	180.88±26.89a	115.62±11.36cd	123.14±13.28bcd	181.48±12.46a	179.40±13.29a	152.29±15.36ab
成熟期	叶干重	1 102.09±123.67d	1 472.51±134.76c	2 250.08±145.82b	1 504.16±137.82c	1 333.86±135.79cd	1 236.64±123.67cd	2 115.70±134.89cd	2 113.80±127.38b	2 612.48±138.48a
	茎秆干重	5 046.78±326.48d	6 246.72±428.39cd	9 047.68±467.23b	7 248.80±387.29c	6 301.29±487.23cd	6 124.44±489.23cd	6 124.44±489.23cd	10 692.24±856.74a	10 975.87±736.28a
	穗轴颖壳干重	1 534.31±135.67d	1 830.40±156.28cd	2 936.01±189.24b	2 033.20±156.37cd	2 278.56±157.89c	2 275.47±178.39c	1 740.33±156.39d	3 770.52±147.81a	3 307.99±153.92ab
	根干重	1 208.11±125.37d	902.55±76.37ef	2 699.24±189.25a	1 255.28±123.46d	1 490.37±138.91cd	695.61±35.92f	1 564.40±126.39cd	2 068.56±136.28b	1 736.42±112.19bc

注：同列小写字母不同表示各处理间差异显著（P<0.05）。

拔节期，后作冬小麦根、茎秆、叶干物质量均大幅提高；其中叶部仍是 L6 处理明显高于绿肥处理，N_{G4}、R_{G4} 和 N_{G3}、R_{G3} 次之，而根茎则是 N_{G4}、R_{G4} 明显高于 L6，R_{G3} 的根部积累明显高于 L6，其余处理不及 L6，说明复种大豆明显促进后作冬小麦拔节期根茎叶生长，而复种油菜大播量茎叶还田处理 R_{G3} 具有促根生长作用。

孕穗期，由于分蘖消长、两极分化，后作冬小麦叶部干物质积累明显降低（降低幅度为 23.5%～69.4%），而根、茎秆干物质积累量持续大幅提高（除 N_{G4}、R_{G4} 的茎秆干物质量提高幅度不足 5% 外，其余处理的根、茎秆干物质积累量均在 27.5%～254.1% 和 53.7%～138.3%）；此期，所有绿肥处理的根系干物质量积累均明显高于 L6，而油菜大播量（N_{G3}、R_{G3}）处理叶、茎秆干物质量积累也明显高于 L6，说明此期绿肥腐解养分可能大量释放，尤其是油菜大播量茎叶还田处理 R_{G3}。

开花期，叶部干物质量持续下降，茎秆、根干物质量亦下降，均转移到穗部；穗部干物质量增加最多的处理是 R_{G3}，其余绿肥处理均不及 L6。

成熟期，L6 处理叶、茎秆干物质量均最高，平均比绿肥处理高 81.23% 和 64.61%；穗部、根系干物质量亦相对较高（前者仅次于复种大豆 R_{G4}，后者仅次于 N_{G2} 和 R_{G4}）。

总之，夏闲期复种绿肥普遍降低了后作冬小麦叶部干物质量，根、茎秆、穗部干物质积累量因不同绿肥处理和不同生育时期而存在差异。

四、后作冬小麦植株氮、磷、钾积累的差异

从表 3-10、表 3-11 和表 3-12 可以看出，不同绿肥处理下后作冬小麦从越冬到成熟期植株的氮（N）、磷（P）、钾（K）含量存在差异。

越冬期，后作冬小麦根、叶的 N、P、K 积累总体表现为：N 含量为 1.94%～5.28%，且叶＞根；P 含量为 9.99%～25.70%，且根＞叶；K 含量为 0.58%～0.70%，且根、叶相当。与夏闲期裸地（L6）比较，复种绿肥有促进后作冬小麦越冬期根部 N 含量（N_{G3} 除外）和叶部 P 含量（R_{G4} 和 N_{G2} 除外）增加的作用，而降低了其根部 P 含量和叶部 N 含量，对 K 含量没有显著影响。复种大豆（N_{G4} 和 R_{G4}）的冬小麦根叶 N 含量和根 P 含量均高于复种油菜处理。

返青期，后作冬小麦根、叶的 N、P、K 积累与越冬期相似，P 含量（8.05%～22.57%）＞N 含量（1.64%～3.16%）＞K 含量（0.55%～0.71%）。与夏闲期裸地（L6）比较，复种绿肥有降低后作冬小麦返青期叶部 N、P 含量的作用，而提高了 K 的含量；复种油菜明显降低了后作冬小麦根部 N、K 含量；复种大豆处理后作冬小麦根部 N、P、K 含量则与裸地差异不显著。

拔节期，后作冬小麦叶部 K 含量（0.56%～0.73%）没有明显改变，而根、茎 K 含量（前者为 3.97%～7.06%，后者为 5.27%～11.68%）大幅提高，这可能与拔节期根、茎物质运输加快、K 具离子泵作用有关；相对而言，根、茎、叶的 N、P 含量均有所降低。与 L6 比较，复种绿肥有提高后作冬小麦拔节期茎秆 N 含量的作用，而大多数处理叶部和根部的 N、P 含量均降低。

表3-10 夏闲期不同绿肥处理下后作冬小麦越冬-返青期植株N、P、K含量（%）

时期	部位	指标	养分含量								
			N_{G1}	R_{G1}	N_{G2}	R_{G2}	N_{G3}	R_{G3}	N_{G4}	R_{G4}	L6
越冬期	叶	N	2.61±0.23c	3.64±0.32bc	2.78±0.21c	2.92±0.20c	3.35±0.31bc	3.58±0.30bc	4.30±0.41ab	3.33±0.33bc	5.28±0.51a
		P	16.50±1.62ab	17.00±1.65a	13.34±1.23b	16.50±1.42ab	15.61±1.52ab	13.84±1.33ab	14.95±1.41ab	9.99±0.76c	13.60±1.31ab
		K	0.67±0.03a	0.67±0.04a	0.67±0.03a	0.68±0.04a	0.66±0.02a	0.65±0.03a	0.67±0.04a	0.70±0.03a	0.68±0.04a
	根	N	2.32±0.21abc	2.08±0.20bc	2.04±0.19bc	2.26±0.15abc	1.96±0.18c	2.78±0.21abc	2.99±0.23a	2.82±0.22ab	1.94±0.16c
		P	18.33±1.16bc	16.34±1.24c	17.01±1.61bc	18.49±1.51bc	20.34±0.21bc	16.84±0.15c	22.42±0.14ab	21.53±0.21abc	25.70±0.25a
		K	0.58±0.03e	0.62±0.05cd	0.61±0.04de	0.63±0.05bcd	0.65±0.04abc	0.66±0.03ab	0.68±0.05a	0.68±0.04a	0.66±0.04ab
返青期	叶	N	2.51±0.21ab	2.41±0.24ab	1.64±0.12b	2.12±0.20ab	2.33±0.23ab	2.31±0.23ab	2.83±0.25ab	2.98±0.24a	3.16±0.31a
		P	13.45±0.13ab	13.05±0.12ab	8.05±0.07b	12.63±0.11ab	12.43±0.12ab	14.57±0.14ab	12.26±0.12ab	14.85±0.13ab	19.05±0.15a
		K	0.68±0.57abc	0.66±0.54abc	0.62±0.47bcd	0.60±0.38cd	0.66±0.26abc	0.71±0.61a	0.68±0.52abc	0.69±0.41ab	0.57±0.31d
	根	N	2.09±0.02cd	2.38±0.03abc	2.29±0.02abcd	1.82±0.01d	2.02±0.02cd	2.19±0.01bcd	2.80±0.02a	2.66±0.01ab	2.79±0.02a
		P	15.41±1.42cde	22.57±2.12a	17.89±1.43bc	14.70±1.32de	14.65±1.42e	14.25±1.31e	18.30±1.41b	17.04±1.36bcd	17.72±1.32bc
		K	0.57±0.03bcd	0.55±0.04cd	0.56±0.05cd	0.56±0.04cd	0.58±0.03bcd	0.59±0.03bc	0.59±0.04bc	0.64±0.06a	0.61±0.05ab

注：同行小写字母不同表示各处理间差异显著（$P<0.05$）。

表 3-11　夏闲期不同绿肥处理下后作小麦拔节-开花期植株 N、P、K 含量（%）

时期	部位	指标	养分含量								
			N_{G1}	R_{G1}	N_{G2}	R_{G2}	N_{G3}	R_{G3}	N_{G4}	R_{G4}	L6
拔节期	叶	N	2.40±0.21ab	2.16±0.20abc	1.57±0.52c	2.22±0.21ab	2.35±0.31ab	1.75±0.13bc	2.43±0.14a	2.41±0.15a	2.64±0.21a
		P	15.75±1.42a	13.09±1.31ab	7.16±0.53cd	11.93±1.23abc	11.98±1.25abc	8.24±0.52bcd	9.88±0.64bcd	6.55±0.32d	15.03±1.23a
		K	0.73±0.05a	0.58±0.04c	0.56±0.03c	0.72±0.04a	0.73±0.05a	0.65±0.04b	0.69±0.05ab	0.70±0.04ab	0.71±0.05a
	茎	N	1.30±0.12bc	0.88±0.06de	1.34±0.12abc	1.13±0.13cd	1.24±0.12bc	1.69±0.14a	1.56±0.13ab	1.40±0.12abc	0.62±0.04e
		P	5.79±0.43ab	6.10±0.53ab	5.68±0.42ab	5.31±0.42b	7.18±0.31a	7.00±0.42ab	6.88±0.31ab	5.42±0.41ab	6.57±0.52ab
		K	9.20±0.04a	10.53±0.05a	6.49±0.04b	9.82±0.03a	5.27±0.04b	11.68±1.23a	5.35±0.43b	9.17±0.63a	10.51±1.02a
	根	N	0.90±0.03a	0.87±0.04ab	0.69±0.02b	0.81±0.04ab	0.87±0.05ab	0.78±0.03ab	0.89±0.04ab	0.76±0.04ab	0.83±0.05ab
		P	13.21±1.23a	9.86±0.63b	10.62±1.02ab	8.90±0.53b	9.14±0.62b	7.55±0.52b	9.19±0.65b	9.92±0.53b	10.10±0.82b
		K	5.71±0.52abc	4.80±0.43abc	4.76±0.36abc	3.97±0.25c	4.37±0.41bc	7.06±0.43a	4.27±0.42bc	4.12±0.32c	6.50±0.53ab
开花期	叶	N	1.30±0.13cd	1.91±0.14abc	1.12±0.12d	1.31±0.13bcd	1.33±0.12bcd	1.65±0.16abcd	1.94±0.16ab	1.55±0.17bcd	2.18±0.21a
		P	7.73±0.05b	7.12±0.06b	6.71±0.05b	6.68±0.06b	6.94±0.05b	5.40±0.04b	4.75±0.04b	7.58±0.05b	14.84±1.23a
		K	7.94±0.63b	9.11±0.72a	8.64±0.62a	6.66±0.54d	7.13±0.63cd	6.78±0.54d	7.57±0.43bc	6.72±0.52d	6.98±0.43cd
	茎	N	0.49±0.03a	0.51±0.04a	0.31±0.03a	0.42±0.03a	0.57±0.04a	0.34±0.03a	0.55±0.04a	0.54±0.04a	0.61±0.05a
		P	3.62±0.24abc	3.54±0.35abc	1.40±0.11c	3.73±0.23abc	3.85±0.31abc	3.89±0.32abc	2.27±0.21bc	6.36±0.53a	6.01±0.42ab
		K	5.09±0.54b	6.04±0.43b	2.93±0.21c	7.08±0.51b	5.74±0.42b	6.78±0.52b	5.03±0.51b	6.67±0.47b	9.15±1.73a
	穗轴颖壳	N	1.16±0.16a	0.67±0.04b	1.27±0.12a	0.57±0.04b	0.83±0.06b	0.48±0.03b	0.63±0.05b	0.76±0.04b	0.61±0.04b
		P	15.56±1.43a	10.13±1.02b	9.21±1.73b	10.09±1.01b	9.86±0.73b	10.87±1.01b	9.65±0.62b	9.03±0.72b	8.55±0.62b
		K	2.03±0.02bcd	2.79±0.01ab	2.54±0.01abc	2.38±0.02abc	1.89±0.01cd	1.34±0.01d	2.36±0.02abc	2.89±0.02a	1.97±0.01bcd
	根	N	/	/	/	/	/	/	/	/	/
		P	12.12±0.75cd	10.67±0.24e	12.16±008cd	13.26±0.22b	12.31±0.29cd	12.66±0.19c	15.31±0.35a	11.80±0.26d	6.82±0.11f
		K	3.41±0.04c	2.86±0.10d	1.97±0.06e	2.81±0.13d	4.26±0.43b	6.27±0.43a	2.46±0.18d	4.58±0.14b	1.95±0.08e

注：同行小写字母不同表示处理间差异显著（$P<0.05$）。其中开花期根中 N 含量未测。

表 3-12　夏闲期不同绿肥处理下后作冬小麦成熟期植株 N、P、K 含量（%）

指标	处理	叶	茎秆	穗轴颖壳	籽粒	根
N	N_{G1}	1.04±0.11ab	0.76±0.05c	0.42±0.01ab	2.89±0.12a	0.58±0.01a
	R_{G1}	1.14±0.12ab	0.83±0.04bc	0.43±0.01ab	1.74±0.11c	0.71±0.02a
	N_{G2}	0.98±0.05bc	0.76±0.04c	0.14±0.01c	2.60±0.12ab	0.59±0.01a
	R_{G2}	1.06±0.13ab	1.01±0.01a	0.28±0.01bc	1.81±0.11c	0.62±0.02a
	N_{G3}	1.17±0.12ab	0.74±0.03c	0.43±0.01ab	2.67±0.13ab	0.65±0.01a
	R_{G3}	1.26±0.12a	1.06±0.08a	0.58±0.01a	2.06±0.12bc	0.84±0.02a
	N_{G4}	1.06±0.10ab	0.75±0.02c	0.57±0.02a	1.67±0.14c	0.71±0.01a
	R_{G4}	0.77±0.06d	0.93±0.01ab	0.41±0.01ab	2.09±0.11bc	0.68±0.01a
	L6	0.80±0.05cd	0.76±0.02c	0.45±0.02ab	1.90±0.13c	0.61±0.01a
P	N_{G1}	9.97±0.35bc	11.60±1.01ab	22.15±1.25ab	11.50±1.12b	47.04±2.35ab
	R_{G1}	10.24±0.65bc	10.09±1.00ab	18.88±1.63bc	12.90±1.21ab	26.57±3.42c
	N_{G2}	10.66±0.47bc	11.28±1.12ab	13.94±1.32bc	10.81±1.01b	48.90±3.41ab
	R_{G2}	12.13±1.12bc	8.73±0.46ab	19.85±1.35bc	12.68±1.21ab	29.26±4.21c
	N_{G3}	12.27±1.21bc	10.48±0.57ab	12.61±1.25bc	11.60±1.13b	38.35±3.12bc
	R_{G3}	17.51±1.20a	7.17±0.46b	15.23±1.36bc	12.01±1.14ab	41.43±2.13abc
	N_{G4}	8.68±0.31c	16.44±1.25a	10.94±1.23c	17.82±1.25a	30.01±3.12c
	R_{G4}	14.53±1.12ab	7.70±0.52b	14.65±1.21bc	12.54±1.23ab	42.61±2.41abc
	L6	13.71±1.21abc	10.48±0.72ab	31.18±2.51a	13.99±1.21ab	54.85±3.14a

（续）

指标	处理	叶	茎秆	穗轴颖壳	籽粒	根
	N_{G1}	1.02±0.13abc	2.73±0.21b	1.06±0.13ab	0.95±0.04c	1.59±0.12abc
	R_{G1}	0.56±0.15cd	4.11±0.31a	0.89±0.05abc	0.70±0.03e	2.05±0.21ab
	N_{G2}	1.25±0.16ab	1.38±0.13bcd	1.21±0.13ab	0.86±0.02d	1.60±0.15abc
	R_{G2}	1.41±0.17a	0.56±0.31d	0.40±0.03d	0.66±0.05e	1.59±0.14abc
K	N_{G3}	1.31±0.18ab	1.06±0.14cd	1.43±0.14a	0.84±0.03d	2.42±0.21a
	R_{G3}	0.99±0.09abc	0.56±0.04d	0.85±0.05bc	0.67±0.05e	0.87±0.04c
	N_{G4}	0.37±0.01d	1.56±0.01bcd	0.24±0.02cd	0.75±0.04e	1.13±0.13bc
	R_{G4}	1.14±0.12ab	0.59±0.03d	0.86±0.04abc	1.28±0.13a	1.54±0.14abc
	L6	0.84±0.03bc	2.43±0.12bc	1.32±0.13ab	1.15±0.10b	1.30±0.12abc

注：同列同小写字母不同表示各处理间差异显著（$P<0.05$）。

开花期，随着后作冬小麦物质运输向穗部转移，叶、茎的 N 含量进一步降低（分别是 1.12%～2.18% 和 0.31%～0.61%），而穗部 N（0.48%～1.27%）、P（8.55%～15.56%）和 K（1.34%～2.89%）的含量增加；同时叶部 K 含量提高（6.66%～9.11%），茎秆 K 含量维持在 2.93%～9.15%。各处理间仍以裸地（L6）的茎叶 N、P 含量为最高，尤其 P 含量是其他处理的 2 倍左右（R_{G4} 的茎 P 含量除外），其茎的 K 含量也最高；复种绿肥有提高后作冬小麦穗部 N、P、K 含量的趋势（个别处理除外）。

成熟期，后作冬小麦各器官的 N 含量和 K 含量平均为 1% 左右，P 含量在各器官之间差异较大，其中叶、茎、籽粒平均为 7.17%～17.82%，穗轴颖壳为 10.94%～31.18%，根为 26.57%～54.85%。L6 处理各器官 N 含量偏低，而 P 含量均较高；夏闲期复种油菜对后作冬小麦成熟期籽粒 P、K 含量有降低趋势，而油菜茎叶不还田则对籽粒 N 含量有增加趋势；复种大豆茎叶还田处理 R_{G4} 有提高后作冬小麦籽粒 N 含量而降低 P 含量的趋势，K 含量明显增加，而复种大豆茎叶不还田处理 N_{G4} 表现正好相反，即有提高籽粒 P 含量而降低 N 含量的趋势，K 含量明显降低。

五、后作冬小麦产量品质变化

与裸地（L6）处理比较，夏闲期复种绿肥对后作冬小麦单位面积穗数和穗粒数没有显著影响（$P > 0.05$），但有降低穗数、千粒重和产量的趋势，其中千粒重和产量差异显著（$P < 0.05$）（表 3-13）。绿肥处理中，R_{G3} 的冬小麦产量高，仅次于 L6。夏闲期复种绿肥能够提高后作冬小麦籽粒淀粉、可溶性总糖、蔗糖含量，其中淀粉、可溶性总糖含量的提高幅度达显著水平，复种油菜中播量 N_{G2} 的淀粉含量和可溶性总糖含量分别比 L6 高 182.3% 和 183.3%，这可能与后作冬小麦源库流系统中 K 含量的提高有关（表 3-11）。复种油菜茎叶不还田处理 N_{G1}～N_{G3} 的后作冬小麦籽粒蛋白质含量明显比 L6 高 37.3%～52.6%（$P < 0.05$），复种大豆 R_{G4} 和复种油菜 R_{G3} 亦有增加籽粒蛋白质含量的趋势，但 R_{G3}、R_{G4} 和 N_{G4} 与 L6 的籽粒蛋白质含量差异均不显著（$P > 0.05$）。

六、后作冬小麦土壤水分含量变化

对不同绿肥处理下后作冬小麦越冬期、拔节期、孕穗期、开花期和成熟期 0～100 cm 土层土壤相对含水量（图 3-13）进行方差分析和多重比较，结果表明：

（1）随着生育时期的推进，0～100 cm 土层土壤相对含水量表现为越冬期＞孕穗期＞拔节期＞成熟期＞开花期，这主要是由于试验年度拔节期到开花期的自然降水量仅为 57.71 mm，而开花期又是生殖生长高峰期，需水量较多，从而导致土壤相对含水量最低；从开花期到成熟期的自然降水量达 122.8 mm，是 12 年间此期平均降水量的 1.9 倍，因此充沛的雨水增加了土壤相对含水量。

（2）随着土层的加深，土壤相对含水量显著降低（$P < 0.05$），且 0～20 cm 与 20～40 cm 土层土壤含水量显著高于 40～100 cm 土层，说明小麦生长期对 40～100 cm 土层土壤水分消耗较多。

表 3-13　不同绿肥处理下后作冬小麦产量构成和籽粒品质指标

处理	每公顷穗数/(×10⁴)	穗粒数	千粒重/g	产量/(kg/hm²)	蔗糖含量/(mg/g)	淀粉含量/(mg/g)	可溶性总糖含量/(mg/g)	蛋白质含量/%
N_{G1}	382.01±34.29a	30.13±1.25a	36.76±2.34c	4 230.25±123.34f	132.83±12.21a	210.32±20.12ab	233.69±13.54ab	16.48±1.23a
R_{G1}	351.50±30.34a	32.24±1.26a	36.40±2.14c	4 124.38±122.15g	152.48±13.42a	177.94±17.12ab	197.72±14.25ab	9.94±0.76c
N_{G2}	369.50±32.19a	34.88±1.14a	37.82±2.18b	4 873.60±122.36d	117.22±10.31a	382.05±28.91a	424.50±23.56a	14.83±1.24ab
R_{G2}	403.02±39.23a	32.33±1.20a	37.85±2.19b	4 931.98±135.21cd	158.01±13.26a	188.35±15.61ab	209.28±10.25ab	10.29±1.26c
N_{G3}	417.01±38.27a	34.69±1.12a	38.02±2.16b	4 956.57±136.28c	143.31±14.12a	233.76±21.34ab	259.73±12.36ab	15.19±1.42ab
R_{G3}	406.50±37.29a	31.26±1.26a	38.11±2.17b	5 373.69±157.89b	167.47±15.23a	180.83±16.75ab	200.92±14.23ab	11.74±1.53bc
N_{G4}	383.50±32.13a	31.25±1.27a	37.68±2.15b	4 515.71±142.18e	122.49±12.12a	143.85±13.25ab	159.84±13.25ab	9.53±0.84c
R_{G4}	335.00±29.83a	33.64±1.33a	37.65±2.11b	4 243.29±125.19f	165.90±13.24a	254.37±15.62ab	282.64±12.16ab	11.94±1.21bc
$L6$	421.00±40.12a	33.65±1.24a	41.36±2.14a	5 859.33±131.18a	115.19±10.24a	135.33±12.53b	150.37±12.13b	10.80±1.02c

注：同列小写字母不同表示各处理间差异显著（$P<0.05$）。

（3）各处理间比较，复种油菜茎叶还田处理（R_{G1}、R_{G2}、R_{G3}）较不还田处理（N_{G1}、N_{G2} 和 N_{G3}）有提高后作冬小麦越冬期 0～100 cm 土层整体土壤相对含水量的趋势，且 R_{G3} 土壤含水量最高，其优势从越冬期持续到开花期，其次是 R_{G2} 和 L6；复种大豆茎叶还田（R_{G4}）或不还田（N_{G4}）对土壤相对含水量的影响差异不显著（$P > 0.05$）；R_{G2}、N_{G4} 和 L6 处理的后作冬小麦成熟期 0～100 cm 土层土壤含水量整体最高。综上所述，复种油菜茎叶还田比不还田能够保持较高的土壤相对含水量，而较大播量油菜茎叶还田较 L6 明显提高土壤相对含水量。

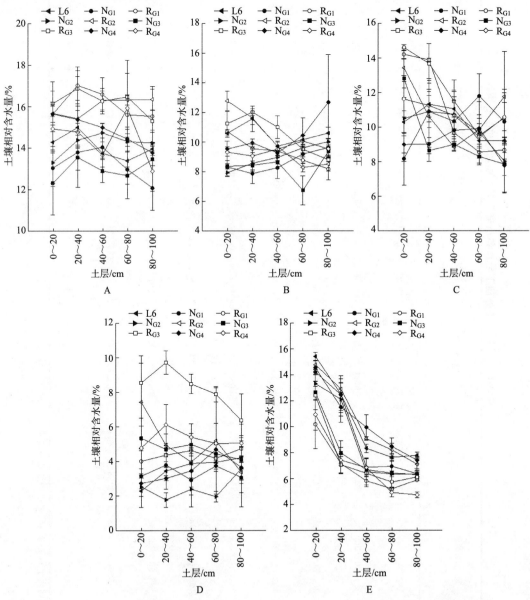

图 3-13　不同绿肥处理下后作冬小麦不同时期 0～100 cm 土层土壤相对含水量

A. 越冬期　B. 拔节期　C. 孕穗期　D. 开花期　E. 成熟期

七、后作冬小麦土壤养分含量变化

（一）土壤速效氮含量

对不同绿肥处理下后作冬小麦越冬期、拔节期、开花期和成熟期 0～100 cm 土层土壤速效氮含量进行方差分析和多重比较（图 3-14），结果发现：后作冬小麦不同生育时期、不同绿肥处理及不同土层下的土壤速效氮含量差异极显著（$P<0.000\ 1$）；随着生育时期的推进，后作冬小麦土壤速效氮含量排序为越冬期＞开花期＞拔节期≈成熟期，这与后作冬小麦生物量大小、消耗土壤养分多少有关。越冬期小麦生物量小，消耗土壤速效氮较少，因而速效氮含量相对最高；0～100 cm 土层内，随着土层的加深，土壤速效氮含量显著降低；复种油菜茎叶还田处理（R_{G1}、R_{G2} 和 R_{G3}）较不还田处理（N_{G1}、N_{G2} 和 N_{G3}）和裸地（L6）明显提高后作冬小麦越冬期 0～100 cm 土层土壤速效氮含量，且 R_{G3} 土壤速效氮含量总体较高，其次是 R_{G1}；在小麦春季生长高峰期（拔节—开花期），复种绿肥提高土壤速效氮含量的优势在减弱，到开花期这种优势仅在耕层 0～40 cm 土层土壤中保持；成熟期，N_{G4} 在 0～20 cm、40～60 cm 和 60～80 cm 土层中的土壤速效氮含量较高。总之，复种绿肥有提高后作冬小麦生长期间土壤速效氮含量的作用。

（二）土壤全氮含量

对不同绿肥处理下后作冬小麦越冬期、拔节期、开花期和成熟期 0～100 cm 土层土壤全氮含量进行方差分析和多重比较（图 3-15），结果表明：后作冬小麦不同生育时期、不同处理及不同土层对土壤全氮含量的影响均达差异极显著水平（$P<0.000\ 1$）。不同生育时期土壤全氮含量为越冬期＞拔节期＞开花期≈成熟期，随着生育进程的推进，土壤全氮含量逐渐降低。随着土层的加深，土壤全氮含量亦显著降低。各绿肥处理与裸地（L6）比较，在各生育时期各土层均是夏闲期复种绿肥的某几个处理的土壤全氮含量更高。其中，复种绿肥且茎叶还田的处理能明显提高越冬 0～100 cm 土层土壤全氮含量，复种油菜大播量茎叶还田处理（R_{G3}）效果更佳，其次是 R_{G2} 和 R_{G1} 以及复种大豆茎叶还田处理（R_{G4}），说明复种绿肥茎叶还田量越大，向土壤释放的全氮养分越多。从越冬期到开花期，各土层土壤全氮含量均为 R_{G3} 整体较高，L6 整体最低；而成熟期 0～40 cm 耕层土壤全氮含量则为 N_{G4} 和 N_{G3} 相对较高（$P<0.05$），说明复种绿肥腐解释放的土壤全氮养分能持续到小麦开花期。

（三）土壤有效磷含量

对不同绿肥处理下后作冬小麦越冬期、拔节期、开花期和成熟期 0～100 cm 土层土壤有效磷含量进行方差分析和多重比较（图 3-16），结果发现：后作冬小麦不同生育时期、不同处理及不同土层对土壤有效磷含量的影响均达差异极显著水平（$P<0.000\ 1$）。随着生育时期的推进，土壤有效磷含量顺序为越冬期≈开花期＞拔节期＞成熟期，越冬期和开花期显著高于拔节期和成熟期，可能的原因是越冬期、开花期小麦根系吸收、分泌磷素旺盛，土壤磷素代谢活跃。随着土层加深（0～80 cm），土壤有效磷含量显著降低（$P<0.05$），60～80 cm 与 80～100 cm 土层间土壤有效磷含量差异不显著（$P>0.05$）。从越冬期到开花期，裸地（L6）60～100 cm 土层土壤有效磷含量整体偏低，与之比较，复种油

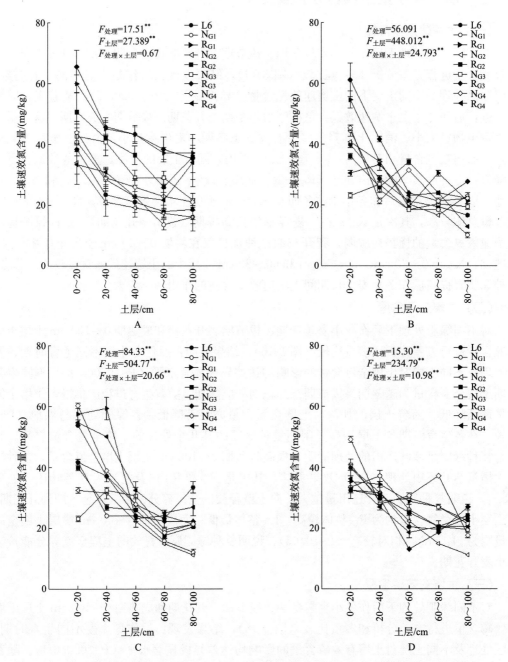

图 3-14　不同绿肥处理下后作冬小麦不同时期 0～100 cm 土层土壤速效氮含量

A. 越冬期　B. 拔节期　C. 开花期　D. 成熟期

注：图中 F 表示方差分析显著性；**表示差异极显著（$P<0.01$）。

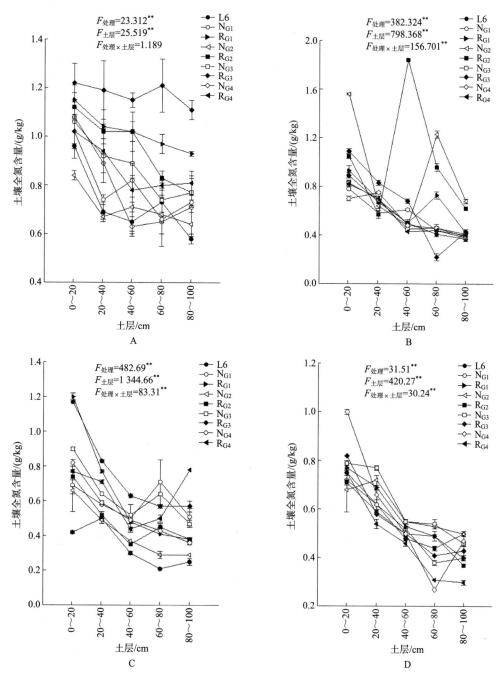

图 3-15　不同绿肥处理下后作冬小麦不同时期 0～100 cm 土层土壤全氮含量

A. 越冬期　B. 拔节期　C. 开花期　D. 成熟期

注：图中 F 表示方差分析显著性；＊＊表示差异极显著（$P<0.01$）。

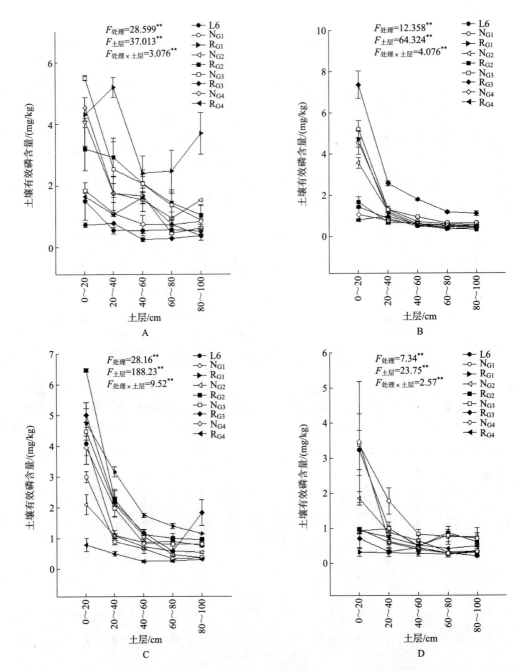

图 3-16　不同绿肥处理下后作冬小麦不同时期 0～100 cm 土层土壤有效磷含量

A. 越冬期　B. 拔节期　C. 开花期　D. 成熟期

注：图中 F 表示方差分析显著性；＊＊表示差异极显著（$P < 0.01$）。

菜能明显提高土壤有效磷含量，说明复种油菜更利于土壤磷素活化。到成熟期，除个别绿肥处理（如 N_{G1}）的土壤有效磷含量高于裸地（L6）外，其余处理均不及 L6（$P>0.05$）。总体而言，从越冬期到开花期，复种油菜茎叶还田比不还田提高土壤有效磷含量的效果更好。

（四）土壤全磷含量

对不同绿肥处理下后作冬小麦越冬期、拔节期、开花期和成熟期 $0\sim100$ cm 土层土壤全磷含量进行方差分析和多重比较（图 3-17），结果发现：后作冬小麦不同生育时期、不同处理和不同土层均对土壤全磷含量有极显著影响（$P<0.000\ 1$）。拔节期土壤全磷含量最高且显著高于成熟期。$0\sim20$ cm 土层土壤全磷含量显著高于 20 cm 以下土层。后作小麦越冬期，夏闲期复种绿肥处理的土壤全磷含量（除 N_{G4} 和 R_{G2} 的个别土层外）均高于裸地（L6），复种油菜茎叶还田处理 R_{G3}、R_{G1} 和 R_{G2} 的土壤全磷含量相对更高。从后作小麦拔节期到成熟期，绿肥处理引起的土壤全磷含量差异主要体现在 $0\sim60$ cm 土层，且 L6 的土壤全磷含量相对较低。

（五）土壤速效钾含量

对不同绿肥处理下后作冬小麦越冬期、拔节期、开花期和成熟期 $0\sim100$ cm 土层土壤速效钾含量进行方差分析和多重比较（图 3-18），得出以下结论：

（1）后作冬小麦不同生育时期、不同土层、不同绿肥处理均显著影响土壤速效钾含量（$P<0.000\ 1$）。

（2）不同生育时期土壤速效钾含量的差异性为越冬期＞成熟期＞开花期＞拔节期，说明拔节期小麦根蘗生长旺盛，物质运输快，对土壤速效钾消耗很大，导致此期速效钾含量降至最低，其次是开花期。

（3）随着土层的加深，土壤速效钾含量排序为 $0\sim20$ cm＞$20\sim40$ cm＞$40\sim60$ cm≈$60\sim80$ cm≈$80\sim100$ cm。

（4）不同处理的土壤速效钾含量整体表现为：后作小麦越冬期，N_{G1} 和 R_{G1} 在 $0\sim100$ cm 土层土壤的速效钾含量整体较高。拔节期，$0\sim100$ cm 土层土壤速效钾含量 R_{G1} 和 N_{G4} 较其他处理高，而 N_{G1} 整体最低，其次是 R_{G2}。开花期和成熟期，复种油菜小播量或中播量处理 $0\sim100$ cm 土层土壤速效钾含量相对更高。

（六）土壤有机质含量

对不同绿肥处理下后作冬小麦越冬期、拔节期、开花期和成熟期 $0\sim100$ cm 土层土壤有机质含量进行方差分析和多重比较（图 3-19），得出以下结论：

（1）后作冬小麦不同生育时期、不同土层和不同绿肥处理均极显著影响土壤有机质含量（$P<0.000\ 1$）。

（2）随着生育时期的推进或土层加深，土壤有机质含量显著降低（$P<0.05$）。

（3）在后作小麦越冬期，除 N_{G1} 和 R_{G4} 处理的 $0\sim100$ cm 土层土壤有机质含量均不及 L6 外，其余绿肥处理均在不同土层范围有所提高，其中，R_{G1}、N_{G3} 和 N_{G4} 处理的 $0\sim100$ cm 或 R_{G3} 的 $0\sim80$ cm 土层均显著提高（$P<0.05$）。拔节期，R_{G1} 和 R_{G3} 的 $0\sim100$ cm 土层土壤有机质含量高于 L6。开花期，R_{G1}、R_{G3} 和 R_{G4} 的 $0\sim60$ cm 土层土壤有机质含量显著高于 L6（$P<0.05$）。成熟期，N_{G2}、N_{G3} 和 N_{G4}（$40\sim60$ cm 土层除外）的 $0\sim100$ cm 土层土壤有机质含量高于 L6。总体而言，复种油菜大播量或复种大豆茎叶还田有利于后作冬小麦生长期内土壤有机质含量的提高。

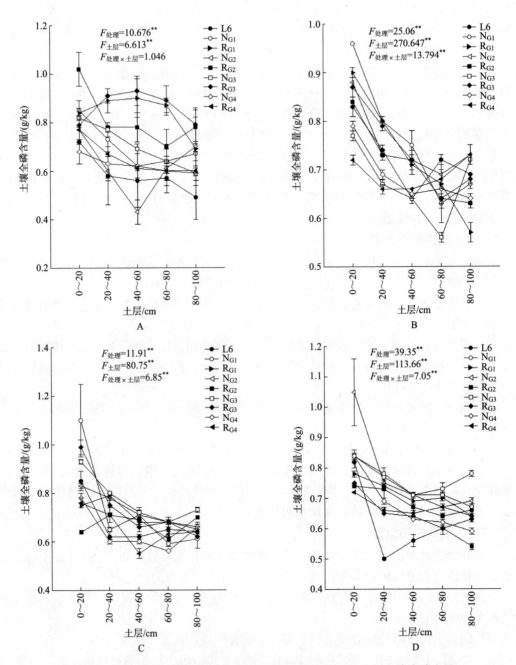

图 3-17　不同绿肥处理下后作冬小麦不同时期 0～100 cm 土层土壤全磷含量

A. 越冬期　B. 拔节期　C. 开花期　D. 成熟期

注：图中 F 表示方差分析显著性；＊＊表示差异极显著（$P<0.01$）。

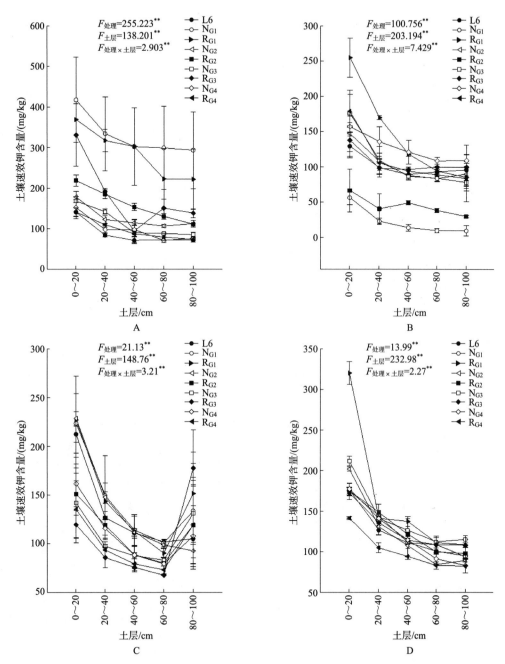

图 3-18　不同绿肥处理下后作冬小麦不同时期 0～100 cm 土层土壤速效钾含量

注：图中 F 表示方差分析显著性；$**$ 表示差异极显著（$P<0.01$）。

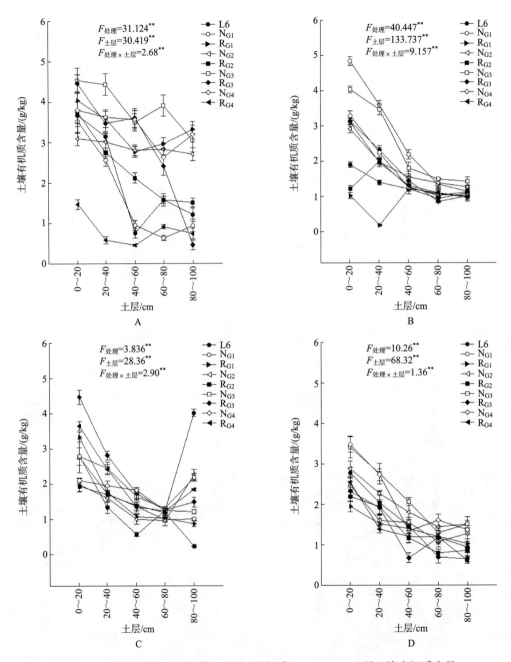

图 3-19　不同绿肥处理下后作冬小麦不同时期 0～100 cm 土层土壤有机质含量

A. 越冬期　B. 拔节期　C. 开花期　D. 成熟期

注：图中 F 表示方差分析显著性；** 表示差异极显著（$P<0.01$）。

八、后作冬小麦土壤酶活性变化

(一) 土壤蔗糖酶活性

夏闲期不同绿肥处理下后作冬小麦生育期内 0～100 cm 土层土壤蔗糖酶活性见表 3-14。由表可见：随着土层的加深，土壤蔗糖酶活性递减；随着生育时期的推进，土壤蔗糖酶活性有增加的趋势。夏闲期复种绿肥明显提高后作冬小麦越冬期土壤蔗糖酶活性，且绿肥茎叶还田较不还田处理的 0～100 cm 土层土壤的蔗糖酶活性更高，R_{G3} 和 R_{G4} 5 个土层的蔗糖酶活性显著高于 L6（$P<0.05$），说明夏闲期复种大播量油菜茎叶还田后或复种大豆茎叶还田后经冬前腐解对土壤碳源含量提高明显，从而提高了越冬期土壤蔗糖酶活性。从拔节期到成熟期，在 0～20 cm 土层复种绿肥的这种提高幅度减弱，但在 20 cm 以下土层仍具有一定优势，其中 R_{G1}、R_{G2} 和 R_{G3} 在拔节至开花期的土壤蔗糖酶活性高于 L6，R_{G3}、N_{G4} 和 N_{G3}（0～20 cm 土层除外）在成熟期的土壤蔗糖酶活性高于 L6，说明复种油菜茎叶还田后腐解的碳素营养可以持续到开花期，而复种大播量油菜茎叶还田腐解后的碳素营养则可以持续到成熟期。

表 3-14　不同绿肥处理下后作冬小麦生育期内 0～100 cm 土层土壤蔗糖酶活性（mg/g）

时期	处理	0～20 cm	20～40 cm	40～60 cm	60～80 cm	80～100 cm
越冬期	N_{G1}	221.36±23.14ab	146.09±13.16bc	45.65±3.42d	18.86±1.26f	13.81±1.31c
	R_{G1}	221.36±21.13ab	215.43±21.36ab	233.09±21.39a	198.13±13.26a	168.06±12.98ab
	N_{G2}	177.86±13.14ab	101.40±10.10d	71.78±5.13cd	38.68±2.37e	38.30±2.13c
	R_{G2}	243.34±21.15ab	228.94±21.34a	171.85±12.12b	157.15±1.53b	98.66±4.27bc
	N_{G3}	200.95±19.02ab	187.51±14.37b	105.56±10.32c	85.15±1.23c	66.29±3.12c
	R_{G3}	246.08±21.31a	246.38±21.32a	243.56±21.31a	209.19±21.31a	210.90±1.24a
	N_{G4}	208.97±19.02ab	102.74±10.21d	96.13±5.36c	62.65±2.46d	67.48±2.16c
	R_{G4}	246.08±21.36a	246.38±21.46a	243.56±21.27a	209.19±2.39a	210.90±1.37a
	L6	174.60±12.37b	68.15±4.32d	41.05±3.28d	29.84±2.19ef	22.57±1.38c
拔节期	N_{G1}	232.87±12.31a	137.55±12.34cde	25.39±2.13d	15.74±1.37f	8.31±0.98c
	R_{G1}	244.97±21.45a	164.58±12.36bc	86.56±4.31abc	81.95±3.24b	43.87±3.26a
	N_{G2}	246.68±23.57a	155.59±13.56bcd	61.61±2.41bcd	26.72±2.13f	12.99±1.37c
	R_{G2}	242.60±24.29a	138.59±13.27cde	100.73±10.25ab	67.40±3.15cd	45.73±2.48a
	N_{G3}	245.04±23.51a	188.33±14.67b	61.54±4.37bcd	44.47±2.36e	28.36±2.14b
	R_{G3}	250.76±21.35a	229.98±21.56a	118.25±10.23a	71.56±5.25bc	45.73±3.14a
	N_{G4}	238.81±21.37a	122.93±12.35de	52.63±3.21cd	44.76±3.14e	28.65±2.36b
	R_{G4}	153.81±12.37b	43.06±3.24f	102.07±9.86ab	152.62±10.23a	16.70±1.37c
	L6	237.55±13.46a	107.12±10.35e	46.40±2.35cd	56.49±3.14d	42.46±3.15a

（续）

时期	处理	0～20 cm	20～40 cm	40～60 cm	60～80 cm	80～100 cm
开花期	N$_{G1}$	246.31±21.37ab	148.47±14.3c	63.32±3.25de	23.61±2.14d	36.67±2.18cde
	R$_{G1}$	248.09±21.39a	243.78±21.38a	87.67±4.21cd	75.79±3.26b	59.83±3.19b
	N$_{G2}$	214.53±10.19b	191.15±19.02bc	70.60±3.16de	26.35±2.35d	20.27±2.17e
	R$_{G2}$	246.23±12.37ab	169.85±13.70bc	127.90±12.34ab	77.20±2.47b	53.15±3.15bc
	N$_{G3}$	247.79±13.56ab	169.55±11.57bc	130.73±12.26ab	58.35±2.16bc	41.05±2.41cd
	R$_{G3}$	249.05±14.27a	216.61±21.04ab	162.72±11.37a	106.38±3.14a	80.91±3.15a
	N$_{G4}$	244.60±16.78ab	155.89±12.34c	49.81±2.36e	38.16±2.15cd	20.93±2.14e
	R$_{G4}$	244.90±12.37ab	220.99±12.37ab	107.94±6.14bc	37.12±2.14d	30.14±2.13de
	L6	242.97±14.55ab	84.18±5.67d	52.33±2.15de	39.94±1.24cd	22.34±1.24e
成熟期	N$_{G1}$	251.90±21.37g	190.06±12.38d	107.94±12.31b	81.06±3.25d	39.47±1.29f
	R$_{G1}$	271.74±23.51e	141.54±13.47f	89.72±4.58d	61.59±1.26f	68.05±3.25c
	N$_{G2}$	378.24±24.51a	129.44±11.26g	66.86±3.41h	47.19±2.17h	45.63±2.17e
	R$_{G2}$	41.57±2.37i	54.04±3.25i	74.93±3.27g	155.10±10.25a	178.46±10.23a
	N$_{G3}$	264.77±21.47f	234.06±11.34a	148.24±12.31a	117.86±10.12b	94.13±3.28b
	R$_{G3}$	337.69±22.19d	203.50±20.12c	87.60±2.13e	67.21±3.27e	40.78±3.16f
	N$_{G4}$	370.23±21.37b	212.85±19.31b	98.09±3.14c	102.69±10.26c	61.54±3.27d
	R$_{G4}$	244.20±20.19h	83.41±3.42h	47.95±2.37i	29.30±1.23i	27.02±2.17g
	L6	365.90±36.72c	170.81±13.41e	84.38±2.13f	56.66±3.15g	67.06±3.14c

注：同列小写字母不同表示各处理间差异显著（$P<0.05$）。

（二）土壤脲酶活性

夏闲期不同绿肥处理下后作冬小麦生育期内0～100 cm土层土壤脲酶活性见表3-15。由表可知：随着土层的加深，土壤脲酶活性递减；随着生育时期的推进，土壤脲酶活性有提高的趋势。这与土壤蔗糖酶活性的表现一致。不同绿肥处理对后作小麦不同生育期的土壤脲酶活性的影响不同。与休闲裸地对照（L6）比较，复种绿肥明显促进后作小麦越冬期土壤脲酶活性的提高，且复种油菜优于复种大豆，大播量油菜N$_{G3}$和R$_{G3}$处理土壤的脲酶活性更高。拔节期，除N$_{G1}$和R$_{G4}$外，其余复种绿肥处理0～40 cm土层土壤脲酶活性依然高于L6，但40 cm以下土层则不及L6。开花期，复种绿肥处理20～60 cm土层土壤脲酶活性均明显高于L6，其他土层绿肥处理之间表现不同，但所有处理中仍是N$_{G3}$和R$_{G3}$处理土壤的脲酶活性最高。成熟期，仅N$_{G4}$的土壤脲酶活性在0～40 cm土层与L6接近，在40～100 cm土层显著高于L6，其余绿肥处理均不及L6和N$_{G4}$。综上所述，复种绿肥有提高后作冬小麦土壤脲酶活性的作用，其中复种油菜尤其是生物量大的大播量油菜处理G3的促进作用可以持续到开花期，且越冬至拔节期R$_{G3}$＞N$_{G3}$，开花期N$_{G3}$＞R$_{G3}$；而复种大豆N$_{G4}$则可以持续整个生育期，R$_{G4}$不及N$_{G4}$。

表 3-15　不同绿肥处理下后作冬小麦生育期内 0～100 cm 土层土壤脲酶活性（mg/g）

时期	处理	0～20 cm	20～40 cm	40～60 cm	60～80 cm	80～100 cm
越冬期	N_{G1}	165.93±12.34bc	113.54±10.27c	51.65±2.36d	32.15±2.34f	34.47±3.12f
	R_{G1}	153.59±14.25cde	140.42±13.29b	137.78±6.39a	121.13±21.57b	103.94±9.28b
	N_{G2}	162.34±12.37bcd	84.76±5.23e	61.25±4.58cd	47.86±3.48e	52.71±3.29de
	R_{G2}	152.54±13.46cde	138.73±10.27b	109.74±8.91b	90.87±5.39c	67.36±4.29cd
	N_{G3}	183.53±12.38ab	166.98±10.28a	116.49±7.81b	75.48±4.39d	71.26±4.39c
	R_{G3}	194.39±16.73a	176.05±13.27a	154.86±9.29a	146.22±12.29a	139.89±3.29a
	N_{G4}	159.92±13.48bcde	91.08±8.25de	99.83±6.23b	64.31±4.39d	64.83±4.29cd
	R_{G4}	135.57±13.29de	102.57±6.38cd	76.64±5.27c	68.52±5.58d	32.36±2.43f
	L6	132.62±12.58e	91.61±7.26de	53.34±3.58d	50.28±4.39e	41.32±3.19ef
拔节期	N_{G1}	153.49±12.47d	82.65±5.38d	31.84±2.38d	24.46±2.37c	20.35±1.25e
	R_{G1}	190.17±13.48a	119.76±6.73ab	65.78±5.37c	61.46±3.59b	46.70±3.19bc
	N_{G2}	175.52±14.28bc	119.76±5.28ab	69.05±4.28bc	58.30±4.39b	40.16±3.29cd
	R_{G2}	181.85±13.56ab	90.98±7.29d	64.41±6.37c	53.13±4.29b	46.91±2.47bc
	N_{G3}	173.52±13.65bc	130.30±6.28a	73.05±5.49bc	64.52±2.39b	56.50±4.38ab
	R_{G3}	190.07±16.38a	127.77±9.23a	74.43±4.38bc	62.41±3.49b	48.39±3.29bc
	N_{G4}	174.05±16.63bc	121.97±8.26a	88.45±5.29a	65.57±5.39b	54.61±3.29ab
	R_{G4}	155.39±15.36d	95.40±7.26cd	65.89±4.27c	54.82±5.29b	32.89±2.19d
	L6	169.09±15.38c	107.95±6.29bc	81.07±3.58ab	83.60±3.58a	63.88±2.57a
开花期	N_{G1}	173.41±14.39bcd	105.73±7.28b	69.37±4.38bc	32.05±3.24d	37.85±3.59bc
	R_{G1}	175.84±15.67bc	101.20±8.29bc	55.13±3.89cd	47.23±4.28abcd	53.97±3.29a
	N_{G2}	160.03±17.83cde	109.11±6.39b	66.73±5.38bc	38.27±2.38cd	36.05±3.49bc
	R_{G2}	146.85±14.68e	86.13±4.29cd	64.31±4.28c	62.93±5.28a	44.38±4.29abc
	N_{G3}	207.57±15.66a	133.57±10.23a	87.18±3.65a	59.25±3.29ab	39.32±3.29bc
	R_{G3}	178.58±12.64bc	94.88±7.37bc	80.54±4.39ab	57.77±4.28abc	48.81±3.29ab
	N_{G4}	181.00±13.29b	105.73±8.58b	48.91±3.58d	40.80±3.48bcd	30.36±3.29c
	R_{G4}	154.12±124.29de	111.32±8.37b	64.73±4.36c	56.08±4.39abc	46.59±3.29ab
	L6	170.99±13.28bcd	73.37±3.59d	44.06±3.28d	49.76±4.39abcd	38.79±3.29bc
成熟期	N_{G1}	215.65±18.29c	188.45±10.36a	124.01±12.39b	99.02±5.29b	88.02±5.49b
	R_{G1}	158.02±13.26f	114.03±6.73e	80.36±6.38d	85.23±3.39cd	65.01±5.39f
	N_{G2}	260.03±21.34a	174.99±8.37bc	114.03±4.39c	90.20±3.29c	69.47±4.94e
	R_{G2}	173.52±14.29e	115.68±7.38e	82.58±5.29d	62.93±4.29e	48.46±4.39g
	N_{G3}	237.26±21.39b	166.74±6.58c	120.07±4.29b	123.09±10.38a	84.33±4.29c
	R_{G3}	159.11±14.29f	156.09±7.38d	62.90±3.29f	59.25±4.59e	62.16±5.39f
	N_{G4}	260.28±12.36a	182.90±6.79ab	150.64±4.29a	124.50±10.37a	120.53±4.39a
	R_{G4}	188.98±13.29d	102.85±6.84f	69.40±3.48e	38.51±2.37f	36.51±2.49h
	L6	264.14±14.38a	180.79±7.34ab	109.53±6.32c	80.75±4.59d	80.29±5.29d

注：同列小写字母不同表示各处理间差异显著（$P < 0.05$）。

（三）土壤碱性磷酸酶活性

夏闲期不同绿肥处理下后作冬小麦生育期内 0～100 cm 土层土壤碱性磷酸酶活性见表 3-16。由表可知：后作冬小麦土壤碱性磷酸酶活性在越冬至开花期相对较高，到成熟期明显下降；随着土层的加深，土壤碱性磷酸酶活性明显下降，与土壤蔗糖酶、脲酶活性趋势一致。不同绿肥处理对后作冬小麦土壤碱性磷酸酶活性亦有促进作用，这种作用也主要发生在越冬至开花期，其中越冬期主要提高了 20～100 cm 土层的磷酸酶活性，拔节至开花期则提高了 20～60 cm 土层的磷酸酶活性，绿肥处理之间又存在差异。具体来看，越冬期，复种油菜茎叶还田处理 R_{G1}、R_{G2}、R_{G3} 的土壤磷酸酶活性分别优于不还田处理 N_{G1}、N_{G2}、N_{G3}，复种大豆茎叶还田与不还田的土壤磷酸酶活性较接近；拔节期，复种油菜茎叶还田处理 R_{G1}、R_{G3} 的土壤磷酸酶活性分别优于不还田处理 N_{G1}、N_{G3}，N_{G2} 与 R_{G2} 差异不显著，复种大豆 N_{G4} 与 R_{G4} 亦差异不显著；开花期，整体来看，亦是茎叶还田处理优于不还田处理。综上所述，夏闲期复种油菜茎叶还田有利于提高后作冬小麦越冬—开花期的土壤碱性磷酸酶活性。但在成熟期，R_{G4}（0～20 cm 土层）和 N_{G4} 的土壤磷酸酶活性相对更高且显著高于 L6（$P < 0.05$）。

表 3-16　不同绿肥处理下后作冬小麦生育期内 0～100 cm 土层土壤碱性磷酸酶活性（mg/g）

时期	处理	0～20 cm	20～40 cm	40～60 cm	60～80 cm	80～100 cm
越冬期	N_{G1}	59.99±5.39ab	57.18±5.39bc	24.88±2.15f	14.29±1.48e	12.29±1.28g
	R_{G1}	68.14±5.43ab	72.96±4.65a	65.55±4.78a	63.33±5.78a	58.15±3.29a
	N_{G2}	54.96±4.39b	29.25±3.59e	22.88±2.23f	16.21±4.29de	20.44±2.14f
	R_{G2}	78.51±5.39a	71.55±4.39a	54.73±3.58b	41.33±4.89b	28.96±2.19d
	N_{G3}	64.73±4.39ab	63.70±5.39ab	47.47±3.58c	31.77±3.48bc	27.77±1.29d
	R_{G3}	66.44±5.39ab	60.29±5.39bc	55.92±2.47b	56.07±4.29a	51.77±3.29b
	N_{G4}	71.84±6.38ab	50.73±4.39cd	48.51±3.29c	37.03±4.39b	39.84±2.48c
	R_{G4}	66.07±5.39ab	57.03±4.29bc	43.25±3.28d	37.92±3.29b	23.62±3.29e
	L6	70.81±5.39ab	42.73±3.29d	31.77±4.29e	25.10±2.45cd	22.07±2.19ef
拔节期	N_{G1}	61.77±3.19a	40.96±3.29c	22.88±2.19c	15.25±1.37e	12.51±1.23b
	R_{G1}	65.55±3.29a	54.59±2.39a	27.25±2.38bc	24.21±3.29bc	18.44±1.29ab
	N_{G2}	57.99±4.29a	49.18±3.28ab	24.73±2.19bc	15.18±1.29e	12.21±1.23b
	R_{G2}	58.73±3.29a	43.92±2.39bc	31.03±2.39ab	23.70±1.12bcd	18.36±1.28ab
	N_{G3}	63.47±2.30a	51.10±2.18a	25.47±2.18bc	19.40±1.23de	14.96±1.25b
	R_{G3}	61.55±3.29a	54.29±4.29a	35.03±3.10a	29.70±2.19a	23.70±1.27a
	N_{G4}	58.44±4.29a	45.03±3.29bc	26.88±2.34bc	21.25±2.14cd	16.81±1.24ab
	R_{G4}	54.81±3.29a	52.81±3.29a	27.62±2.39bc	23.25±2.12bcd	16.14±1.29b
	L6	59.33±4.29a	41.70±3.29c	24.14±2.19bc	26.36±2.12ab	18.07±1.34ab

（续）

时期	处理	0～20 cm	20～40 cm	40～60 cm	60～80 cm	80～100 cm
	N_{G1}	64.51±3.46ab	41.99±2.18cde	27.18±2.18bc	17.03±1.29cd	14.96±1.29bcd
	R_{G1}	65.03±4.38ab	61.62±3.19a	27.25±2.18bc	15.18±1.23d	19.10±1.92abcd
	N_{G2}	50.66±4.39c	46.14±1.29cd	24.07±2.14c	15.18±1.39d	12.73±1.27d
	R_{G2}	52.36±2.39bc	41.99±2.19cde	32.51±2.18abc	24.88±1.23b	23.92±2.13a
开花期	N_{G3}	62.36±3.29abc	51.47±2.09bc	37.47±2.38ab	24.21±2.19b	19.18±1.28abc
	R_{G3}	64.21±3.11ab	59.40±2.18ab	43.55±2.38a	31.70±2.19a	24.88±2.14a
	N_{G4}	60.66±2.19abc	39.03±2.10de	37.40±2.16ab	18.36±12.89cd	13.47±1.37cd
	R_{G4}	67.62±3.29a	58.96±3.29ab	34.14±3.29abc	16.44±1.28cd	19.92±1.83ab
	L6	66.51±4.21a	35.33±2.39e	24.21±2.19c	20.29±2.19c	16.73±1.54bcd
	N_{G1}	28.76±2.13h	26.91±2.17cd	19.77±1.26cd	15.55±1.53e	12.53±1.25de
	R_{G1}	38.64±2.17f	23.00±2.19e	21.99±1.34bc	13.01±1.31f	14.53±1.24cd
	N_{G2}	41.49±2.18e	27.15±2.18c	17.73±1.27de	17.12±1.17d	10.97±1.12ef
	R_{G2}	36.54±2.19g	27.43±2.19c	16.63±1.36e	10.82±1.26g	11.03±1.01ef
成熟期	N_{G3}	46.75±3.28c	36.02±1.36a	23.56±2.18b	22.29±2.12b	17.90±1.26b
	R_{G3}	43.28±3.29d	26.88±2.17cd	17.62±1.28de	16.14±1.63de	8.45±3.12f
	N_{G4}	48.78±2.76b	35.98±2.19a	27.86±1.26a	26.78±2.14a	21.46±1.23a
	R_{G4}	51.83±3.29a	24.56±2.16de	13.65±1.26f	11.37±1.12g	9.74±3.21ef
	L6	42.27±3.29de	33.53±2.17b	20.75±1.32c	19.58±1.35c	16.10±1.24bc

注：同列小写字母不同表示各处理间差异显著（$P<0.05$）。

（四）土壤过氧化氢酶活性

夏闲期不同绿肥处理下后作冬小麦土壤过氧化氢酶活性随土层的变化趋势不明显（表3-17），但随着生育时期的推进，与夏闲期裸地对照L6比较，绿肥处理对后作小麦0～100 cm土层土壤过氧化氢酶活性的促进作用加强。越冬期，仅R_{G1}和N_{G2}在0～100 cm土层土壤的过氧化氢酶活性显著高于L6及其他绿肥处理（$P<0.05$），R_{G1}更高；R_{G2}在20～80 cm土层土壤的过氧化氢酶活性亦显著高于L6。拔节期，除N_{G2}、N_{G3}、N_{G4}外，其余绿肥处理0～100 cm土层土壤的过氧化氢酶活性均明显高于L6，且夏闲期复种油菜还田量最多的R_{G3}处理的酶活性最高，其次是复种大豆还田处理R_{G4}。开花期，仅R_{G2}处理的0～100 cm土层土壤的过氧化氢酶活性略高于L6，其余绿肥处理均明显高于L6，且N_{G3}的酶活性最高。成熟期，所有绿肥处理的0～100 cm土层土壤的过氧化氢酶活性均高于L6，其中R_{G3}和N_{G3}的土壤酶活性分别在0～40 cm和40～100 cm最高。

表 3-17　不同绿肥处理下后作冬小麦生育期内 0～100 cm 土层土壤过氧化氢酶活性［mL/g］

时期	处理	0～20 cm	20～40 cm	40～60 cm	60～80 cm	80～100 cm
越冬期	N_{G1}	6.60±0.23cde	6.89±0.18bc	6.82±0.23bc	7.55±0.26ab	7.26±0.26ab
	R_{G1}	8.65±0.23a	8.36±0.31a	8.07±0.38a	8.14±0.18a	7.70±0.27a
	N_{G2}	7.77±0.24ab	7.92±0.12a	7.41±0.29ab	8.21±0.39a	7.11±0.24abc
	R_{G2}	7.41±0.35bcd	7.48±0.13ab	7.19±0.39b	6.82±0.48bcd	6.09±0.14d
	N_{G3}	5.57±0.26e	6.67±0.14bc	6.38±0.23c	6.89±0.37bcd	6.31±0.16bcd
	R_{G3}	7.19±0.31bcd	6.38±0.32c	6.31±0.26c	7.11±0.35bc	6.82±0.17abcd
	N_{G4}	6.82±0.23bcd	6.45±0.36c	6.16±0.37c	5.79±0.25e	6.75±0.15abcd
	R_{G4}	6.31±0.32de	6.97±0.24bc	6.89±0.46bc	6.01±0.17de	6.23±0.25cd
	L6	7.55±0.67bc	6.82±0.38bc	6.23±0.38c	6.38±0.19cde	6.75±0.27abcd
拔节期	N_{G1}	6.01±0.56bc	6.23±0.44b	6.09±0.46b	5.87±0.65a	5.72±0.47bc
	R_{G1}	6.01±0.47bc	6.67±0.37b	6.09±0.34b	5.94±0.54a	5.13±0.36cd
	N_{G2}	5.35±0.54cd	4.77±0.35c	4.62±0.36c	4.69±0.34b	4.33±0.37e
	R_{G2}	6.16±0.47bc	6.53±0.36b	5.94±0.47b	6.31±0.32a	5.57±0.25bc
	N_{G3}	4.99±0.58d	5.13±0.45c	3.96±0.53d	4.84±0.38b	4.77±0.36de
	R_{G3}	7.77±0.67a	8.14±0.37a	6.97±0.37a	6.53±0.46a	6.38±0.42a
	N_{G4}	4.91±0.36d	4.99±0.37c	4.69±0.46c	4.69±0.53b	4.18±0.37e
	R_{G4}	6.82±0.47b	6.89±0.46b	6.01±0.34b	5.72±0.47a	6.01±0.41ab
	L6	4.84±0.41d	4.69±0.31c	4.84±0.43c	4.55±0.42b	4.25±0.32e
开花期	N_{G1}	7.63±0.36a	8.21±0.46a	7.55±0.43cd	7.41±0.31bc	7.33±0.36ab
	R_{G1}	8.21±0.37a	8.07±0.53ab	7.19±0.42d	7.19±0.24cd	6.97±0.37bc
	N_{G2}	7.48±0.38a	7.26±0.42bc	7.99±0.31abc	7.55±0.21bc	7.33±0.32ab
	R_{G2}	6.53±0.39b	6.53±0.43cd	6.01±0.41e	6.09±0.34e	6.31±0.31cd
	N_{G3}	8.29±0.23a	8.36±0.37a	8.51±0.23a	8.07±0.45a	7.77±0.26a
	R_{G3}	7.77±0.36a	8.51±0.38a	7.92±0.53bc	7.85±0.37ab	6.97±0.15bc
	N_{G4}	7.92±0.32a	7.99±0.43ab	7.19±0.45d	6.89±0.25d	7.11±0.25ab
	R_{G4}	7.99±0.27a	8.21±0.36a	8.36±0.37ab	6.89±0.26d	6.67±0.23bc
	L6	6.38±0.33b	5.79±0.25d	5.79±0.32e	5.21±0.21f	5.79±0.12d
成熟期	N_{G1}	7.37±0.35ab	7.15±0.31ab	7.15±0.36ab	6.60±0.41a	6.82±0.14a
	R_{G1}	7.37±0.43ab	7.48±0.41ab	6.05±0.41bc	7.22±0.34a	6.46±0.26a
	N_{G2}	7.59±0.36ab	7.37±0.52ab	6.16±0.31bc	6.38±0.28a	6.38±0.37a
	R_{G2}	6.71±0.34b	7.15±0.43ab	5.39±0.41c	5.61±0.29a	5.61±0.32ab
	N_{G3}	7.15±0.37ab	6.38±0.41ab	7.59±0.32a	6.93±0.24a	7.48±0.31a
	R_{G3}	8.69±0.41a	8.69±0.31a	6.49±0.33abc	6.82±0.37a	6.05±0.23ab
	N_{G4}	6.38±0.32b	5.83±0.32b	6.27±0.26bc	6.05±0.24a	6.05±0.24ab
	R_{G4}	6.71±0.33b	5.83±0.41b	5.72±0.31c	5.61±0.26a	6.16±0.26a
	L6	6.05±0.30b	5.83±0.32b	5.28±0.42c	5.17±0.31a	4.29±0.34b

注：同列小写字母不同表示各处理间差异显著（$P<0.05$）。

（五）土壤蛋白酶活性

夏闲期不同绿肥处理下后作冬小麦土壤蛋白酶活性随 0～100 cm 土层的变化趋势不明显（表 3-18）；随着生育时期的推进，成熟期的土壤蛋白酶活性相对更高。处理之间比较，在越冬期，R_{G2} 和 R_{G3} 在 20～100 cm 土层土壤蛋白酶活性都高于 L6，且 R_{G3} 最高，N_{G4} 在 20～80 cm 土层的土壤蛋白酶活性高于 L6，在 0～20 cm 土层这 3 个处理均与 L6 差异不显著。拔节期，R_{G1} 在 0～100 cm 土层的土壤蛋白酶活性相对最高。开花期，所有复种油菜不还田处理以及复种大豆茎叶还田与不还田处理的 0～100 cm 土层土壤蛋白酶活性均显著高于 L6。成熟期，复种大豆不还田处理除外，与开花期的趋势相似。

表 3-18　不同绿肥处理下后作冬小麦生育期内 0～100 cm 土层土壤蛋白酶活性（mg/g）

时期	处理	0～20 cm	20～40 cm	40～60 cm	60～80 cm	80～100 cm
	N_{G1}	58.85±3.56c	58.41±4.39f	55.75±2.46e	45.80±3.18e	53.10±3.29c
	R_{G1}	134.73±3.12b	115.93±2.15d	129.87±3.19d	162.17±3.29bc	164.16±1.37ab
	N_{G2}	61.50±2.17c	50.88±3.19f	55.53±2.47e	53.54±2.47e	54.20±2.18c
	R_{G2}	215.71±5.23a	203.32±2.18bc	216.59±1.37ab	211.50±5.26ab	221.68±2.17a
越冬期	N_{G3}	154.87±3.16b	101.55±3.17de	102.88±2.54d	107.52±6.58d	107.74±2.29bc
	R_{G3}	218.14±4.29a	237.39±2.56a	243.14±1.43a	245.80±7.28a	229.20±3.26a
	N_{G4}	218.58±4.39a	213.72±2.37b	214.60±2.17bc	224.34±5.28a	197.79±2.17a
	R_{G4}	97.57±5.28bc	92.04±3.29e	111.73±1.39d	118.58±4.29cd	120.13±1.45b
	L6	223.01±3.16a	191.15±4.19c	188.72±1.43c	198.89±6.38ab	201.55±2.19a
	N_{G1}	102.65±13.17b	103.32±12.19d	114.82±11.36c	111.73±11.24b	121.24±10.37c
	R_{G1}	211.28±12.19a	211.95±13.16a	188.72±12.16a	185.18±13.28a	190.71±11.36a
	N_{G2}	216.81±13.18a	195.13±12.46ab	178.76±11.37ab	189.82±13.25a	177.65±13.29ab
	R_{G2}	190.49±12.19a	197.35±13.28ab	179.20±12.18ab	175.22±12.47a	182.08±14.24ab
拔节期	N_{G3}	186.73±13.18a	181.64±13.37bc	174.78±12.39ab	168.14±14.56a	170.35±13.29b
	R_{G3}	200.88±13.17a	186.95±13.16bc	168.14±11.36b	175.44±16.78a	169.69±13.27b
	N_{G4}	190.49±12.46a	168.58±12.37c	179.20±13.21ab	178.98±15.38a	173.67±12.43ab
	R_{G4}	215.27±13.59a	200.66±13.15ab	180.09±14.31ab	187.83±14.37a	181.64±11.34ab
	L6	192.70±14.29a	165.93±12.56c	180.53±13.14ab	170.58±16.37a	184.73±12.35ab
	N_{G1}	192.48±10.26a	176.77±4.17a	180.53±5.49ab	179.42±4.89ab	178.98±3.28a
	R_{G1}	116.59±9.35b	106.64±3.16bc	108.63±4.76d	120.58±5.38c	123.01±4.27d
	N_{G2}	197.79±7.36a	178.32±2.38a	168.36±6.48bc	173.45±4.37ab	181.86±5.36a
	R_{G2}	131.42±5.38b	113.05±4.35bc	122.79±4.38d	117.92±5.26c	127.21±6.37cd
开花期	N_{G3}	185.84±4.76a	186.73±3.29a	180.75±5.37ab	180.75±3.19a	175.00±4.28a
	R_{G3}	125.66±4.27b	105.53±2.46c	115.49±4.28d	126.11±4.23c	137.83±4.27c
	N_{G4}	191.81±2.67a	184.73±4.39a	188.50±3.56a	182.30±3.27a	186.73±3.58a
	R_{G4}	179.65±5.28a	175.00±3.17a	155.53±4.29c	163.50±2.46b	161.95±4.28b
	L6	137.39±3.19b	123.01±2.53b	116.59±3.25d	123.89±3.26c	107.96±3.29e

（续）

时期	处理	0～20 cm	20～40 cm	40～60 cm	60～80 cm	80～100 cm
	N_{G1}	246.84±12.48b	241.09±12.16a	226.19±12.16c	231.06±13.28bc	222.65±12.58c
	R_{G1}	206.87±11.57d	224.25±13.17b	204.37±13.28d	227.42±12.47cd	207.91±13.27e
	N_{G2}	253.48±31.29a	227.96±41.18b	233.42±12.46b	227.96±13.57bcd	234.16±15.35ab
	R_{G2}	184.01±31.19e	189.91±31.19d	197.88±13.65e	208.35±13.25e	222.06±14.38c
成熟期	N_{G3}	253.92±21.46a	243.89±41.28a	243.75±12.47a	239.03±13.46a	238.88±14.37a
	R_{G3}	184.90±12.47e	168.67±13.29e	193.89±14.36f	185.34±12.58f	206.28±16.38e
	N_{G4}	179.44±11.35f	209.68±13.26c	204.51±13.27d	210.56±13.29e	214.69±17.28d
	R_{G4}	247.14±12.15b	225.01±14.27b	234.90±12.36b	231.50±12.54b	230.03±18.36b
	L6	229.00±13.17c	223.83±13.19b	224.42±13.27c	225.01±1.52d	190.94±17.35f

注：同列小写字母不同表示各处理间差异显著（$P<0.05$）。

九、后作冬小麦不同生育时期表层和耕层土壤理化指标与产量的逐步回归关系

对后作冬小麦不同生育时期 0～20 cm 和 20～40 cm 土层土壤理化指标与产量进行逐步回归分析，设 X_1 为土壤相对含水量，X_2 为土壤速效氮含量，X_3 为土壤全氮含量，X_4 为土壤有效磷含量，X_5 为土壤全磷含量，X_6 为土壤速效钾含量，X_7 为土壤有机质含量，X_8 为土壤蔗糖酶活性，X_9 为土壤脲酶活性，X_{10} 为土壤碱性磷酸酶活性，X_{11} 为土壤过氧化氢酶活性，X_{12} 为土壤蛋白酶活性。结果表明：小麦播种前、越冬期、拔节期回归模型不显著（$P>0.05$），只有开花期回归模型显著（$P<0.05$）。

开花期 0～20 cm 表层和 20～40 cm 耕层土壤理化指标与产量的回归模型结果（$P<0.05$，$R^2_{(0～20\ cm)}=0.714\ 5$，$R^2_{(20～40\ cm)}=0.676\ 0$）说明回归模型显著并有较高的拟合精度。开花期 0～20 cm 表层和 20～40 cm 耕层的各自回归模型自变量的重要性分别依次为 X_{11} 和 X_9 及 X_{11} 和 X_7，其回归系数均在 0.05 水平上显著（回归系数的显著性值 P 分别为 0.032 6 和 0.009 1 及 0.048 8 和 0.012 4）（表3-19）。

求得的最优回归方程分别为

$$Y_{(0～20\ cm)}=10.10+0.05 X_9-1.6 X_{11}$$
$$Y_{(20～40\ cm)}=8\ 583.95+1\ 034.30 X_7-761.74 X_{11}$$

说明开花期 0～20 cm 表层土壤脲酶活性与产量显著正相关，而过氧化氢酶活性与产量显著负相关；开花期 20～40 cm 耕层土壤的有机质含量与产量显著正相关，而过氧化氢酶活性与产量显著负相关。

表3-19　开花期 0～20 cm 表层和 20～40 cm 耕层土壤逐步回归的参数估计和检验

土层	变量	自由度	参数值	标准误	t	$Pr>\lvert t\rvert$	决定系数
	截距	1	10.13	2.90	3.50	0.012 9	—
0～20 cm	X_9	1	0.05	0.02	2.77	0.032 6	0.56
	X_{11}	1	−1.60	0.42	−3.79	0.009 1	0.71

（续）

土层	变量	自由度	参数值	标准误	t	$Pr>|t|$	决定系数
	截距	1	8 583.95	78.04	7.29	0.000 3	—
20~40 cm	X_7	1	1 034.30	19.63	2.46	0.048 8	0.50
	X_{11}	1	−761.74	15.91	−3.53	0.012 4	0.67

第三节　讨论与结论

黄土高原地区 60% 的年降水量都集中在 7 月至 9 月，持续时间长达 80 d 左右。所以，水分缺少是制约黄土高原地区农业发展的重要因素。长期以来，黄土旱塬形成了冬小麦—夏休闲的种植制度，导致休闲期降水因没有植被覆盖而不能被很好地储存，同时光热资源也被白白浪费。李军等（1994）发现夏季休闲期降水虽不能满足大部分地区种植一茬作物的需水量，但如果种植生育期较短的绿肥作物并在小麦播种前翻压还田，不仅可以充分利用夏闲期降水和光热，还可以培肥地力。黄土高原地区有种植豆科作物来倒茬养地的历史（赵兰坡等，1986；孔德平等，2010），豆科绿肥不仅可以改善土壤环境，还可以保护环境、减少使用化学肥料引起的环境污染。本试验将生育期较短的饲料油菜插入年降水量为 400 mm 左右的黄土高原半干旱区麦后休闲期，同时以种植生育期较短的夏大豆和休闲裸地为对照，来探讨麦后复种饲料油菜的可行性。

一、夏闲期复种绿肥降低了土壤相对含水量

本研究结果表明，夏闲期种植绿肥（饲料油菜、大豆）显著降低了土壤相对含水量，在小麦播种前（即绿肥成熟期），裸地对照（L6）的土壤含水量最高，并且一直持续到了后作冬小麦成熟期。此研究结果与许多报道一致。比如有研究者在美国的半干旱地区进行了两年的轮作试验，发现休闲期种植毛苕子消耗的土壤水分达到了 178 mm（Schlegel et al.，1997）。在陕西合阳 3 年的旱地研究表明，夏闲期种植豆科绿肥并且在小麦播种前一个月翻压有降低土壤水分的趋势（Zhang et al.，2009）。陕西长武的试验发现，夏闲期种植豆科绿肥，下茬小麦播前 0~200 cm 土壤蓄水量比休闲对照降低了 78~93 mm（赵娜等，2010），第二季的水分降低了 6~29 mm（张达斌等，2012）。根据试验区 2015 至 2016 年度的气象数据可知，该年度年降水偏少，属于干旱年份；夏闲期降水也少，只占年平均夏闲期降水的 37%，因此种植绿肥作物势必会极大减少 0~100 cm 土层土壤相对含水量，导致小麦播前水分不足，进而影响后作小麦出苗率、生长发育及产量形成。因此，休闲期是否种植绿肥需要根据当地的气候条件确定（McGuire et al.，1998）。

二、夏闲期复种绿肥影响了后作冬小麦生长发育

从后作冬小麦农艺性状来看，与夏闲期裸地（L6）比较，由于生长期间消耗了 0~100 cm 土层土壤水分，后作冬小麦生育前期单株农艺性状整体较弱，表现为植株小、根

蘖少、叶小而数量少，而复种大豆（G4）处理因其对土壤具有固氮能力且大豆植株生物量相对较小、消耗土壤水分养分较少从而生长相对较好。有趣的是拔节后复种绿肥处理的后作冬小麦根系发育均优于休闲裸地。绿肥处理中，复种油菜大播量还田处理（R_{G3}）在拔节后的单株农艺性状相对较优，可能与大播量油菜腐解还田生物量大释放养分多有关。

从后作冬小麦群体分蘖动态来看，休闲期复种绿肥对后作冬小麦群体的影响主要体现在基本苗数和越冬—拔节期的群体分蘖数（群体最大分蘖数）。本试验中，复种大豆不还田（N_{G4}、R_{G4}）、裸地（L6）和较大播量油菜（N_{G2}、R_{G2}、N_{G3}、R_{G3}）均有利于保证冬小麦相对稳定的出苗数和群体最大分蘖数。

从后作冬小麦干物质积累来看，在后作冬小麦越冬—返青期，夏闲期复种饲料油菜处理在此期腐解生物量大需消耗一定土壤养分，因而普遍降低了小麦地上部（叶）干物质积累量，尤其返青期地上部（叶）干物质积累量比 L6 平均降低 82.4%；而复种大豆处理因土壤氮素含量相对较高而促进了小麦植株干物质积累。随着小麦植株生长中心向茎转移（拔节期），叶部干物质量降低，根茎干物质量提高，复种绿肥表现出明显的促根生长，其中 N_{G4}、R_{G4} 的根茎干物质量明显高于 L6，R_{G3} 的根部干物质积累量明显高于 L6。到孕穗期，所有绿肥处理的根系干物质积累量均明显高于 L6，而大播量油菜（N_{G3}、R_{G3}）的叶、茎干物质积累量亦明显高于 L6，表明其此期腐解养分可能大量释放。开花期，随着茎、根、叶干物质向穗部转移，穗部干物质量增加，但绿肥处理的增加量除 R_{G3} 外均不及 L6。成熟期，L6 处理叶、茎干物质量最高，平均比绿肥处理高 81.23% 和 64.61%；穗部、根系干物质量亦相对较高（前者仅次于复种大豆 R_{G4}，后者仅次于 N_{G2} 和 R_{G4}）。

三、夏闲期复种绿肥降低了后作冬小麦籽粒产量、改善了籽粒品质

与休闲裸地（L6）处理比较，夏闲期种植绿肥大大降低了后作冬小麦千粒重和籽粒产量，此研究结果与 Nielsen 等（2005）和张达斌等（2012）的研究结果一致。可能的原因是 2015 至 2016 年该地区夏闲期降水偏少，只有历年夏闲期年平均降水的 37%，所以种植绿肥极大地消耗了休闲期土壤水分储量，导致小麦播前水分不足，导致减产 9.04%～42.07%。因此，复种绿肥作物对下茬小麦产量形成的影响与当地降水条件密切相关。大播量油菜茎叶还田处理（R_{G3}）的产量水平最高，仅次于 L6，说明还田生物量大，能够在一定程度上缓解后作冬小麦生长期间土壤水分的蒸发。

夏闲期复种绿肥明显提高了后作冬小麦籽粒淀粉含量和可溶性总糖含量，但没有普遍提高籽粒蛋白质含量［复种油菜不还田处理 N_{G1}～N_{G3} 的籽粒蛋白质含量明显比 L6 高 37.3%～52.6%，复种大豆（R_{G4}）和复种油菜（R_{G3}）亦有增加籽粒蛋白质含量的趋势，但 R_{G3}、R_{G4} 和 N_{G4} 与 L6 的籽粒蛋白质含量差异均不显著］，此结果与李富翠等（2012）的研究结果一致。这可能与后作冬小麦花后源库流系统中 K 含量提高（开花期后作冬小麦叶、茎秆、穗 K 含量分别为 6.66%～9.11%、2.93%～9.15%、1.34%～2.89%）以及复种绿肥茎叶还田生物量腐解释放干物质促进土壤碳代谢有关。

李富翠等（2012）发现，与休闲期不种绿肥比较，连续 3 年夏闲期种植豆科绿肥显著增加了第三年的冬小麦籽粒氮含量和地上部氮吸收量，原因是多年豆科绿肥翻压还田增加了土壤中的有机氮；而对后作冬小麦籽粒磷素吸收积累和地上部钾素吸收没有产生显著影

响。张达斌等（2013）也发现连续两年夏闲期种植并翻压豆科绿肥，对冬小麦地上部钾素含量没有产生显著影响。本研究结果显示，与夏闲期裸地（L6）比较，复种饲料油菜和大豆：提高了后作冬小麦越冬期叶部 P 含量（R_{G4} 和 N_{G2} 除外）而降低了叶部 N 含量，对 K 含量没有显著影响；降低了后作冬小麦返青期叶部 N、P 含量而提高了 K 含量；提高了后作冬小麦拔节期茎秆 N 含量，而降低了大多数处理叶部 N、P 含量；有提高后作冬小麦开花期穗部 N、P、K 含量的趋势（个别处理除外）。成熟期，复种油菜对后作冬小麦籽粒 P、K 含量有降低趋势，其中不还田油菜对籽粒 N 含量有增加趋势；而复种大豆茎叶还田处理（R_{G4}）有提高后作冬小麦籽粒 N 含量而降低 P 含量的趋势，K 含量明显提高；复种大豆不还田处理（N_{G4}）有提高籽粒 P 含量而降低 N 含量的趋势，K 含量明显降低。研究结果与前人的研究结果存在差异。因此，关于绿肥的培肥效果还需要长期定位试验进一步研究。

四、夏闲期复种绿肥具有良好的培肥效果

研究表明，豆科绿肥在一定程度上可以增加土壤速效氮含量（方日尧等，2003）、增加小麦播种前土壤全氮含量（李正等，2010；高菊生等，2011）。本试验结果表明复种油菜与复种大豆都具有增加土壤速效氮和全氮含量的作用，但与裸地（L6）比较差异不显著。可能是由于本研究中麦后复种绿肥年限较短，因此有必要连续多年进行麦后复种饲料油菜及大豆作绿肥定点试验，进一步明确其增氮效果。需要指出的是，在后作冬小麦生长期间，复种绿肥有明显提高土壤速效氮含量的作用，这种作用在越冬期覆盖 0~100 cm 土层，到开花期仅体现在 0~40 cm 土层，尤其 R_{G3} 在 0~100 cm 土层的土壤速效氮含量总体较高，这可能与复种绿肥翻压还田生物量中 N 含量较高有关［复种油菜茎叶还田生物量显著高于复种大豆，且复种油菜（G1、G2、G3）和复种大豆（G4）的茎叶 N 含量分别约为 3.08%、5.63%、5.71% 和 1.54%，根 N 含量分别为 1.51%、1.81%、2.19% 和 2.29%］。

研究发现，油菜具有活化土壤缓效态磷素的作用，富集磷素效果显著（王治国等，2008）。本研究结果与前人的研究结果一致。与裸地处理（L6）比较，复种油菜生长期间，G1 和 G3 处理明显提高苗期 0~20 cm 表层土壤有效磷含量，G1 处理明显提高成熟期 0~20 cm 表层土壤有效磷含量，其余土层无论苗期还是成熟期 G1 和 G3 处理均明显提高土壤有效磷含量。在后作冬小麦生长期间大播量油菜茎叶还田处理（R_{G3}）的土壤有效磷含量依然最高。复种大豆（G4）处理仅具有提高后作冬小麦越冬期土壤有效磷含量的作用，与李富翠等（2012）研究发现的休闲期种植豆科绿肥降低了小麦播种前表层土壤有效磷含量而提高了小麦开花期和收获时表层土壤有效磷含量的规律不同，原因有待进一步探讨。本研究表明，复种油菜、大豆翻压还田时，根、茎叶吸收积累 P 素较多［复种油菜（G1、G2、G3）和复种大豆（G4）的茎叶 P 含量分别为 10.68%、13.52%、13.18% 和 7.35%，根系 P 含量分别为 11.51%、9.61%、8.55% 和 7.19%］，从而向土壤归还 P 素较多，还田生物量越大，向土壤释放 P 素越多。从土壤全磷含量同样可以看出：夏闲期复种绿肥可以增加土壤全磷含量，且复种油菜的土壤全磷含量高于复种大豆，复种油菜密度越低，固定 P 能力越强。在后作冬小麦生长期间复种绿肥也显著提高土壤全磷含

量，说明复种绿肥处理可以促进小麦根系参与土壤 P 代谢。

李富翠等（2012）、张达斌等（2013）研究发现，与休闲处理（不种绿肥）相比，连续 3 年或 2 年夏闲期种植豆科绿肥并翻压对土壤中速效钾含量没有产生显著影响。本研究结果表明，在复种绿肥生长期，与裸地处理（L6）和复种大豆（G4）比较，复种饲料油菜能够提高 0～100 cm 土层土壤速效钾含量，成熟期显示复种油菜（G3）处理的提高作用更明显，其次是复种大豆（G4）处理。在后作冬小麦生长期间，复种绿肥处理的这种优势在小麦越冬期最高，之后逐渐减弱。这可能与大豆和油菜根、茎叶富集 K 能力差（复种油菜的根茎叶 K 含量仅为 0.70％左右，复种大豆 G4 的茎叶 K 含量更低，仅为 0.58％，根 K 含量略高，为 1.53％）有关。本研究与前人的研究结果存在不同的原因可能是豆科作物品种生长特性不同。

另外，与裸地处理（L6）比较，夏闲期复种大豆成熟期土壤有机质含量明显提高，复种油菜没有明显作用；而在苗期，复种油菜不同程度地改善了不同土层土壤有机质含量，这可能与油菜茎叶脱落物回归土壤有关。在后作冬小麦的不同生育时期，种植绿肥并不能明显提高土壤有机质含量，这与前人的研究结果不同（Biederbeck et al.，1998；Chander et al.，1997；Goyal et al.，1992，1999），可能与本研究的试验年份较短有关。

五、夏闲期复种绿肥可以提高土壤酶活性

在复种绿肥生长期间和绿肥翻压前，在 0～100 cm 土层中，G3 处理土壤碱性磷酸酶、蔗糖酶、脲酶和蛋白酶活性均高于裸地处理（L6），原因可能是油菜为直根系作物，其根系在生长过程中对土壤形成穿刺效应，土壤形成很多微孔隙，而且随着油菜播量的增加，多微空隙也在增加，所以改善了土壤通气状况，提高了土壤有氧呼吸效率，从而提高了土壤这 4 种酶的活性（王晓军，2011）。

在后作冬小麦越冬期、拔节期和开花期，复种油菜全量还田处理（R_{G3}）各土层的土壤碱性磷酸酶、蔗糖酶、脲酶、蛋白酶和过氧化氢酶活性均显著高于裸地处理（L6），且显著高于复种大豆还田处理（N_{G4}、R_{G4}），与李红艳等（2016）和但国涵等（2014）的研究结果一致，可能的原因是大播量饲料油菜还田生物量比大豆大，为土壤提供了较多有机碳源，利于提高土壤各种酶的活性。

韩福贵等（2014）研究发现，土壤脲酶活性与全氮极显著正相关，与硝态氮、有效磷及速效钾极显著负相关，所以可以用土壤脲酶活性来反映土壤中的氮素情况。本研究结果则表明，后作冬小麦开花期 0～20 cm 表层土壤脲酶活性和 20～40 cm 耕层土壤有机质含量分别与产量显著正相关。复种绿肥具有提高后作冬小麦开花期土壤全氮及有机质含量进而提高后作冬小麦产量的潜质。

六、夏闲期复种绿肥可以改善土壤微生物群落结构

研究表明，变形菌门（Proteobacteria）对易分解的碳源敏感；酸杆菌门（Acidobacteria）与土壤 pH 显著负相关；浮霉菌门（Planctomycetes）更偏爱低营养型土壤，因其大部分菌种都可以进行厌氧化氨化作用，参与氮循环（Fierer et al.，2007）；放线菌门（Actinobacteria）具有降解碳氢化合物的功能，在植株的腐解过程中发挥重要作

用，同时在自然界氮素循环中也有一定的作用；芽单胞菌门（Gemmatimonadetes）有很强的脱氮功能，其相对丰度随着氮素水平的增加而降低（Lauber et al.，2008；Vesela et al.，2010）。本试验中，复种大豆（G4）有利于改善土壤变形菌门、酸杆菌门及放线菌门的相对丰度；复种油菜大播量（G3）有利于增加土壤放线菌门、浮霉菌门及芽单胞菌门的相对丰度。

研究还表明，子囊菌门（Ascomycota）属于腐生真菌，受种植和残余秸秆降解影响显著（Boer et al.，2005；Van Groenigen et al.，2010）。当土壤养分含量上升时，接合菌门（Zygomycota）的相对丰度可能会上升（Richardson，2009）。秸秆残留量较高会使担子菌门（Basidiomycota）的相对丰度上升，因其能够在无氧条件下降解木质素和纤维素（Blackwood et al.，2007；Boer et al.，2005）。本试验中，子囊菌门、接合菌门和担子菌门为优势菌群，其中子囊菌门所占比例最大。复种大豆（G4）和复种大播量油菜（G3）均可以提高土壤子囊菌门的相对丰度。另外，裸地（L6）0～40 cm 土层土壤接合菌门的比例都最高，可能是由裸地土壤养分含量较高所致。成熟期担子菌门相对丰度提高，可能与绿肥作物根系衰老、木质化程度加强有关。

土壤细菌群落 KEEG 功能预测分析结果表明：绿肥处理的土壤细菌群落主要参与土壤-作物氨基酸代谢、碳水化合物代谢和能量代谢，复种油菜（G3）和复种大豆（G4）明显促进了碳水化合物代谢、氨基酸代谢以及油脂代谢等，进而促进了土壤碳氮循环，表现为绿肥根系 N、P、K 含量，土壤酶活性和土壤其他养分含量均高。因此，在黄土高原半干旱区麦田，麦后复种绿肥对于培肥土壤、促进农业可持续发展来说是可行的。

七、结论

在绿肥苗期、开花期和成熟期，不同绿肥处理表层和耕层土壤细菌和真菌群落在门水平上的比例不同。裸地（L6）后作冬小麦在各生育期的农艺性状基本最好；在开花期的分蘖数较高。绿肥处理普遍降低了后作冬小麦越冬期和返青期地上部的干物质量（平均达80%）、拔节期和成熟期叶片干物质量以及冬小麦的千粒重（8.52%～13.62%）和产量（9.04%～42.07%），但是提高了后作冬小麦籽粒的淀粉含量和可溶性总糖含量。夏闲期种植绿肥作物，在后作冬小麦生育期间没有显著提高小麦叶片、茎秆、根以及成熟期籽粒的 N、P 和 K 含量，显著降低了土壤含水量，在小麦播种前（即绿肥成熟期）裸地（L6）的土壤含水量最高，并持续到成熟期。后作冬小麦生育期 0～100 cm 土层夏闲期种植大豆可提高土壤速效氮和全氮含量；种植油菜可提高土壤有效磷和全磷含量；夏闲期复种并翻压绿肥作物对冬小麦生育期土壤速效钾和有机质含量没有提高的趋势。在绿肥生长期间，饲料油菜大播量处理（G3）0～100 cm 土层土壤碱性磷酸酶、蔗糖酶、脲酶和蛋白酶活性均高于裸地（L6）；在后作冬小麦越冬期、拔节期和开花期，饲料油菜茎叶全量还田处理（R$_{G3}$）0～100 cm 土层土壤碱性磷酸酶、蔗糖酶、脲酶、蛋白酶和过氧化氢酶活性均显著高于 L6。后作冬小麦开花期表层土壤脲酶活性和耕层土壤的有机质含量分别与产量显著正相关。

参考文献

薄建雄，2003. 豆科植物在水土保持中的作用及意义 [J]. 农业科技与信息（3）：14.

方日尧，同延安，耿增超，等，2003. 黄土高原区长期施用有机肥对土壤肥力及小麦产量的影响 [J]. 中国生态农业学报，11（2）：47-49.

高菊生，曹卫东，李冬初，等，2011. 长期双季稻绿肥轮作对水稻产量及稻田土壤有机质的影响 [J]. 生态学报，31（16）：4542-4548.

韩福贵，王理德，王芳琳，等，2014. 石羊河流域下游退耕地土壤酶活性及土壤肥力因子的相关性 [J]. 土壤通报，45（6）：1396-1401.

孔德平，黄素芳，闫旭东，等，2010. 玉米-大豆合理间作模式研究 [J]. 河北农业科学（1）：1-2.

李富翠，赵护兵，王朝辉，等，2012. 旱地夏闲期秸秆覆盖和种植绿肥对冬小麦水分利用及养分吸收的影响 [J]. 干旱地区农业研究，30（1）：119-125.

李红燕，胡铁成，曹群虎，等，2016. 旱地不同绿肥品种和种植方式提高土壤肥力的效果 [J]. 植物营养与肥料学报，22（5）：1310-1318.

李军，王立祥，1994. 渭北旱塬夏闲地开发利用研究 [J]. 西北农业大学学报，22（2）：99-102.

李正，刘国顺，叶协锋，等，2010. 绿肥翻压年限对植烟土壤微生物量 C、N 和土壤 C、N 的影响 [J]. 江西农业学报，22（4）：62-65，68.

倡国涵，赵书军，王瑞，等，2014. 连年翻压绿肥对植烟土壤物理及生物性状的影响 [J]. 植物营养与肥料学报，20（4）：905-912.

王晓军，2011. 黑龙江绿肥种植对土壤肥力及小麦产量的影响 [D]. 北京：中国农业科学院.

王治国，陈冰，饶晓娟，等，2008. 绿肥养分吸收规律研究 [J]. 新疆农业大学学报，31（2）：47-50.

薛乃雯，2018. 旱地麦田夏闲期覆盖及绿肥种植对土壤水分、养分及后作冬小麦生长的影响 [D]. 太原：山西农业大学.

张达斌，李婧，姚鹏伟，等，2012. 夏闲期连续两年种植并翻压豆类绿肥对旱地冬小麦生长和养分吸收的影响 [J]. 西北农业学报，21（1）：59-65.

张达斌，姚鹏伟，李婧，等，2013. 豆科绿肥及施氮量对旱地麦田土壤肥力的影响 [J]. 生态学报，33（7）：2272-2281.

赵兰坡，姜岩，1986. 土壤磷酸酶活性测定方法探讨 [J]. 土壤通报，17（3）：138-141.

赵娜，赵护兵，鱼昌为，等，2010. 夏闲期种植翻压绿肥和施氮量对冬小麦生长的影响 [J]. 西北农业学报，19（12）：41-47.

Biederbeck V O，Campbell C A，Rasiah V，et al.，1998. Soil quality attributes as influenced by annual legumes used as green manure [J]. Soil Biology and Biochemistry，30（8-9）：1177-1185.

Blackwood C B，Waldrop M P，Zak D R，et al.，2007. Molecular analysis of fungal communities and laccase genes in decomposing litter reveals differences among forest types but no impact of nitrogen deposition [J]. Environmental Microbiology，9（5）：1306-1316.

Boer W，Folman L B，Summerbell R C，et al.，2005. Living in a fungal world：Impact of fungi on soil bacterial niche development [J]. FEMS Microbiology Reviews，29（4）：795-811.

Chander K，Goyal S，Mundra M C，et al.，1997. Organic matter，microbial biomass and enzyme activity of soils under different crop rotations in the tropics [J]. Biology and Fertility of Soils，24（3）：306-310.

Fierer N，Bradford M A，Jackson R B，2007. Toward an ecological classification of soil bacteria [J].

Ecology, 88 (6): 1354-1364.

Goyal S, Chander K, Mundra M C, et al., 1999. Influence of inorganic fertilizers and organic amendments on soil organic matter and soil microbial properties under tropical conditions [J]. Biology and Fertility of Soils, 29 (2): 196-200.

Goyal S, Mishra M M, Hooda I S, et al., 1992. Organic matter-microbial biomass relationships in field experiments under tropical conditions: Effects of inorganic fertilization and organic amendments [J]. Soil Biology and Biochemistry, 24 (11): 1081-1084.

Lauber C L, Strickland M S, Bradford M A, et al., 2008. The influence of soil properties on the structure of bacterial and fungal communities across land-use types [J]. Soil Biology and Biochemistry, 40 (9): 2407-2415.

McGuire A M, Bryant D C, Denison R F, 1998. Wheat yields, nitrogen uptake, and soil moisture following winter legume cover crop vs. fallow [J]. Agronomy Journal, 90 (3): 404-410.

Nielsen D C, Vigil M F, 2005. Legume green fallow effect on soil water content at wheat planting and wheat yield [J]. Agronomy Journal, 97 (3): 684-689.

Richardson M, 2009. The ecology of the Zygomycetes and its impact on environmental exposure [J]. Clinical Microbiology and Infection, 15: 2-9.

Schlegel A J, Havlin J L, 1997. Green fallow for the central Great Plains [J]. Agronomy Journal, 89 (5): 762-767.

Van Groenigen K J, Bloem J, Bååth E, et al., 2010. Abundance, production and stabilization of microbial biomass under conventional and reduced tillage [J]. Soil Biology and Biochemistry, 42 (1): 48-55.

Vesela A B, Franc M, Pelantová H, et al., 2010. Hydrolysis of benzonitrile herbicides by soil actinobacteria and metabolite toxicity [J]. Biodegradation, 21 (5): 761-770.

Zhang S, Lövdahl L, Grip H, et al., 2009. Effects of mulching and catch cropping on soil temperature, soil moisture and wheat yield on the Loess Plateau of China [J]. Soil and Tillage Research, 102 (1): 78-86.

第四章　麦后复种饲料油菜作绿肥还田提升黄土高原半湿润偏旱区土壤质量研究

第一节　种植密度对复种饲料油菜生长及土壤肥力垂直分布的影响研究 *

一、复种饲料油菜植株叶绿素含量、根系活力及地上部、地下部生物量

试验于 2016 年 7 月至 9 月进行，设 3 个种植密度水平，分别是小播量 S1（7.5 kg/hm²）、中播量 S2（15.0 kg/hm²）、大播量 S3（22.5 kg/hm²）。在饲料油菜苗期（2016 年 7 月 10 日）、花期（2016 年 8 月 10 日）、成熟期（2016 年 9 月 10 日）调查发现（表 4-1），花期是饲料油菜快速发育期，从苗期到花期，叶绿素含量与地上部、地下部生物量均明显增加，尤其是地上部鲜重和干重增加了 70%～80%，根鲜重和根干重增加了 40%～60%。种植密度对苗期植株叶绿素含量和根系活力影响不显著（$P>0.05$），随着植株的生长发育，不同种植密度下植株叶绿素含量和根系活力差异显著（$P<0.05$）；从苗期到成熟期，种植密度均显著影响植株地上部、地下部鲜重和干重（$P<0.05$）；除花期根系活力外，所有指标均以中播量 S2 的值为最高，说明中播量油菜植株生长更健壮。

表 4-1　不同种植密度下饲料油菜各生育时期叶绿素含量、根系活力及生物量差异

生育时期	处理	叶绿素含量 / (mg/g)	根活力 / [mg/ (g·h)]	地上部鲜重 / (g/株)	地上部干重 / (g/株)	根鲜重 / (g/株)	根干重 / (g/株)
苗期	S1	0.62a	0.11a	3.24b	1.14b	2.03c	0.98b
	S2	0.64a	0.12a	3.94a	1.67a	2.72a	1.33a
	S3	0.65a	0.13a	3.05c	1.11b	2.31b	1.02b
开花期	S1	0.92b	0.15a	21.58b	8.75b	10.29c	3.53c
	S2	1.05a	0.09b	26.95a	9.63a	12.36a	4.39a
	S3	0.96b	0.14a	26.11a	8.53c	11.34b	4.25b

---

* 杨晓晓，2018. 夏休闲期种植油菜绿肥对旱地土壤肥力及冬小麦生长、产量的影响 [D]. 太原：山西农业大学.

（续）

生育时期	处理	叶绿素含量 /（mg/g）	根活力 /［（mg/（g·h）］	地上部鲜重 /（g/株）	地上部干重 /（g/株）	根鲜重 /（g/株）	根干重 /（g/株）
	S1	1.14b	0.17b	41.87c	14.30c	19.66b	7.54b
成熟期	S2	1.28a	0.19a	45.03a	17.83a	19.81a	8.22a
	S3	1.08c	0.12c	43.28b	16.84b	18.54c	7.48b

注：同列小写字母不同表示差异显著（$P<0.05$）。

二、复种饲料油菜生育期内土壤营养垂直分布

黄土高原地区土壤贫瘠，氮、磷、有机质含量相对偏低，钾含量较高，因此，本研究选择碱解氮、有效磷、有机质 3 个指标来分析不同种植密度下复种饲料油菜生长期内 0～100 cm 土层土壤养分垂直分布变化规律（表 4-2）。由表可知，随着土层的加深，3 个指标的值均呈垂直递减趋势，符合一般规律。随着饲料油菜的生长发育，0～60 cm 土层土壤碱解氮含量总体呈低（苗期）-高（花期）-低（成熟期）的变化趋势，60 cm 以下土层呈递增趋势；土壤有效磷含量在 0～20 cm 和 80～100 cm 土层表现为递增趋势，在 20～60 cm 土层则先增后降；土壤有机质含量在各土层均呈递增趋势。

表 4-2　不同种植密度下饲料油菜生育期内 0～100 cm 土层土壤碱解氮、有效磷、
有机质含量的垂直分布变化

测定指标	生育时期	处理	0～20 cm	20～40 cm	40～60 cm	60～80 cm	80～100 cm
碱解氮/ （mg/kg）	苗期	S1	56.55cA	50.08cB	40.14bC	23.31cD	12.87cE
		S2	65.48bA	56.67bB	47.95aC	28.17aD	17.77bE
		S3	70.55aA	63.03aB	41.67bC	26.53bD	22.22aD
		平均	64.19	56.59	43.25	26.00	17.62
	开花期	S1	71.25bA	58.51bB	50.11bB	28.81bC	20.83bD
		S2	77.93aA	60.41bB	60.74aB	35.38aC	22.15aD
		S3	76.78aA	69.90aB	58.28abC	28.17bD	19.01cE
		平均	75.32	62.94	56.38	30.79	20.66
	成熟期	S1	64.16cA	54.32cB	43.50cC	31.35bD	23.06cE
		S2	75.91aA	62.71bB	56.71aC	39.92aD	32.82aE
		S3	69.67bA	65.74aA	50.57bB	29.15cC	29.51bC
		平均	69.91	60.92	50.26	33.47	28.46
有效磷/ （mg/kg）	苗期	S1	5.23bA	3.53bB	3.06cB	1.93bC	1.12aD
		S2	7.49aA	5.69aB	3.75bC	2.07bD	1.59aE
		S3	7.13aA	3.60bBC	4.23aB	2.34aC	0.46bD
		平均	6.62	4.27	3.68	2.11	1.06

（续）

测定指标	生育时期	处理	0～20 cm	20～40 cm	40～60 cm	60～80 cm	80～100 cm
有效磷/ (mg/kg)	开花期	S1	5.26cA	4.17cB	3.85bB	1.64bC	0.85cD
		S2	8.15aA	7.89aA	5.65aB	2.60aC	1.79aC
		S3	7.38bA	6.65bA	3.74bB	1.85bC	1.02bC
		平均	6.93	6.24	4.41	2.03	1.22
	成熟期	S1	6.66cA	3.04cB	1.25bD	1.88bC	1.36aCD
		S2	8.91aA	6.46aB	3.61aC	2.35aD	1.12bE
		S3	7.90bA	4.59bB	1.38bD	2.62aC	1.45aD
		平均	7.82	4.70	2.08	2.28	1.31
有机质/ (g/kg)	苗期	S1	17.66aA	14.05bAB	11.59cB	9.33bC	7.07bD
		S2	16.53bA	14.92abAB	13.55aAB	9.83aB	7.63aC
		S3	17.80aA	15.63aB	12.21bC	8.49cD	6.26cE
		平均	17.33	14.87	12.45	9.22	6.99
	开花期	S1	17.43cA	15.59bB	13.06bC	9.76abD	8.90aE
		S2	19.11aA	16.20aB	14.05aB	9.16bC	7.08cD
		S3	18.19bA	15.86bB	13.69abC	10.43aD	8.31bE
		平均	18.24	15.88	13.60	9.78	8.10
	成熟期	S1	18.39bA	16.45cB	14.58bBC	10.56bC	9.02bD
		S2	19.29aA	17.56bB	14.68bC	11.14aD	7.32cE
		S3	18.26bA	18.25aA	15.50aB	10.75bC	9.56aC
		平均	18.65	17.42	14.92	10.82	8.63

注：同行大写字母不同表示同一处理不同土层之间差异显著（$P<0.05$）；同列小写字母不同表示同一土层不同处理之间差异显著（$P<0.05$）。

种植密度对土壤养分含量影响显著（$P<0.05$）。①苗期和花期，随着播量的增加，0～40 cm土层土壤碱解氮含量增加，而成熟期则以中播量S2的土壤碱解氮含量最高，说明生育前、中期油菜植株相对较小，以大播量获得大群体，大群体下根量多，从而促进土壤氮代谢；生育后期中等播量S2油菜生长均衡，大群体壮个体更有利于土壤氮代谢；从苗期到花期，40 cm以下土层整体以中播量S2的土壤碱解氮含量为最高，说明中播量油菜下层根系发育更好，促进了下层土壤氮代谢。②从苗期到成熟期，0～100 cm土层土壤有效磷含量均以中播量S2为最高，其次是大播量S3，小播量S1的值最低。说明播量太低，植株生长较弱，群体较小，对土壤磷素的活化能力较低；随着播量的增加，植株生长健壮，群体增大，增强了对土壤磷素的活化作用；但播量太大，个体生长又减弱，土壤磷素代谢随之减弱。③苗期，土壤有机质含量表现为0～40 cm土层以大播量油菜S3为最高，40 cm以下土层则以中播量S2为最高；花期，0～60 cm土层土壤有机质含量以中播量S2为最高，其次是大播量油菜S3和小播量S1；成熟期，0～20 cm土层土壤有机质含量以中播量S2为最高，其次是小播量S1，20～60 cm土层则以大播量S3为最高，其次是中播量

S2。说明从土壤有机质含量指标来看，饲料油菜种植密度不宜太低。另外，土壤有机质含量与茎叶脱落物归还土壤有很大的相关性，大群体下茎叶脱落物相对较多，从而提高了土壤有机质含量。

三、复种饲料油菜生育期内土壤酶活性垂直分布

对应上述土壤碱解氮、有效磷、有机质3个土壤营养指标，选择相应的土壤脲酶、碱性磷酸酶、蔗糖酶3个催化土壤养分代谢的酶活性指标，分析不同种植密度下复种饲料油菜生长期内0~100 cm土层土壤酶活性的垂直分布变化规律（表4-3）。结果表明，随着土层的加深，3类土壤酶活性均呈现逐渐降低的趋势，与上述土壤养分含量的变化趋势一致，说明表层土壤C、N、P代谢最活跃，这与该层土壤中根量最大有关，同时也与该层土壤直接接收地上部茎叶脱落物相关。随着饲料油菜的生长发育进程，土壤酶活性均呈现递增趋势。

种植密度对土壤酶活性影响显著（$P<0.05$）。①苗期和花期，0~100 cm土层内土壤脲酶活性均以中播量S2为最高，其次是大播量S3或小播量S1。成熟期，0~40 cm土层土壤脲酶活性排序为S2>S3>S1，40 cm以下土层基本为S3>S2>S1。②从苗期到成熟期，0~40 cm土层土壤碱性磷酸酶活性排序为S2>S3>S1，40 cm以下土层基本为S3>S2>S1或S3>S1>S2。③苗期，0~20 cm土层土壤蔗糖酶活性随油菜播量的增加而提高，而20 cm以下土层土壤蔗糖酶活性则呈降低趋势；花期，0~40 cm土层土壤蔗糖酶活性随油菜播量的增加而提高，40 cm以下土层则表现为S2>S3>S1；成熟期，0~100 cm土层内土壤蔗糖酶活性均为S2>S3>S1。

四、结论

本试验中，在年降水量为600~800 mm的黄土高原半湿润偏旱区麦田休闲期种植中播量S2（15.0 kg/hm²）饲料油菜，植株叶绿素含量高，根系活力强，生长发育健壮，有效提高了土壤脲酶、碱性磷酸酶和蔗糖酶活性，进而提高了相应的土壤碱解氮、有效磷和有机质含量。

表4-3 不同种植密度下饲料油菜生育期内0~100 cm土层土壤脲酶、碱性磷酸酶、蔗糖酶活性垂直分布变化

测定指标	生育时期	处理	0~20 cm	20~40 cm	40~60 cm	60~80 cm	80~100 cm
脲酶/(mg/g)	苗期	S1	0.244cA	0.208bB	0.172bD	0.186bC	0.178bD
		S2	0.299aA	0.290aA	0.255aAB	0.195aC	0.244aB
		S3	0.277bA	0.214bB	0.187abC	0.180bCD	0.173bD
		平均	0.273	0.237	0.205	0.187	0.198
	开花期	S1	0.283bA	0.282abA	0.269bB	0.237bBC	0.212bC
		S2	0.325aA	0.298aB	0.295aB	0.316aAB	0.235aC
		S3	0.305abA	0.246bB	0.218cC	0.232bBC	0.218bC
		平均	0.304	0.275	0.261	0.262	0.222

（续）

测定指标	生育时期	处理	0～20 cm	20～40 cm	40～60 cm	60～80 cm	80～100 cm
脲酶/ （mg/g）	成熟期	S1	0.335bA	0.286bB	0.293bAB	0.258cBC	0.222bC
		S2	0.467aA	0.439aAB	0.404aB	0.332bC	0.342aC
		S3	0.430aA	0.413aA	0.424aA	0.403aA	0.325aB
		平均	0.411	0.379	0.374	0.331	0.296
碱性磷酸酶/ （mg/g）	苗期	S1	0.558bA	0.540aA	0.514aAB	0.473bB	0.425aC
		S2	0.611aA	0.542aB	0.522aB	0.421cC	0.418aC
		S3	0.603abA	0.531aB	0.524aB	0.510aBC	0.404bC
		平均	0.591	0.538	0.520	0.468	0.416
	开花期	S1	0.576bA	0.561bAB	0.549bB	0.536aBC	0.525bC
		S2	0.637aA	0.586aB	0.557abC	0.481bD	0.551aC
		S3	0.619abA	0.586aB	0.568aC	0.537aD	0.541abD
		平均	0.611	0.578	0.558	0.518	0.539
	成熟期	S1	0.603bA	0.551cB	0.596bA	0.544cBC	0.535bC
		S2	0.735aA	0.696aB	0.616aC	0.576bD	0.545bE
		S3	0.699abA	0.586bC	0.616aB	0.587aC	0.597aBC
		平均	0.679	0.611	0.609	0.569	0.559
蔗糖酶/ （mg/g）	苗期	S1	3.682bA	3.376aB	3.280aAB	3.184aB	2.949aC
		S2	5.122aA	2.918bC	2.756bD	3.148aB	2.737aD
		S3	5.498aA	2.989bB	2.313cC	1.820bD	1.473bE
		平均	4.767	3.094	2.783	2.717	2.386
	开花期	S1	4.550cA	3.807bC	4.325aB	2.245bD	1.997cE
		S2	5.562bA	4.718abB	4.396aC	3.926aD	3.537aE
		S3	6.420aA	5.122aB	4.325aC	3.887aD	3.169bE
		平均	5.511	4.549	4.349	3.353	2.901
	成熟期	S1	5.122cA	4.918cAB	4.756cB	4.148bC	3.737cD
		S2	8.494aA	6.675aD	7.896aB	7.566aC	7.757aBC
		S3	6.420bA	5.963bB	5.622bC	4.420bE	4.829bD
		平均	6.679	5.852	6.091	5.378	5.441

注：同行大写字母不同表示同一处理不同土层之间差异显著（$P<0.05$）；同列小写字母不同表示同一土层不同处理之间差异显著（$P<0.05$）。

第二节　麦后复种饲料油菜作绿肥合理还田提升后作麦田土壤肥力研究

一、后作冬小麦农艺性状变化

在后作冬小麦播种前，将前茬即夏闲期复种的饲料油菜翻压还田作绿肥。将其小播量（7.5 kg/hm²，S1）、中播量（15.0 kg/hm²，S2）、大播量（22.5 kg/hm²，S3）3 个处理下分别再设早期（9 月 10 日，D1）、中期（9 月 20 日，D2）、晚期（9 月 30 日，D3）3 个翻压还田时期，共计 9 个处理。分别于后作冬小麦返青期、拔节期、抽穗期、成熟期 4 个生育时期调查其单株农艺性状，见表 4-4 和表 4-5。结果表明，饲料油菜播量和还田时期对后作冬小麦不同生育时期的株高、总分蘖数、次生根数、倒二叶长和宽、绿叶数和主茎叶龄等农艺性状指标影响显著（$P<0.05$）。①随着饲料油菜播量的增加，后作冬小麦在不同生育时期的株高等上述各农艺性状指标大多表现为先增后降的趋势（返青期单株总分蘖数和拔节期单株绿叶数则随播量的增加呈逐渐增加的趋势），总体来看，S2＞S3＞S1，说明夏闲期复种饲料油菜的种植密度宜大不宜小，相对较大的种植密度（15.0 kg/hm²，S2）更有利于后茬小麦生长。②随着饲料油菜翻压还田时期的延迟，后作冬小麦的上述各项指标亦呈现先增后降的趋势，总体来看，D2＞D3＞D1，说明复种饲料油菜的翻压还田宜迟不宜早，过早可能群体干物质量不足，所含碳、氮、磷等养分亦不足，但过晚则可能植株水分含量减少、加大腐解消耗土壤养分强度。本试验中，后作冬小麦播种时期为 10 月 9 日，前茬油菜 9 月 20 日（中期，D2）翻压还田更有利于后作小麦生长发育。③无论是小播量、中播量还是大播量，均以 9 月 20 日（中期，D2）翻压还田作绿肥下后作小麦长势为最优。最优互作组合是 S2D2，其次是 S2D3。

二、后作冬小麦产量形成差异

调查数据（表 4-6）显示，夏闲期复种饲料油菜的种植密度和还田时期对后作冬小麦产量及其构成要素影响显著（$P<0.05$）。①随着饲料油菜播量的增加，后作冬小麦穗长、穗数、穗粒数及实际产量均呈先增后降的趋势，即 S2＞S3＞S1；千粒重则呈逐渐降低的趋势。同样说明夏闲期复种饲料油菜的种植密度宜大不宜小，相对较大的种植密度（15.0 kg/hm²，S2）更有利于后茬小麦获得较高产量。②随着饲料油菜翻压还田时期的延迟，后作冬小麦穗长和穗数亦呈现先增后降的趋势，而穗粒数表现为 D1≈D2＞D3，千粒重表现为 D2≈D3＞D1，三者的实际产量则差异不显著（$P>0.05$）；综合各项指标，发现 9 月 20 日（中期，D2）油菜翻压还田更有利于后作冬小麦产量的形成。③最优互作组合是 S2D2。

表 4-4 饲料油菜种植密度和还田时期互作下后作冬小麦农艺性状变化（1）

生育时期		株高/cm				总分蘖数				次生根数			
		D1	D2	D3	平均	D1	D2	D3	平均	D1	D2	D3	平均
返青期	S1	16.53bC	17.38aC	16.97abC	16.96	2.10bB	2.67aB	1.92bB	2.23	6.83bB	8.13aB	6.83bC	7.26
	S2	20.72bA	22.59aA	22.10aA	21.80	2.16bB	2.84aA	1.81cC	2.27	8.25bA	8.70aA	8.54abA	8.50
	S3	18.56bB	18.95abB	19.05aB	18.85	2.42bA	2.83aA	2.22cA	2.49	7.08cB	8.00aB	7.59bB	7.56
	平均	18.60	19.64	19.37	/	2.23	2.78	1.98	/	7.39	8.28	7.65	/
拔节期	S1	54.26bB	56.06aC	54.91bC	55.08	5.59cC	6.30aB	6.17bB	6.02	14.86abB	15.00aB	14.33bB	14.73
	S2	59.42bA	62.09aA	62.17aA	61.23	7.16cA	8.54aA	7.81bA	7.84	15.28bA	16.51aA	15.43bA	15.74
	S3	59.06bA	60.84aB	59.99aB	59.96	6.42abB	6.83aB	6.22bB	6.49	15.11bAB	15.83aAB	15.45abA	15.46
	平均	57.58	59.66	59.02	/	6.39	7.22	6.73	/	15.08	15.78	15.07	/
抽穗期	S1	78.57cB	82.81aB	81.67bB	81.02	3.58abB	3.67aB	3.08bC	3.44	14.16bB	14.70aC	14.53abC	14.46
	S2	83.59cA	89.51aA	84.45bA	85.85	3.82aA	4.08aA	3.97aA	3.96	15.33cA	16.94aA	15.88bA	16.05
	S3	80.07bAB	82.91aB	80.93bB	81.30	3.64bAB	3.92aA	3.77abB	3.78	14.71bAB	15.90aB	15.07abB	15.23
	平均	80.74	85.08	82.35	/	3.68	3.89	3.61	/	14.73	15.85	15.16	/
成熟期	S1	83.94cB	86.76aC	84.50bB	85.07	2.54bA	2.71aB	2.62abB	2.62	12.82aB	12.70aB	11.35bB	12.29
	S2	87.51bA	93.04aA	85.18cA	88.58	2.46cA	3.07aA	2.85bA	2.79	13.77aA	13.94aA	13.88aA	13.86
	S3	84.17bB	88.07aB	84.93bB	85.72	2.40bA	2.73aA	2.38bC	2.50	11.71bC	12.90aB	11.07cB	11.89
	平均	85.21	89.29	84.87	/	2.47	2.84	2.62	/	12.77	13.18	12.10	/

注：同行小写字母不同表示同一生育时期同一播量下不同还田时期同一指标同一还田时期同一生育时期同一还田时期同一播量下不同生育时期之间差异显著（P<0.05），同列大写字母不同表示同一还田时期同一播量之间差异显著（P<0.05）。

表4-5　饲料油菜种植密度和还田时期互作下后作冬小麦农艺性状变化（2）

生育时期		倒二叶长（cm）				倒二叶宽（cm）				绿叶数				主茎叶龄			
		D1	D2	D3	平均	D1	D2	D3	平均	D1	D2	D3	平均	D1	D2	D3	平均
返青期	S1	9.90cC	10.50aC	10.39bC	10.26	0.79bC	0.85aB	0.85aB	0.83	11.23aC	10.28cC	10.83bC	10.78	6.31cC	6.96aA	6.86bB	6.71
	S2	11.24cA	12.50aA	11.86bA	11.87	0.94bA	1.18aA	1.07bA	1.06	14.56cA	16.20aA	15.84bA	15.53	7.08bA	7.69aA	6.95cA	7.24
	S3	10.94cB	11.63aB	11.17bB	11.25	0.85bB	0.96aB	0.90abB	0.88	14.01bB	14.79aB	13.42cB	14.07	6.84aB	6.93aA	6.54aC	6.77
	平均	10.69	11.54	11.14	/	0.86	1.02	0.94	/	13.27	13.76	13.36	/	6.74	7.19	6.78	/
拔节期	S1	17.98cC	19.70aC	18.33bC	18.67	1.07bC	1.22aC	1.20aB	1.16	19.09cC	23.29aC	21.46bC	21.28	9.85cC	10.14aC	9.99bC	9.99
	S2	20.39cA	22.22bA	22.42aA	21.68	1.37bA	1.43aA	1.39bA	1.40	23.87bA	25.40aB	25.08aB	24.78	10.58cA	12.40aA	11.87bA	11.62
	S3	19.70bB	21.49aB	19.70bB	20.30	1.18bB	1.28aB	1.22bB	1.23	23.46cB	30.57aA	29.68bA	27.90	10.13cB	11.32aB	10.64bB	10.70
	平均	19.36	21.14	20.15	/	1.21	1.31	1.27	/	22.14	26.42	25.41	/	10.19	11.29	10.83	/
抽穗期	S1	18.65cC	20.57aC	19.37bC	19.53	1.11cC	1.30aB	1.21bC	1.21	25.50cC	30.20aC	27.26bC	27.65				
	S2	21.59cA	23.17bA	23.50aA	22.75	1.42aA	1.50aA	1.45aA	1.46	30.87cA	31.48bA	32.08aA	31.48				
	S3	20.70bB	22.83aB	20.66bB	21.40	1.25bB	1.33aB	1.27abB	1.28	29.46cB	30.57aB	29.68bB	29.90				
	平均	20.31	22.19	21.18	/	1.26	1.38	1.31	/	28.61	30.75	29.67	/				

注：同行小写字母不同表示同一生育时期同一播量下不同还田时期之间差异显著（$P<0.05$），同列大写字母不同表示同一指标同一生育时期同一还田时期下不同播量之间差异显著（$P<0.05$）。

表 4-6 饲料油菜种植密度和还田时期互作下后作冬小麦产量及其构成要素

	穗长/cm				千粒重/g			
	D1	D2	D3	平均	D1	D2	D3	平均
S1	8.30aA	7.98aB	8.26aAB	8.18	36.5bA	36.6bA	37.2aA	36.8
S2	8.30bA	8.94aA	8.60abA	8.61	34.6cC	36.6bA	37.07aA	36.1
S3	8.14abB	8.49aAB	8.01bB	8.21	35.6aB	36.1aA	35.1aB	35.6
平均	8.25	8.47	8.29	/	35.57	36.43	36.46	/

	穗数（10^4穗/hm^2）				实际产量（kg/hm^2）			
	D1	D2	D3	平均	D1	D2	D3	平均
S1	465.6bC	486.3aC	459.0bC	470.3	4 830.5bC	4 576.5cC	4 928.7aC	4 778.6
S2	515.6bA	540.0aA	477.4cB	511.0	5 503.6bA	5 706.4aA	5 337.3cA	5 515.8
S3	503.7aB	503.0aB	509.7aA	505.5	5 213.6aB	5 211.7aB	5 107.8bB	5 177.7
平均	495.0	509.8	482.0	/	5 182.6	5 164.9	5 124.6	/

	穗粒数			
	D1	D2	D3	平均
S1	31.0aC	30.1bC	31.0aC	30.7
S2	37.7bA	38.6aA	35.6cA	37.3
S3	35.3aB	35.3aB	34.5bB	35.0
平均	34.7	34.7	33.7	/

注：同行小写字母不同表示同一指标同一生育时期同一播量下不同还田时期之间差异显著（$P<0.05$）；同列大写字母不同表示同一指标同一生育时期同一还田时期下不同播量之间差异显著（$P<0.05$）。

三、后作冬小麦生育期内土壤营养垂直分布变化

后作冬小麦生育期内根际土壤碱解氮、有效磷和有机质含量垂直分布随前茬饲料油菜种植密度和还田时期的变化见表 4-7、表 4-8、表 4-9。

后作冬小麦生育期内根际土壤碱解氮含量随土层加深而降低，随生育进程从返青期到成熟期亦降低；随前茬饲料油菜种植密度的增加和还田时期的延迟则均呈现先增后降的趋势，即 S2＞S3、S2＞S1，D2＞D3、D2＞D1（返青期 40 cm 以下土层除外）（表 4-7）。同样的变化趋势也基本出现在后作冬小麦生育期内根际土壤有效磷含量（表 4-8）和有机质含量上（表 4-9），仅有个别处理在 20 cm 以下土层 D3 或 D1 的值较高。依据根际土壤养分指标，最优互作组合是 S2D2。

表 4-7 饲料油菜种植密度和还田时期互作下后作冬小麦根际土壤碱解氮含量的变化（mg/kg）

时期	处理	0～20 cm	20～40 cm	40～60 cm	60～80 cm	80～100 cm
	S1D1	52.98cA	50.18bA	41.45cB	35.08cC	29.79bD
返青期	S1D2	60.40aA	59.03aA	52.17aB	45.95aC	31.61aD
	S1D3	58.18bA	48.83cB	46.63bB	41.50bC	30.42abD

（续）

时期	处理	0～20 cm	20～40 cm	40～60 cm	60～80 cm	80～100 cm
返青期	S2D1	60.47bA	60.03bA	55.68cB	49.79bC	43.30bD
	S2D2	71.16aA	64.50aB	56.35bC	50.77abD	45.00aE
	S2D3	60.69bA	60.37bA	57.23aAB	51.03aB	40.39cC
	S3D1	55.89bA	51.56bAB	46.64bB	40.83aB	30.49aC
	S3D2	62.38aA	54.95aB	43.34cC	34.72bD	30.14aE
	S3D3	56.75bA	52.20bAB	49.06aAB	40.62aB	28.93bC
拔节期	S1D1	41.50bA	40.17bA	35.88bB	30.98bC	24.39cD
	S1D2	42.79aA	41.28aB	37.19aC	32.55aD	30.40aE
	S1D3	41.68bA	40.60bAB	36.24abB	31.23bC	28.24bD
	S2D1	50.24cA	49.06bA	46.73cB	38.21cC	33.12cD
	S2D2	55.27aA	50.42aB	48.63aBC	40.70aC	38.02aC
	S2D3	53.91bA	50.21aB	47.35bC	39.57bD	35.80bE
	S3D1	43.65bA	41.95bB	37.43bC	35.23cD	26.43cE
	S3D2	45.13aA	43.86aB	37.91bC	37.59aC	29.43aD
	S3D3	42.50cA	42.65abA	39.42aAB	36.22bB	27.67bC
抽穗期	S1D1	40.30bA	32.88bB	32.57cB	25.86cC	19.98cD
	S1D2	41.48aA	41.17aA	35.96aB	30.14aC	25.67aD
	S1D3	40.40bA	30.94cB	34.80bC	28.93bD	22.17bE
	S2D1	46.68cA	44.40cB	40.11bC	35.69cD	30.16cE
	S2D2	50.24aA	46.70aB	41.55aC	40.37aC	34.51aD
	S2D3	48.83bA	45.52bB	40.36bC	36.88bD	33.37bE
	S3D1	42.46bA	40.10aAB	36.85cB	30.16cC	26.33cD
	S3D2	43.58aA	40.37aAB	40.00aAB	32.58aB	28.55aC
	S3D3	42.50bA	40.22aAB	38.91bB	31.25bC	27.42bD
成熟期	S1D1	27.94cA	25.58cB	22.09bC	19.76abD	18.05bE
	S1D2	31.11aA	28.76aB	23.52aC	20.10aD	19.48aD
	S1D3	30.00bA	27.65bB	22.37bC	18.93bD	18.26bD
	S2D1	34.06bA	28.88cB	26.67cC	21.31bD	19.36bE
	S2D2	35.35aA	32.15aB	29.80aC	22.71aD	21.19aE
	S2D3	34.17bA	29.95bB	27.76bC	21.57bD	19.75bE
	S3D1	28.84cA	26.64cB	23.22aC	19.80aD	18.16bE
	S3D2	32.10aA	29.98aB	24.16aC	19.84aD	19.20aD
	S3D3	29.91bA	28.85bA	23.39aB	18.99bC	18.00bC

注：同行大写字母不同表示同一处理不同土层之间差异显著（$P<0.05$）；同列小写字母不同表示同一土层同一播量不同还田时期之间差异显著（$P<0.05$）。

表 4-8　饲料油菜种植密度和还田时期互作下后作冬小麦根际土壤有效磷含量的变化（mg/kg）

时期	处理	0~20 cm	20~40 cm	40~60 cm	60~80 cm	80~100 cm
返青期	S1D1	5.98aA	5.18bB	4.54bC	3.80bD	2.57cE
	S1D2	6.04aA	6.00aA	5.17aB	4.59aC	3.16bD
	S1D3	5.81bA	4.88cB	4.61bBC	4.15abC	3.42aD
	S2D1	6.57bA	6.03bAB	5.88aB	4.97aC	4.53abD
	S2D2	7.11aA	6.54aB	5.73aC	5.07aD	5.00aE
	S2D3	6.69abA	6.37abAB	5.79aB	5.03aBC	4.39bD
	S3D1	5.58cA	5.01bAB	4.64bB	4.08bBC	3.00bC
	S3D2	6.27aA	5.19aB	4.93aB	4.37abC	3.57abD
	S3D3	5.76bA	5.20aAB	4.94aAB	4.62aB	3.86aC
拔节期	S1D1	4.53aA	4.17bAB	3.88aAB	3.59aAB	2.92aB
	S1D2	4.79aA	4.28abAB	3.91aAB	3.66aB	3.04aC
	S1D3	4.68aA	4.60aA	3.72aB	3.60aBC	2.92aC
	S2D1	5.23bA	5.09bA	4.77bAB	4.25bB	3.84bC
	S2D2	5.58aA	5.26aAB	5.04aB	4.70aBC	4.12aC
	S2D3	5.39abA	5.20aA	4.83bAB	4.57abB	4.20aC
	S3D1	4.69bA	4.39bA	3.97aAB	3.76aB	3.00bC
	S3D2	4.93aA	4.73aAB	4.21aB	3.89aBC	3.33aC
	S3D3	4.68bA	4.70aA	4.15aAB	3.80aB	3.29aC
抽穗期	S1D1	4.30bA	3.88bB	3.57cC	2.86bD	1.98bE
	S1D2	4.48aA	4.17aB	3.96aBC	3.14aC	2.67aD
	S1D3	4.40abA	3.94abB	3.80abBC	2.93abC	2.17bD
	S2D1	4.68bA	4.40bAB	4.11bB	3.69bBC	3.16bC
	S2D2	5.24aA	4.70aAB	4.55aB	4.37aBC	3.51aC
	S2D3	4.83abA	4.52abAB	4.36aAB	3.88abB	3.37abC
	S3D1	4.46aA	4.10bAB	3.85bB	3.16bBC	2.33beC
	S3D2	4.58aA	4.37aA	4.00aB	3.58aC	2.55aD
	S3D3	4.50aA	4.22abAB	3.91aB	3.25aBC	2.42abC

（续）

时期	处理	0～20 cm	20～40 cm	40～60 cm	60～80 cm	80～100 cm
	S1D1	2.94bA	2.58bAB	2.09bB	1.76bC	1.05bD
	S1D2	3.11aA	2.76aB	2.52aBC	2.10aC	1.48aD
	S1D3	3.00bA	2.65abAB	2.37abB	1.93abBC	1.26abC
	S2D1	3.06bA	2.88bAB	2.67aB	2.31bBC	1.36cC
成熟期	S2D2	3.35aA	3.15aAB	2.80aB	2.71aB	2.19aC
	S2D3	3.17abA	2.95abA	2.76aAB	2.57abB	1.75bC
	S3D1	2.84bA	2.64bAB	2.22aB	1.80bBC	1.16aC
	S3D2	3.10aA	2.98aA	2.16aB	1.84bBC	1.20aC
	S3D3	2.91abA	2.85aA	2.39aAB	1.99aB	1.00bC

注：同行大写字母不同表示同一处理不同土层之间差异显著（$P<0.05$）；同列小写字母不同表示同一土层同一播量不同还田时期之间差异显著（$P<0.05$）。

表 4-9　饲料油菜种植密度和还田时期互作下后作冬小麦根际土壤有机质含量的变化（g/kg）

时期	处理	0～20 cm	20～40 cm	40～60 cm	60～80 cm	80～100 cm
	S1D1	14.53aA	14.17bA	9.88aB	5.59bC	3.92aD
	S1D2	14.79aA	14.28bA	9.91aB	5.66aC	4.04aD
	S1D3	14.68aA	14.60aA	9.72aB	5.60bC	3.92aD
	S2D1	15.23bA	15.09bA	10.77aB	6.25bC	3.84bD
返青期	S2D2	15.58aA	15.26aA	10.04bB	6.70aC	4.12aD
	S2D3	15.39abA	15.20abA	9.83cB	6.57abC	4.20aD
	S3D1	14.69bA	14.39bA	9.97bB	5.76bC	3.54bD
	S3D2	14.93aA	14.73aA	10.21aB	5.89aC	4.33aD
	S3D3	14.68bA	14.70aA	10.15aB	5.80bC	3.39cD
	S1D1	9.81bA	6.18bB	5.54bC	4.80cD	3.57cE
	S1D2	10.04aA	7.00aB	6.17aC	5.59aD	4.16bE
	S1D3	9.98aA	5.88cB	5.61bBC	5.15bBC	4.42aC
	S2D1	10.57bA	7.03bB	6.88aB	5.97aC	5.53abC
拔节期	S2D2	11.11aA	7.54aB	6.73bBC	6.07aC	6.00aD
	S2D3	10.69bA	7.37abB	6.79bB	6.03aBC	5.39bC
	S3D1	9.58cA	6.01bB	5.64bB	5.08bBC	4.00cC
	S3D2	10.27aA	6.19aB	5.93aB	5.37abBC	4.57bC
	S3D3	9.76bA	6.20aB	5.94aBC	5.62aC	4.86aD

（续）

时期	处理	0～20 cm	20～40 cm	40～60 cm	60～80 cm	80～100 cm
	S1D1	7.94bA	5.58aB	5.09bBC	3.76bC	2.05bD
	S1D2	8.11aA	5.76aB	5.52aBC	4.10aC	2.48aD
	S1D3	8.00bA	5.65aB	5.37abBC	3.93abC	2.26abD
	S2D1	8.06bA	5.88bB	5.67bB	4.31bC	2.36cD
抽穗期	S2D2	8.35aA	6.15aB	5.80aC	4.71aD	3.19aE
	S2D3	8.17abA	5.95abB	5.76aBC	4.57abC	2.75bD
	S3D1	7.84bA	5.64bB	5.22bBC	3.80bC	2.16bD
	S3D2	8.10aA	5.98aB	5.16bC	3.84bD	2.20aE
	S3D3	7.91abA	5.85abB	5.39aC	3.99aD	2.00bE
	S1D1	7.30bA	5.88aB	3.57bC	2.86bD	1.98bE
	S1D2	7.48aA	5.17bB	3.96aC	3.14aCD	2.59aD
	S1D3	7.40abA	4.94cB	3.80abC	2.93bD	2.00bE
	S2D1	7.68bA	5.40bB	4.11bC	3.69cCD	3.16bD
成熟期	S2D2	8.24aA	5.70aB	4.55aC	4.37aCD	3.51aD
	S2D3	7.83abA	5.52bB	4.36abC	3.88bC	3.13bD
	S3D1	7.50aA	5.10bB	3.85bC	3.16bCD	2.33bD
	S3D2	7.58aA	5.37aB	4.00aC	3.58aCD	2.55aD
	S3D3	7.46aA	5.22abB	3.91aC	3.25abC	2.40abD

注：同行大写字母不同表示同一处理不同土层之间差异显著（$P<0.05$）；同列小写字母不同表示同一土层同一播量不同还田时期之间差异显著（$P<0.05$）。

四、后作冬小麦生育期内土壤酶活性垂直分布变化

后作冬小麦生育期内根际土壤脲酶、碱性磷酸酶和蔗糖酶活性的垂直分布随前茬饲料油菜种植密度和还田时期的变化见图 4-1、图 4-2、图 4-3。由图可知，随着生育时期的推进，根际土壤酶活性提高；同一生育时期，饲料油菜种植密度、还田时期、垂直土层深度及其互作效应均显著影响后作冬小麦生育期内根际土壤酶活性，三者的单效应作用的大小因生育时期和酶的种类的不同而不同。整体来看，0～20 cm 土层的根际土壤酶活性显著高于 20 cm 以下土层；随着种植密度的增加和还田时期的延迟，根际三大土壤酶活性基本呈现先增后降的趋势，即合理播量（S2）和合理还田时期（D2）下，后作冬小麦根际土壤酶活性提高。

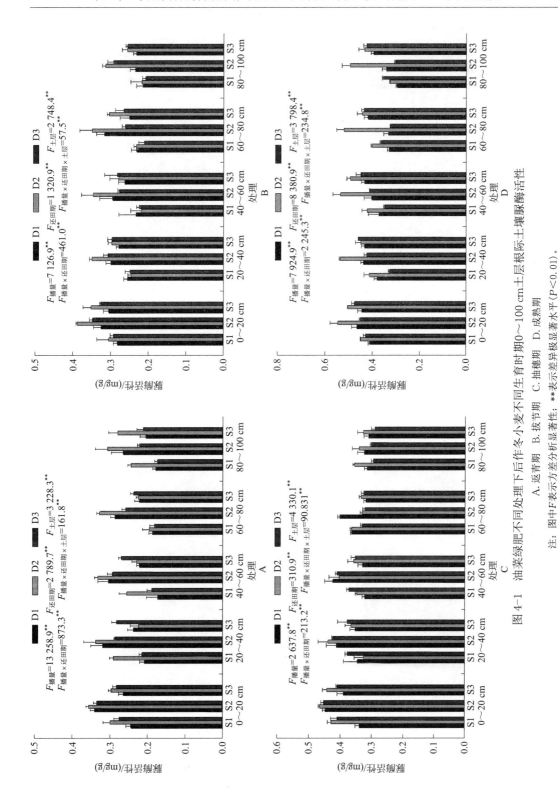

图 4-1　油菜绿肥不同处理下后作冬小麦不同生育时期0~100 cm土层根际土壤脲酶活性

A. 返青期　B. 拔节期　C. 抽穗期　D. 成熟期

注：图中F表示方差分析显著性；**表示差异极显著水平（P＜0.01）。

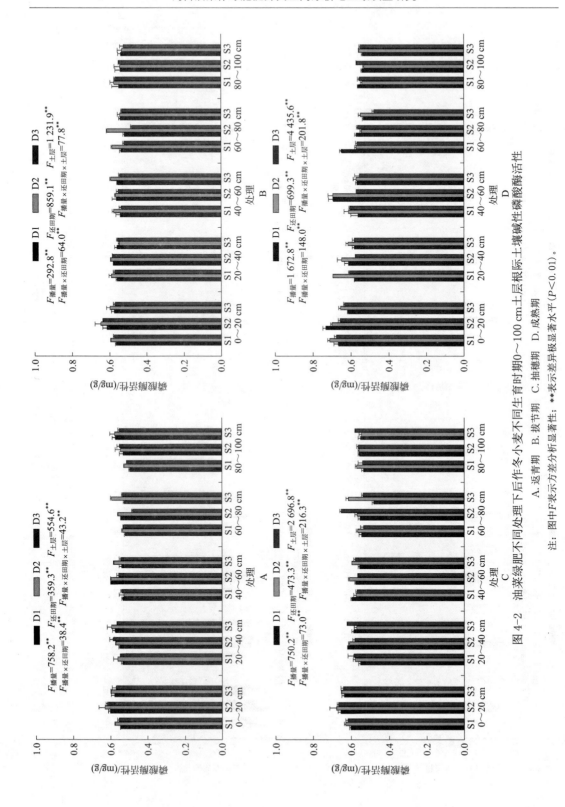

图 4-2　油菜绿肥不同处理下后作冬小麦不同生育期 0~100 cm 土层根际土壤碱性磷酸酶活性

A. 返青期　B. 拔节期　C. 抽穗期　D. 成熟期

注：图中 F 表示方差分析显著性；** 表示差异极显著水平（$P < 0.01$）。

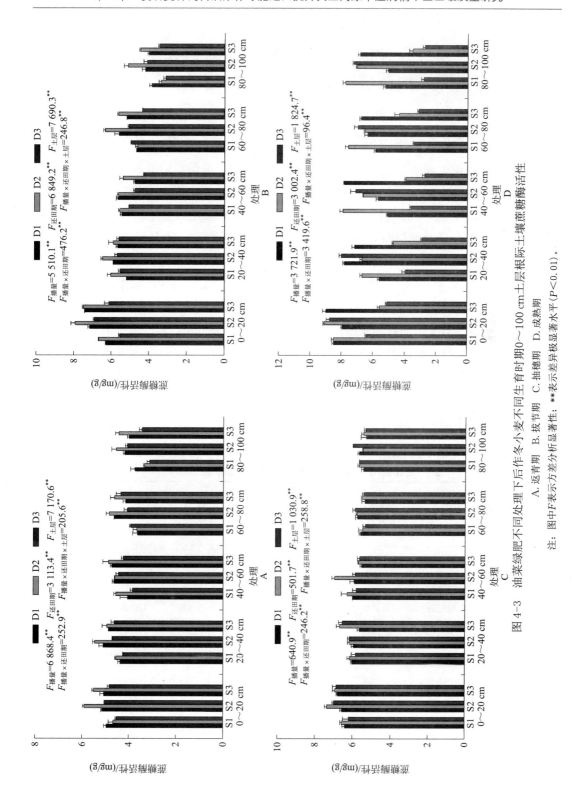

图 4-3　油菜绿肥不同处理下后作冬小麦不同生育时期0～100 cm土层根际土壤蔗糖酶活性

A. 返青期　B. 拔节期　C. 抽穗期　D. 成熟期

注：图中 F 表示方差分析显著性；**表示差异极显著水平（$P<0.01$）。

第三节　麦后复种饲料油菜合理还田对后作冬小麦土壤细菌群落结构多样性的影响

一、绿肥还田生物量与后作麦田 0～20 cm 土层土壤养分及酶活性的关系

0～20 cm 为根土最活跃土层，因此选择该层进行土壤细菌群落分析（本节）和真菌群落分析（本章第四节）。通过分析饲料油菜还田条件下后茬麦田土壤养分及酶活性变化情况（表 4-10）可知：与常规种植方式相比，所有饲料油菜还田处理均改变了后茬麦田各样地土壤养分含量及酶活性，其中，土壤中有效磷、碱解氮和有机质含量分别增加 3.15%～18.5%、3.33%～30.2% 和 11.73%～60.5%；脲酶、碱性磷酸酶和蔗糖酶活性分别增加 3.12%～31.25%、4.84%～25.8% 和 1.4%～94.5%。各指标中，饲料油菜大播量晚期还田（S3D3）处理表现出明显优势，这可能与饲料油菜还田生物量（表 4-10）及腐解速率有关。对 9 个饲料油菜还田处理进行二因素方差分析，F 检验结果表明，饲料油菜播量对土壤养分及酶活性的影响均达到极显著水平（$P<0.01$），还田时期仅对有机质含量及蔗糖酶的影响达到显著水平（$P<0.05$），播量与还田时期互作对土壤碱性磷酸酶活性的影响达到显著水平（$P<0.05$）。土壤养分及酶活性均随饲料油菜播量的增加及还田时期的推迟而增加，S3 与 D3 的表现最优。

表 4-10　饲料油菜播量（S）及还田时期（D）互作下的还田生物量及后作麦田 0～20 cm 土层土壤养分含量及酶活性

播量	还田时期	生物量/ （kg/hm²）	有效磷/ （mg/kg）	碱解氮/ （mg/kg）	有机质/ （g/kg）	脲酶活性/ （mg/g）	碱性磷酸 酶活性/ （mg/g）	蔗糖酶活性/ （mg/g）
	D1	793.7c	14.50b	40.97d	11.25cde	0.29fg	1.19ef	0.74f
S1	D2	794.5c	15.04b	40.38d	9.35e	0.27g	1.13f	0.82f
	D3	815.2c	15.16b	40.65d	10.17de	0.30efg	1.30de	0.84ef
	D1	1367.4b	15.49ab	42.50cd	12.86bcd	0.35cd	1.46ab	0.98de
S2	D2	1 379.0b	16.03ab	42.07d	13.29bc	0.33de	1.42bc	1.11cd
	D3	1 388.8b	16.10ab	44.28cd	14.32b	0.34cd	1.33cd	1.11cd
	D1	1 866.47a	16.39ab	46.88bc	14.33b	0.37bc	1.47ab	1.26bc
S3	D2	1 854.3a	16.60ab	49.97ab	15.05b	0.40ab	1.54ab	1.37ab
	D3	1 938.7a	17.28a	53.55a	18.47a	0.42a	1.56a	1.42a

（续）

处理	生物量/ (kg/hm²)	有效磷/ (mg/kg)	碱解氮/ (mg/kg)	有机质/ (g/kg)	脲酶活性/ (mg/g)	碱性磷酸 酶活性/ (mg/g)	蔗糖酶活性/ (mg/g)
CK		14.58b	41.13d	11.51cde	0.32def	1.24def	0.73f
S1	1 342.52a	14.90b	40.67b	10.26c	0.29c	1.20c	0.79c
S2	1 349.51a	15.87ab	42.95b	13.49b	0.34b	1.40b	1.06b
S3	1 374.01a	16.76a	50.13a	15.95a	0.39a	1.52a	1.35a
D1	801.16c	15.46a	43.45a	12.81b	0.34a	1.37a	0.99b
D2	1 378.40b	15.89a	44.14a	12.56b	0.34a	1.36a	1.09a
D3	1 886.48a	16.18a	46.06a	14.32a	0.35a	1.39a	1.12a

因素	自由度				F 值			
S	2	394.43**	6.35**	29.43**	39.32**	80.38**	48.32**	88.01**
D	2	0.37	0.96	2.39	4.35*	2.01	0.45	5.71*
S×D	4	0.34	0.73	1.34	2.93	2.25	4.02*	0.12
误差	12							
总变异	26							

注：同列不同小写字母表示在 5% 水平上差异显著；多重比较含 CK，方差分析不含 CK；* 表示在 0.05 水平上差异显著；** 表示在 0.01 水平上差异显著。

二、后作麦田土壤细菌群落多样性变化

饲料油菜还田提高了土壤细菌群落多样性（表 4-11），播量（S）、还田时期（D）以及二者的交互作用对 Chao 1 指数、ACE 指数、Shannon 指数及 OTU 的影响均达到显著（$P<0.05$）或极显著（$P<0.01$）水平。OTU 及多样性指数均随饲料油菜播量的增加而增加，且为大播量（S3）显著高于小播量（S1）与中播量（S2）。随着还田时期的推后，OTU 及多样性指数表现出先降低后增加的趋势。

表 4-11　饲料油菜播量（S）及还田时期（D）互作下的后作麦田土壤细菌群落多样性

播量	还田时间	OTU	多样性指数		
			Chao 1 指数	ACE 指数	Shannon 指数
	D1	5 490b	6 086b	4 875bc	10.8abc
S1	D2	4 458g	4 994g	3 845f	10.4d
	D3	4 708f	5 227f	4 188e	10.6c
	D1	5 144d	5 782cd	4 518d	10.7bc
S2	D2	5 016e	5 583de	4 515d	10.6c
	D3	4 629f	5 141f	4 443d	10.6c
	D1	5 291c	5 981bc	4 705c	10.9ab
S3	D2	5 498b	6 194b	4 903b	10.9ab
	D3	5 711a	6 443a	5 256a	11.0a

（续）

处理	OTU	多样性指数		
		Chao 1 指数	ACE 指数	Shannon 指数
CK	5 254c	5 491e	4 946b	10.9ab
S1	4 885c	5 435b	4 302c	10.57b
S2	4 929b	5 527b	4 492b	10.63b
S3	5 500a	6 206a	4 944a	10.91a
D1	5 308a	5 949a	4 699a	10.76a
D2	4 991c	5 590b	4 421b	10.62b
D3	5 016b	5 629b	4 619a	10.73ab

因素	自由度	F 值		
S	2	1 952**	88.82**	79.04**	20.63**
D	2	517**	19.48**	14.93**	3.22*
S×D	4	864**	29.26**	39.44**	3.22*
误差	12			
总变异	26			

注：同列不同小写字母表示在 5% 水平上差异显著；多重比较含 CK，方差分析不含 CK；* 表示在 0.05 水平上差异显著；** 表示在 0.01 水平上差异显著。

三、后作麦田土壤细菌群落组成的差异分析

（一）不同处理门水平的细菌群落结构特征

各处理细菌群落在门分类水平上具有较高的多样性。共得到 19 个类群，其中相对丰度≥1% 的有 12 个，分别为变形菌门（Proteobacteria，13.1%～28.5%）、放线菌门（Actinobacteria，15.2%～30.7%）、酸杆菌门（Acidobacteria，8.4%～21.4%）、厚壁菌门（Firmicutes，7.5%～21.6%）、芽单胞菌门（Gemmatimonadetes，4.7%～11.7%）、硝化螺旋菌门（Nitrospirae，0.8%～9.2%）、浮霉菌门（Planctomycetes，3.7%～6.1%）、绿弯菌门（Chloroflexi，3.6%～5.6%）、GAL15（0%～6.1%）、疣微菌门（Verrucomicrobia，1.5%～3.2%）、拟杆菌门（Bacteroidetes，0.7%～3.9%）、WS3（0.2%～2.4%），它们构成了土壤样品在门分类水平上的基本结构。其余 7 个门的平均占比均小于 1%，共占 1.9%。

对门分类水平相对丰度在前 10 位的菌群进行方差分析（图 4-4），结果表明，变形菌门相对丰度随播量的增加而增加，大播量晚期还田（9 月 30 日，S3D3）显著高于其他样地（$P<0.05$）；厚壁菌门、硝化螺旋菌门的相对丰度随播量的增加呈现降低的趋势；复种夏玉米（CK）处理的放线菌门的相对丰度显著高于其他样地（$P<0.05$）；饲料油菜还田显著提高土壤酸杆菌门、芽单胞菌门、硝化螺旋菌门、GAL15 和疣微菌门的相对丰度（$P<0.05$）。

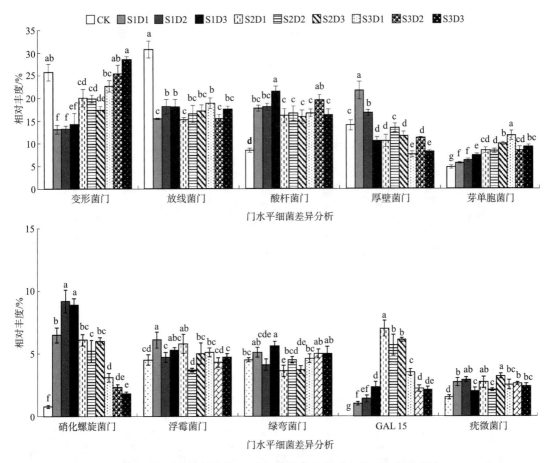

图 4-4　不同土壤样本前 10 个细菌菌群的相对丰度（门分类水平）

（二）不同处理纲水平的微生物群落分布特征

各处理细菌群落隶属 63 个纲，相对丰度≥2％的有 15 个。主要的有芽孢杆菌纲（Bacilli，7.5％～16.9％），酸杆菌纲（Acidobacteria，4.5％～14.7％），α-变形菌纲（Alphaproteobacteria，5.6％～12.4％），放线菌纲（Actinobacteria，5.2％～17.8％），嗜热油菌纲（Thermoleophilia，4％～8.7％），硝化螺旋菌纲（Nitrospira，0.8％～9.2％）和 β-变形菌纲（Betaproteobacteria，2.5％～7.8％）；其次为 γ-变形菌纲（Gammaproteobacteria，1.5％～6.6％），芽单胞菌纲（Gemmatimonadetes，1.2％～6.2％），芽单胞菌门的 Gemm-1 纲（0.8％～5％）、GAL15 纲（0～7％）、δ-变形菌纲（Deltaproteobacteria，2.6％～3.8％），浮霉菌门的 Planctomycetia 纲（2.2％～3.8％），放线菌门的 MB-A2-108 纲（0.6％～4.1％）和酸杆菌门的 Chloracidobacterial 纲（1.3％～2.9％），这些菌群构成了纲分类水平上的基本结构，其余的 48 个菌群纲平均相对丰度共占 20％。

对纲分类水平相对丰度在前 10 位的细菌类群进行方差分析（图 4-5）发现，饲料油菜还田显著增加了酸杆菌纲、硝化螺旋菌纲和芽单胞菌门下 Gemm-1 纲的相对丰度（$P<$

0.05），显著降低了放线菌纲、嗜热油菌纲和 β-变形菌纲的相对丰度（$P<0.05$）；α-变形菌纲、β-变形菌纲、γ-变形菌纲和芽单孢菌纲的相对丰度随饲料油菜播量的增加而增加，以大播量晚期还田（9 月 30 日，S3D3）处理的相对丰度为最高。

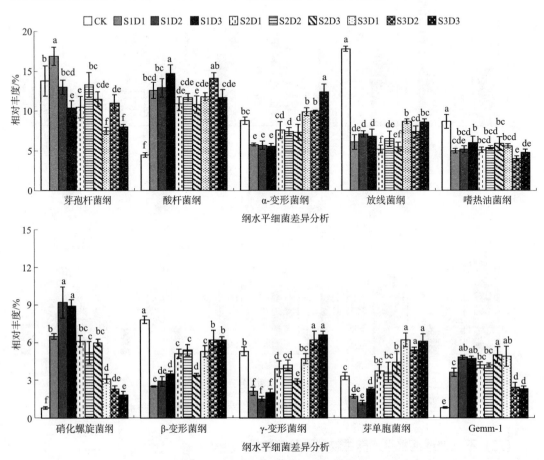

图 4-5　不同土壤样本前 10 个细菌类群的相对丰度（纲分类水平）

四、不同处理 0～20 cm 土层土壤样本细菌群落与土壤养分、酶活性的关系

基于 OTU 层次的 UPGMA 聚类分析表明（图 4-6），在 0.075 的相似性水平上，包括 CK 在内的不同样品可聚为 4 类，这表明，与复种夏玉米（CK）相比，饲料油菜在不同播量及还田时期互作下还田改变了后茬麦田耕层土壤细菌群落结构。

通过对土壤养分、酶活性与细菌群落结构纲分类水平及多样性间的冗余分析（RDA）发现（图 4-7），土壤养分和酶活性均与 β-变形菌纲（Betaproteobacteria）、γ-变形菌纲（Gammaproteobacteria）、α-变形菌纲（Alphaproteobacteria）、芽单孢菌纲（Gemmatimonadetes）及细菌群落多样性显著正相关；酸杆菌纲（Acidobacteria）与碱性磷酸酶、碱解氮、有效磷及蔗糖酶正相关；放线菌纲（Actinobacteria）与脲酶及有机质正相关；芽孢杆菌纲

（Bacilli）、嗜热油菌纲（Thermoleophilia）、硝化螺旋菌纲（Nitrospira）和Gemm-1纲则与土壤化学性质负相关。表明土壤养分、酶活性和细菌群落三者间密切相关，在土壤物质能量循环中均发挥着重要作用。饲料油菜作绿肥的合理还田模式有利于促进土壤酶活性提高、改善土壤细菌群落多样性，进而提高土壤肥力。

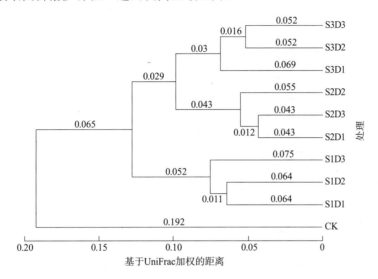

图 4-6　不同土壤样本基于 UniFrac 加权的细菌群落结构 UPGMA 聚类分析

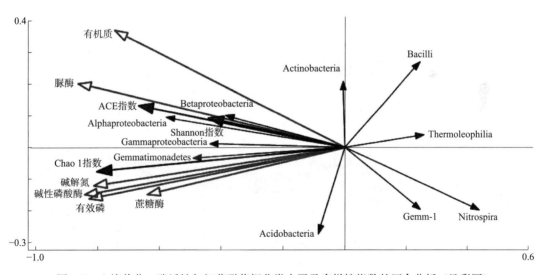

图 4-7　土壤养分、酶活性与细菌群落纲分类水平及多样性指数的冗余分析（见彩图）

五、不同处理土壤样本细菌群落 PICRUSt 功能预测分析

（一）功能基因家族组成

将预测得到的功能基因家族（图 4-8）与 KEGG 数据库比对发现，第一等级上，所有菌群的基因序列注释到的功能可分为 6 类，其中前 3 类分别是新陈代谢、环境信息加工和

遗传信息加工。第二等级上，参与新陈代谢的菌群中，以参与氨基酸代谢、碳水化合物代谢和能量代谢的为最大类群；参与环境信息加工的菌群中，参与膜运转类群具有明显优势，其次是参与信号转导的类群；参与遗传信息加工的菌群中，参与遗传信息复制和修复机制的类群具有明显优势。

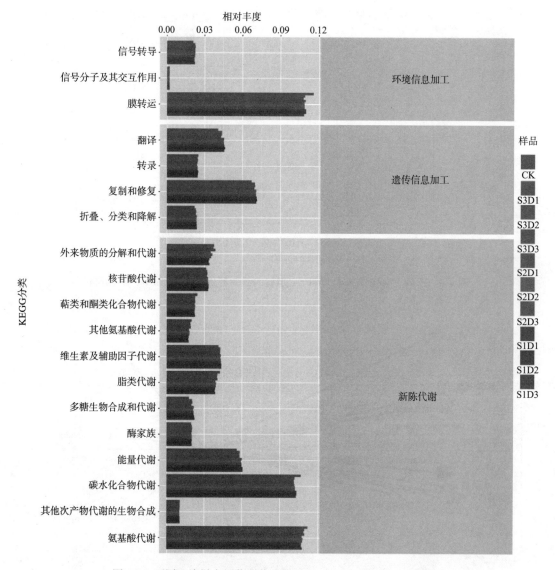

图 4-8　不同土壤样本细菌群落功能基因 KEGG 丰度图（见彩图）

（二）代谢相关基因分析

图 4-9 为所测土壤样品 KEGG 直系同源基因簇（KEGG orthologous groups）丰度热图。分析发现，氨基酸代谢、碳水化合物代谢和能量代谢通路上的相关基因表达差异较为显著；各土壤样品可大致聚为 CK 和饲料油菜还田（S2D3 除外）两类，饲料油菜还田明显提高了代谢相关基因丰度，其中大播量晚还田（S3D3）在基因丰度上更具优势。对该

处理下的优势基因所对应的酶进行筛选并归类，得到与脂肪酸合成代谢相关的酰基载体蛋白还原酶（K00059），与能源物质代谢相关的重要中间代谢物乙酰 CoA（K00626），具有特异催化蛋白质底物功能（丝氨酸、苏氨酸羟基磷酸化）的蛋白激酶（K08884），具有特异性识别天冬氨酸和谷氨酰胺功能并与相应 tRNA 形成氨酰 tRNA 的氨酰 tRNA 合成酶（K02433），作用于支链氨基酸（亮氨酸、缬氨酸和异亮氨酸）转运系统中的酶（K01995、K01998、K01999），参与脂肪酸 β-氧化的烯酰 CoA 水合酶（K01692），参与脂肪酸合成与分解的活性代谢中间产物酰基 CoA 合成酶（K01897），以及参与肽/镍转运系统底物结合和渗透的酶蛋白（K02032、K02033、K02034、K02035）。

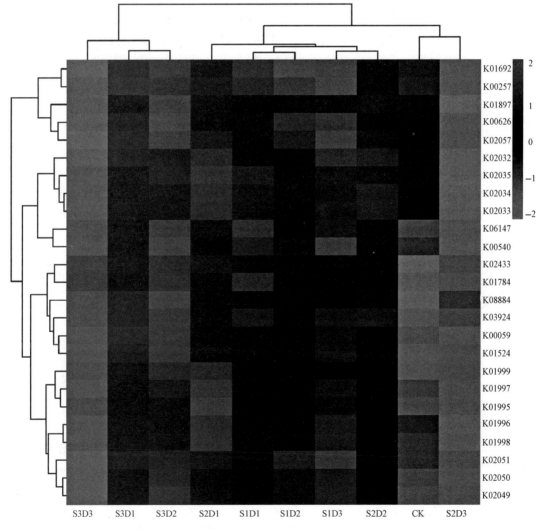

图 4-9 不同土壤样本细菌群落 KEGG 直系同源基因簇（KO）丰度热图（见彩图）

注：横坐标表示所测土壤样本，纵坐标表示代谢相关基因所对应的酶。

六、讨论

(一)饲料油菜作绿肥还田条件下后作麦田土壤养分及酶活性变化

油菜作绿肥翻压还田可增加后作麦田耕层土壤酶活性（李红燕等，2016；Ye et al.，2014），随着绿肥还田量的增大，土壤酶活性增加变缓（叶协锋等，2013）。本试验中，与常规农户模式相比，9 个饲料油菜还田处理均增加了后作麦田耕层土壤养分及酶活性，与前人的研究结果一致，不同的是，随着油菜播量的增加、还田时期的推迟，土壤养分及酶活性均呈逐渐增加的趋势，大播量晚期还田处理 S3D3 的土壤养分及酶活性最高，这可能与还田油菜生物量及腐解速率有关。本试验结果表明，随着播量的增加，还田生物量明显增加；随着还田时期的推后，还田生物量虽没有明显变化，但气温明显降低，可能会降低土壤微生物活性及土壤酶活性，进而导致还田油菜腐解速率变缓。有研究还指出，绿肥腐解速率表现为前期快、后期慢，腐解高峰均出现在还田后最初的 1 个月内（Zhao et al.，2011）。本研究中，绿肥还田时期为 9 月 10 日、20 日、30 日，对应平均气温分别为 15℃、11℃、7℃，因此，随着气温的降低，晚期还田油菜较早、中期还田油菜腐解速率变慢，有利于养分缓慢释放（Bauer，2008），进而促进了后作麦田土壤养分含量及酶活性的提高，与碳代谢相关的土壤有机质含量和蔗糖酶的活性显著提高。

(二)饲料油菜作绿肥还田条件下后作麦田土壤细菌群落结构及多样性分析

Longa 等（2017）研究指出，绿肥还田能增加土壤细菌 Chao1 指数、Shannon 指数和 Simpson 指数。本研究结果表明，饲料油菜作绿肥时，其播量、还田时期及二者的互作效应均显著影响细菌群落多样性，大播量晚期还田处理的多样性指数较高且高于 CK，因此应合理规划播量及还田时期。本研究中，多样性指数在中、低播量处理中出现低于 CK 的情况，可能的原因是该播量下还田油菜生物量低，对土壤微生物及土壤酶活性的促进作用低，向土壤中释放养分少（表 4-9）。而大播量晚期还田处理多样性指数较高，一方面缘于还田生物量高，有利于活化土壤微生物、增强酶活性，释放土壤养分；另一方面受低气温影响，还田油菜腐解速率变慢，其中未腐解油菜可能与后作冬小麦构成了混作体系，进而增加了土壤细菌群落多样性及种群数量（Bauer，2008；杨珍平，2011）。

本研究结果进一步表明，饲料油菜还田改善了土壤细菌群落组成且显著促进有益细菌丰度的增加。各样地优势菌门为变形菌门、放线菌门、酸杆菌门、厚壁菌门。前人研究发现，绿肥还田后，土壤中酸杆菌门、芽单胞菌门和硝化螺旋菌门的相对丰度增加（王秀呈，2015；林叶春等，2018；包明等，2018），这与本研究的结果一致。变形菌门属需营养类群，其相对丰度在高氮及高有机质水平下通常增加（Ella et al.，2010；Fierer et al.，2012）。本研究中，随着油菜播量的增加变形菌门的相对丰度逐渐增加，说明油菜还田为变形菌门提供了丰富的有机养分。酸杆菌门作为嗜酸菌具有降解植物残体多聚体、参与铁循环、增强光合作用及参与单碳化合物代谢等功能，其相对丰度也可反映土壤酸性条件（王伏伟等，2015；魏志文，2018）。本研究中，油菜还田显著增加了酸杆菌门的相对丰度，说明油菜还田可能降低了后茬麦田土壤 pH。芽单胞菌门对土氮素循环中的反硝化作用具有重要意义（Sait et al.，2006）。本研究中，芽单胞菌门的相对丰度显著增加，这可能与油菜还田后土壤中具有合适的碳氮比有关。硝化螺旋菌门适合在高 pH 环境条件中生存（曹彦强等，2018），本研究中硝化螺旋菌门的相对丰度随着绿肥还田量的增加而逐渐降低，可能也是由绿肥还田导致土壤 pH 降低引起的，而这种改变有利于改良黄土高原碱性土壤环境。疣微菌门为寡营养性细菌，分布广泛，兼性好氧，能够利用各种糖类，其相对丰度显著增加可能是由于油菜还田提供了大量的营养物质（钱雅丽等，2018；Fierer et al.，2006）。另外，本研究发现油菜还田降低了放线菌门及具有致病性的厚壁菌门的相对丰度。这与林叶春等的研究结果一致（林叶春等，2018）。关于上述菌群在油菜还田后促进土壤碳氮循环及降低土壤 pH 中发挥的作用，将在后续研究中进一步探讨。

　　RDA 结果表明，土壤优势菌群中的 α-变形菌纲、β-变形菌纲、γ-变形菌纲、酸杆菌纲和芽单胞菌纲与土壤养分、酶活性的相关性较强，说明油菜还田后土壤养分的增加有益于改善土壤有益细菌群落的多样性（张贵云，2019）。而硝化螺旋菌纲、厚壁菌门中的芽孢杆菌纲、嗜热油菌纲则与之负相关，这也与上述门分类水平上细菌群落的变化相吻合。

（三）后作麦田土壤细菌群落功能预测

　　LeBrun 等（2018）的研究表明，麦田根际土壤中存在大量具有相对特定生态功能的微生物，并进行着诸多活跃的与新陈代谢相关的活动。本研究发现，油菜还田后，后作麦田土壤中编码新陈代谢的相关基因具有明显优势，由此推论，土壤化学性质的改变导致相对特定生态功能微生物的改变。

　　根据 KEGG 丰度热图初步得出，S3D3 处理的多种酶基因的相对丰度具有明显优势。研究表明，酰基载体蛋白还原酶能从头合成脂肪酸，烯酰 CoA 水合酶催化脂肪酸氧化分解中的 β 氧化循环（Khurana et al.，2010），酰基 CoA 合成酶在脂肪酸合成和分解代谢中也扮演重要角色（李志杰，2010）。乙酰 CoA 是微生物碳代谢的关键分子，是体内能源物质代谢的枢纽性物质（Krivoruchko et al.，2015）。本研究上述酶基因丰度较 CK 明显增加，表明油菜还田能增加土壤中与碳代谢有关的细菌类群，增强了碳源利用能力。当土壤中氨含量较高时可形成谷氨酰胺或天冬酰胺，通过不同的氨基酸转移酶形成多种氨基酸（Andrews et al.，2015）。氨基酸能促进土壤微生物活动，增加土壤微生物数量，有利于加速有机物矿化，促进营养元素释放（张贵云，2019）。其中，支链氨基酸是一类具有多种生理和代谢作用的必需氨基酸（吕娜娜等，2018）。氨基酸合成需要的碳骨架来源于糖酵解、光合作用、氧化磷酸戊糖途径及三羧酸循环（武姣娜等，2018），因此，氨基酸的合成是碳代谢与氮代谢的枢纽。本研究结果显示，油菜还田增加了土壤中与碳、氮代谢相关的细菌，促进了土壤碳、氮代谢。此外，镍元素能促进氮素转运，是脲酶和氢化酶活性表达所必需的金属辅基，缺乏会导致植物体内尿素的积累（Polacco et al.，2013），钛元素对增加叶绿素含量、提高光合效率和植物体内多种酶的活性有积极作用（张亚玉，2011）。本研究发现，S3D3 条件下与钛、镍元素转运相关的酶基因丰度增加，有利于增加对土壤中微量元素钛和有益元素镍的利用。

七、结论

　　相比于常规农户麦后复种夏玉米的种植方式，黄土高原旱地小麦种植区夏闲期引入饲料油菜作绿肥能提高后作麦田土壤肥力，有效改善土壤细菌群落结构及多样性，增强土壤细菌碳、氮代谢能力，对旱地农业可持续发展及合理农作具有重要意义。

第四节　麦后复种饲料油菜合理还田对后作冬小麦土壤真菌群落结构多样性的影响

一、土壤真菌群落 OTU 及 Alpha 多样性变化

Alpha 多样性指数包括反映物种丰富度的 ACE 指数和 Chao1 指数和反映物种多样性的 Simpson 指数和 Shannon 指数，ACE 指数和 Chao1 指数越大，说明物种数量越多；Shannon 指数越大，Simpson 指数越小，则表明样品中物种越丰富。由表 4-12 可知，麦后复种夏玉米的对照处理（CK）土壤 OTU 总数最多，达 678，显著高于麦后复种油菜还田各处理（$P<0.05$）。油菜还田较对照显著降低了土壤真菌群落丰富度；且随着油菜播量的增加，还田生物量显著增加，而土壤真菌群落丰富度先减后增；推迟还田时期，还田量和土壤真菌群落的丰富度均差异不显著；中播量早还田（S2D1）处理丰富度的降低最显著。油菜还田对真菌群落组成多样性影响不大。

表 4-12　饲料油菜还田生物量与土壤真菌群落的 OTU 及 Alpha 多样性指数

处理	油菜还田生物量/（kg/hm²）	OTU	Chao 1 指数	ACE 指数	Simpson 指数	Shannon 指数
CK	—	678a	726.4a	748.2a	0.93a	5.81a
S1D1	793.7c	478 b	518.5bc	521.9bc	0.96a	6.10a
S1D2	794.5c	435b	448.5bc	444.9bc	0.94a	5.80a
S1D3	815.2c	477b	485.1bc	486.2bc	0.94a	5.87a
S2D1	1 367.4b	423b	430.4c	428.9c	0.92a	5.30a
S2D2	1 379.0b	506b	506.0bc	507.1bc	0.96a	6.07a
S2D3	1 388.8b	418b	434.1c	442.7c	0.90a	5.11a
S3D1	1 866.5a	506b	506.3bc	509.0bc	0.96a	6.00a
S3D2	1 854.3a	547b	581.1b	583.3b	0.96a	6.18a
S3D3	1 938.7a	528b	528.4bc	532.1bc	0.94a	5.80a

注：表中同列数据后小写字母不同表示处理间差异显著（$P<0.05$）。

二、不同分类水平下微生物类群统计

（一）不同处理门、纲分类水平下优势菌群物种组成及相关分析

在门分类水平上，共鉴定出 8 个真菌门。其中，相对丰度大于 1% 的有子囊菌门（Ascomycota）、担子菌门（Basidiomycota）、接合菌门（Zygomycota）和壶菌门（Chytridiomycota），相对丰度分别为 66.85%～87.77%、4.17%～19.63%、1.14%～10.25% 和 0.19%～7.52%。子囊菌门在播量为 15.0 kg/hm² 和 22.5 kg/hm² 的情况下，

随着油菜还田期的推迟，相对丰度显著提高。与复种夏玉米对照相比，中、大播量晚还田（S2D3、S3D3）处理使土壤中子囊菌门的相对丰度分别提高了 7.1％和 1.7％。油菜小播量还田显著提高了担子菌门的相对丰度，其中，晚还田（S1D3）处理下担子菌门的相对丰度较对照增加了 3.7 倍。结合菌门与壶菌门对油菜中播量早还田（S2D1）处理更为敏感（图 4-10A）。

在纲分类水平上对真菌进行物种注释分析，已鉴别真菌中相对丰度大于 1％的有 6 个优势纲，分别为子囊菌门中的粪壳菌纲（Sordariomycetes）、座囊菌纲（Dothideomycetes）、锤舌菌纲（Leotiomycetes）、散囊菌纲（Eurotiomycetes）和担子菌门中的伞菌纲（Agaricomycetes）和银耳纲（Tremellomycetes）。上述 6 个优势真菌纲在对照（CK）中的相对丰度为 41.05％，油菜还田后提高至 49.49％～74.73％。增大油菜播量，座囊菌纲的丰度相对增加，锤舌菌纲、伞菌纲、银耳纲的相对丰度逐渐降低。其中，中播量中期还田（S2D2）和大播量晚期还田（S3D3）分别使座囊菌纲丰度提高了 23.69％和 24.45％；小播量中、晚期还田（S1D2、S1D3）使锤舌菌纲和伞菌纲的相对丰度提高了 9.33％～16.38％；早、晚期还田（S1D1、S1D3）处理使银耳纲的丰度提高了 5.73％和 5.94％。以上数据处理间差异均达到显著水平（$P<0.05$）（图 4-10B）。

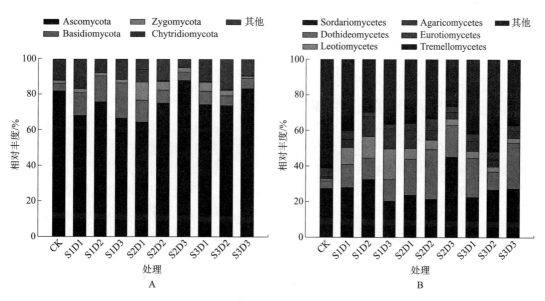

图 4-10　不同处理下土壤真菌相对丰度

A. 门分类水平　B. 纲分类水平

对门分类水平真菌的相对丰度进行相关分析发现，子囊菌门与担子菌门，Cercozoa 与 Cilliophora 均呈显著的负相关关系（R^2 分别为 0.64 和 0.69，$P<0.05$）；接合菌门与壶菌门呈极显著正相关关系（$R^2=0.71$，$P<0.01$）（图 4-11A）。在纲分类水平上，粪壳菌纲与其他纲真菌的相对丰度均呈负相关关系（$R^2=0.88$），锤舌菌纲与伞菌纲和银耳纲呈显著正相关关系（$R^2=0.7$，$P<0.05$）（图 4-11B）。

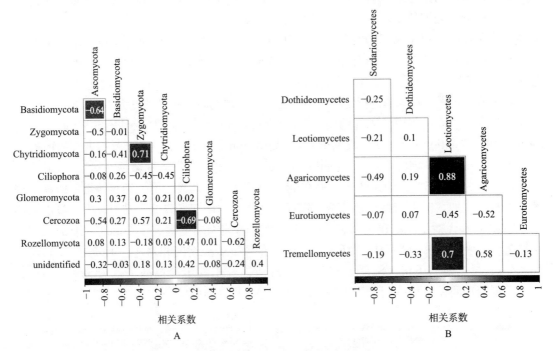

图 4-11　土壤真菌相关分析

A. 门分类水平　B. 纲分类水平

（二）不同处理属分类水平聚类热图及相关分析

已鉴定的相对丰度在前 20 位的真菌属中，有 16 个属于子囊菌门，3 个属于担子菌门，1 个属于接合菌门。对上述真菌属的 OTU 丰度数据进行聚类分析（图 4-12A），发现可将包含对照（CK）在内的 10 个处理分为两大类：其中 CK 与小播量条件下（S1）3 个还田期处理聚为一类，中播量和大播量处理聚为一类。从各处理下的优势菌属来看，麦后复种夏玉米（CK）土壤中圆孢霉属（*Staphylotrichum*）、腐质霉属（*Humicola*）和曲霉属（*Aspergillus*）处于优势地位，显著高于油菜还田的各个处理，且赤霉属（*Gibberella*）、*Heteroplacidium* 处于较高水平。

小播量各还田时期处理土壤中，毛壳菌属（*Chaetomium*）、青霉菌属（*Penicillium*）、枝顶孢属（*Acremonium*）、角担菌属（*Ceratobasidium*）和酵母属（*Bullera*）的相对丰度较高；S3D1 和 S3D2 处理下赤霉菌属（*Gibberella*）、*Heteroplacidium*、*Pyrenochaetopsis* 和短梗霉属（*Aureobasidium*）等的相对丰度较高；中播量晚还田 S2D3 处理中 *Podospra* 的丰度高于其他处理；S2D1 区别于中播量和大播量的其他处理，其中被孢霉属（*Mortierella*）、粉褶菌属（*Entoloma*）和 *Cladorrhinum* 的相对丰度显著高于其他处理。*Magnaporthiopsis* 在小播量早还田（S1D1）、中播量晚还田（S2D3）、大播量中期还田（S3D2）处理下的相对丰度较大；平脐蠕孢属（*Bipolaris*）和球腔菌属（*Mycosphaerella*）在中播量各处理及大播量晚还田各处理中的相对丰度较高。

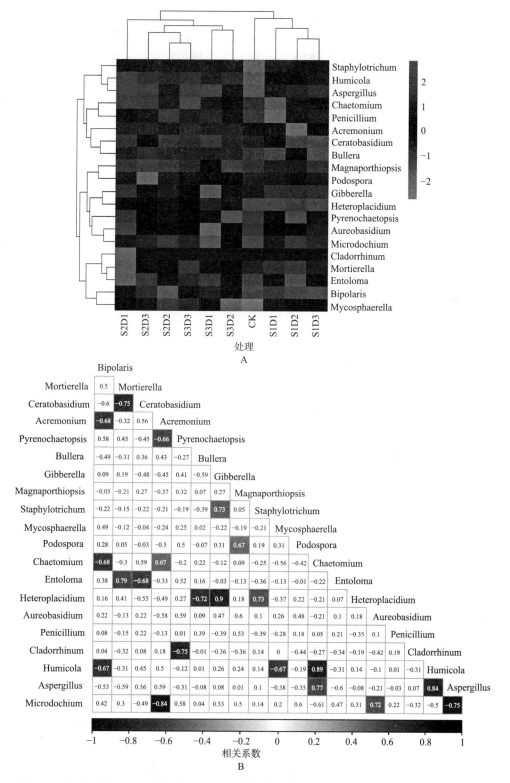

图 4-12　属分类水平相对丰度前 20 个已鉴定真菌丰度热图（A）及相关分析（B）（见彩图）

对相对丰度前 20 个的真菌属进行相关分析，结果如图 4-12B 所示，平脐蠕孢属（*Bipolaris*）与枝顶孢属（*Acremonium*）、毛壳菌属（*Chaetomium*）、腐质霉属（*Humicola*）等生防菌显著负相关；被孢霉属（*Mortierella*）与角担菌属（*Ceratobasidium*）负相关，与粉褶菌属（*Entoloma*）正相关；枝顶孢属与 *Pyrenochaetopsis*、*Microdochium* 显著负相关，与 *Chaetomium* 显著正相关；赤霉属（*Gibberella*）与圆孢霉属（*Staphylotrichum*）、*Heteroplacidium* 显著正相关；毛壳菌属与腐质霉属，曲霉属（*Aspergillus*）显著正相关。

（三）基于 FUNGuild 数据库的真菌营养型及功能类群分类

对不同处理下属分类水平真菌群落的营养型（Trophic mode）进行分组，除病原营养型（pathotroph）、共生营养型（symbiotroph）、腐生营养型（saprotroph）之外，还可将其划分为腐生-共生营养型（saprotroph-symbiotroph）、病原-共生营养型（pathotroph-symbiotroph）、病原-腐生营养型（pathotroph-saprotroph）、病原-腐生-共生营养型（pathotroph-saprotroph-symbiotroph）等具兼性功能的过渡型真菌类群（图 4-13）。腐生营养型类群的真菌在各处理中占比最大，为 41.32%～50.72%；病原营养型真菌在 CK 中占 14.75%，在复种油菜小播量处理中降低至 12.26%，增大播量，该类真菌含量先增加后减少，在大播量早还田（S3D1）处理下所占比例最大，为 18.98%。复种油菜还田后，土壤兼性功能类群真菌含量比复种夏玉米的对照（28.95%）增加了 30.05%～40.10%。

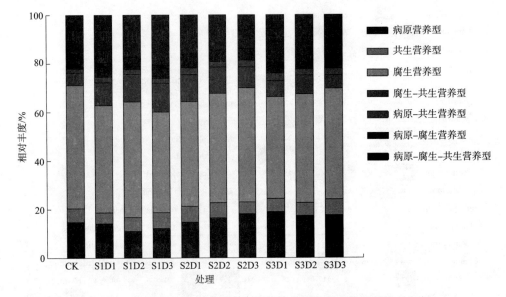

图 4-13　基于 OTU 水平注释表的属分类水平真菌营养类型相对丰度

相对丰度前 20 个的真菌（附表 1）中，平脐蠕孢属（*Bipolaris*）、赤霉属（*Gibberella*）、*Magnaporthiopsis*、球腔菌属（*Mycosphaerella*）、青霉属中 *Penicillium oxalicum* 和 *Penicillium citrinum* 等有较大可能性属于植物病原菌，以上真菌在中播量及大播量的中、早期还田处理中丰度较高。*Chaetomium*、*Humicola*、*Podaspora* 和 *Staphylotrichum* 为

腐生营养型真菌，其功能分组分别对应木腐菌（wood saprotroph）、不明确腐菌-木腐菌兼性（undefined saprotroph-wood saprotroph）、粪腐菌（dung saprotroph）及不明确腐菌（undefined saprotroph）4 个亚类，这类营养型真菌在 CK 与小播量早、中期还田处理中占比较大。*Heteroplacidium* 的功能分组为苔藓化真菌（lichenized），在 CK 和大播量早、中期还田处理中占比较大。角担菌属（*Ceratobasidium*）和粉褶菌属（*Entoloma*）的功能分组为菌根真菌，前者在小播量中、晚期还田处理中占比较大，后者在中播量早期还田处理中占比较大。

三、讨论

（一）饲料油菜作绿肥还田条件下后作麦田土壤真菌群落组成分析

土壤真菌通过对植物残体的分解推动土壤中碳、氮循环过程，尤其是在植物残体分解早期，真菌比细菌和放线菌更为活跃（汪其同等，2017）。目前，对真菌的分离培养技术仍比较欠缺，对目标真菌的分离的研究较少，且对真菌的生活环境了解不足，从而导致绝大多数真菌仍处于未知地位（Grinsted et al.，1982）。本试验采用高通量测序的方法，通过对真菌各分类水平进行注释分析，发现在各处理中，土壤子囊菌门与担子菌门处于优势地位。子囊菌门是土壤中重要的分解者，对复杂有机质的降解起着至关重要的作用（Beimforde et al.，2014），为土壤中的优势菌（陈丹梅等，2015；Wang et al.，2016）。相比于复种夏玉米，复种饲料油菜还田改变了土壤真菌优势属的组成，中播量早还田处理显著提高了壶菌门真菌的相对丰度。总体来看，各处理中土壤真菌组成基本相似，但不同处理中土壤真菌门、纲、属分类水平上的相对丰度存在差异，与前人的研究结果相似（Degrune et al.，2015；娄俊鑫等，2020），可能是由于不同播量及还田期处理对油菜植株在土壤中不同的残留状态的影响不同。

生物多样性指数作为评价土壤微生物群落丰富度和多样性的重要指标，反映微生物物种的多寡。本研究发现饲料油菜还田降低了土壤真菌的丰富度指数，改变了优势真菌的相对丰度，表明真菌群落结构组成受植物残体的影响。还田物质种类、还田量及腐解程度均会对土壤有机质含量产生影响。单施化肥改变了土壤生态环境，有利于真菌的生长繁殖，使得真菌种类多样性增加、种群增大，增加了病原菌数量，从而提高了土传真菌病害的发生概率（陈丹梅等，2014）。绿肥翻压还田后，有效补充了土壤有机质，同时提供了真菌分解所需的营养物质（Anna et al.，2020），避免了真菌生长过程中对有机质的过度消耗（王帅，2013）。

子囊菌门和担子菌门是土壤中的主要分解者，子囊菌门大多数为腐生菌，对降解土壤有机质有重要作用（何苑皞等，2014），而担子菌门对纤维素的分解能力较强（Frey et al.，2004）；土壤全氮含量过高，会对担子菌门真菌如伞菌纲和银耳纲分解木质素的能力产生抑制作用，影响其生长（Fogg，1988）；路锦等（2020）等试验推测，粪壳菌纲可能参与土壤中含钾有机物质的矿化过程，从而与土壤钾含量表现为显著正相关关系。绿肥还田是否通过影响土壤理化性质改变土壤真菌群落组成仍需进一步研究。油菜还田时生物量在各播量间的差异达到显著水平，但中、大播量处理在属分类水平上可聚为一类，由此可推测，随着播量的增加，还田时期对土壤真菌群落的影响大于还田量。

（二）麦后复种饲料油菜对土壤真菌功能的影响

被孢霉属通过分泌草酸刺激土壤中难溶性磷的溶解，促进根系对矿质元素的吸收，并且具有较强的分解纤维素的能力（乔志伟，2019；芦光新等，2016），同时还具有潜在分泌抗生素的能力，抑制部分病原菌如镰刀菌属发生（Miao et al.，2016；Rong et al.，2016）；枝顶孢属通过分泌某些酶来抑制细菌和真菌（Izumikawa et al.，2009；Zhang et al.，2009），该类真菌可在玉米根系内定殖，合成的抗生素能有效抑制黄曲霉、立枯丝核菌和褐腐镰刀菌等病原菌的生长；毛壳菌属和青霉菌属可以降解纤维素，同时是土壤中重要的生防菌（Wicklow et al.，2009；Donald et al.，2005；罗清等，2016）。本试验中，在饲料油菜还田处理中，以上菌属含量高于常规复种夏玉米的对照，表明麦后种油菜有利于土壤环境健康。通过 FUNGuild 数据库的功能比对，除病理营养型、共生营养型、腐生营养型三大类真菌外，油菜还田后具有兼性功能的真菌所占比例有所增加，原因可能是还田后的饲料油菜在降解过程中，使得病原菌、具有降解植株残体功能的真菌增加，使得具有多种兼性功能的真菌占优势，从而影响真菌功能多样化（蔡祖聪等，2016；Zhao et al.，2019）。但在中播量和大播量早、中期还田处理中通过损害寄主细胞来获取营养的病理营养型真菌（Anthony et al.，2017），如平脐蠕孢属（*Bipolaris*）、赤霉属（*Gibberella*）、球腔菌属（*Mycosphaerella*）（Tedersoo et al.，2014）、*Magnaporthiopsis*（Cannon et al.，2008）、青霉属中的 *Penicillium oxalicum* 和 *Penicillium citrinum* 等有较高的丰度，原因可能是油菜还田后在促进有益菌生长的同时，也为病原真菌生长提供了营养物质及适宜的环境。

本研究在一定程度上阐述了麦田休闲期复种饲料油菜作绿肥对土壤真菌群落结构的影响，在增加有益菌的同时使得病原真菌的比例也有所提高，因此仍需从作物自身分泌物对土壤微生物群落结构影响的角度进一步研究。

四、结论

相比于常规的麦后复种夏玉米模式，饲料油菜作绿肥还田降低了真菌丰富度指数，提高了子囊菌门、担子菌门的相对丰度；使纲分类水平优势真菌比例增加；增加了土壤被孢霉属、枝顶孢属等有益菌的相对丰度；使土壤中兼性营养型真菌含量增加，功能类群趋向于过渡类型。减小油菜播量，有利于降低病理营养型真菌比例；增大油菜播量，推迟还田期，能够增加还田生物量，提高有益菌丰度。

参考文献

包明，何红霞，马小龙，等，2018. 化学氮肥与绿肥对麦田土壤细菌多样性和功能的影响 [J]. 土壤学报，55（3）：734-743.

蔡祖聪，黄新琦，2016. 土壤学不应忽视对作物土传病原微生物的研究 [J]. 土壤学报，53（2）：305-310.

曹彦强，闫小娟，罗红燕，等，2018. 不同酸碱性紫色土的硝化活性及微生物群落组成 [J]. 土壤学报，55（1）：194-202.

陈丹梅，陈晓明，梁永江，等，2015. 种植模式对土壤酶活性和真菌群落的影响 [J]. 草业学报，24（2）：77-84.

陈丹梅，段玉琪，杨宇虹，等，2014. 长期施肥对植烟土壤养分及微生物群落结构的影响 [J]. 中国农业科学，47（17）：3424-3433.

何苑皞，周国英，王圣洁，等，2014. 杉木人工林土壤真菌遗传多样性 [J]. 生态学报，34（10）：2725-2736.

李红燕，胡铁成，曹群虎，等，2016. 旱地不同绿肥品种和种植方式提高土壤肥力的效果 [J]. 植物营养与肥料学报，22（5）：1310-1318.

李文广，杨晓晓，黄春国，等 .2019. 饲料油菜作绿肥对后茬麦田土壤肥力及细菌群落的影响 [J]. 中国农业科学，52（15）：2664-2677.

李志杰，张凯，翟宇佳，等，2010. 线虫烯脂酰 CoA 水合酶的克隆、表达、纯化及初步晶体学分析 [J]. 生物物理学报，26（1）：37-48.

林叶春，李雨，陈伟，等，2018. 绿肥压青对喀斯特地区植烟土壤细菌群落特征的影响 [J]. 中国土壤与肥料（3）：161-167.

娄俊鑫，刘泓，沈少君，等，2020. 不同农艺措施对烟田土壤真菌群落结构和功能的影响 [J]. 中国烟草科学（1）：38-43.

芦光新，李宗仁，李希来，等，2016. 三江源区高寒草地不同生境土壤可培养纤维素分解真菌群落结构特征研究 [J]. 草业学报，25（1）：76-87.

路锦，伍丽华，郑宏，等，2020. 不同林下植被管理措施对杉木大径材林分土壤真菌群落结构的影响 [J]. 应用与环境生物学报，31（2）：61-70.

罗清，彭程，叶波平，2016. 青霉属真菌研究新进展 [J]. 药物生物技术，23（5）：452-456.

吕娜娜，沈宗专，王东升，等，2018. 施用氨基酸有机肥对黄瓜产量及土壤生物学性状的影响 [J]. 南京农业大学学报，41（3）：456-464.

钱雅丽，梁志婷，曹铨，等，2018. 陇东旱作果园生草对土壤细菌群落组成的影响 [J]. 生态学杂志，37（10）：3010-3017.

乔志伟，2019. 溶磷真菌的筛选及配施难溶态磷对土壤磷素有效性的影响 [J]. 水土保持学报，33（5）：329-333.

汪其同，高明宇，刘梦玲，等，2017. 基于高通量测序的杨树人工林根际土壤真菌群落结构 [J]. 应用生态学报，28（4）：1177-1183.

王伏伟，王晓波，李金才，等，2015. 施肥及秸秆还田对砂姜黑土细菌群落的影响 [J]. 中国生态农业学报，23（10）：1302-1311.

王帅，2013. 真菌利用纤维素和木质素形成腐殖物质及其结构特征研究 [D]. 长春：吉林农业大学.

王秀呈，2015. 稻—稻—绿肥长期轮作对水稻土壤及根系细菌群落的影响 [D]. 北京：中国农业科学院.

魏志文，李韵雅，江威，等，2018. 无锡地区常见树木根际土壤酸杆菌多样 [J]. 生态学杂志，37（9）：2649-2656.

武姣娜，魏晓东，李霞，等，2018. 植物氮素利用效率的研究进展 [J]. 植物生理学报，54（9）：1401-1408.

杨珍平，郝教敏，苗果园，2011. 混作在黄土母质生土改良中的应用 [J]. 应用与环境生物学报（3）：388-392.

叶协锋，杨超，李正，等，2013. 绿肥对植烟土壤酶活性及土壤肥力的影响 [J]. 植物营养与肥料学报，19（2）：445-454.

张贵云，吕贝贝，张丽萍，等，2019. 黄土高原旱地麦田 26 年免耕覆盖对土壤肥力及原核微生物群落多样性的影响［J］. 中国生态农业学报（3）：358-368.

张亚玉，孙海，高明，等，2011. 吉林省人参土壤中重金属污染水平及生物有效性研究［J］. 土壤学报，48（6）：1306-1313.

Andrews, Lea, Raven, et al., 2015. Can genetic manipulation of plant nitrogen assimilation enzymes result in increased crop yield and greater N-use efficiency an assessment［J］. Annals of Applied Biology，145（1）：25-40.

Anthony M A, Frey S D, Stinson K A, 2017. Fungal community homogenization，shift in dominant trophic guild，and appearance of novel taxa with biotic invasion［J］. Ecosphere，8（9）：1951.

Bauer J, Kirschbaum M U F, Weihermuller L, et al.，2008. Temperature response of wheat decomposition is more complex than the common approaches of most multi-pool models［J］. Soil Biology and Biochemistry，40（11）：2780-2786.

Beimforde C, Feldberg K, Nylinder S, et al., 2014. Estimating the phanerozoic history of the ascomycota lineages：Combining fossil and molecular data［J］. Molecular Phylogenetics and Evolution，78（1）：386-398.

Cannon P F, Kirk P M, et al., 2008. Fungal families of the world［J］. Oxford：Oxford University Press Fungal Families of the World.

Clocchiatti A，Hannula S E，Berg M V D，et al., 2020. The hidden potential of saprotrophic fungi in arable soil：Patterns of short-term stimulation by organic amendments［J］. Applied Soil Ecology（147）：103434.

Degrune F, Dufrêne M, Colinet G, et al., 2015. A novel sub-phylum method discriminates better the impact of crop management on soil microbial community［J］. Agronomy for Sustainable Development，35（3）：1157-1166.

Donald T, Wicklow A, Shoshannah R B, et al., 2005. A protective endophyte of maize：*Acremonium zeae* antibiotics inhibitory to *Aspergillus flavus* and *Fusarium verticillioides*［J］. Mycological Research，109（5）：610-618.

Ella W, Hallin S, Philippot L, 2010. Differential responses of bacterial and archaeal groups at high taxonomical ranks to soil management［J］. Soil Biology and Biochemistry，42（10）：1759-1765.

Fierer N, Jackson R B, 2006. The diversity and biogeography of soil bacterial communities［J］. Proceedings of the National Academy of Ences of the United States of America，103（3）：626-631.

Fierer N, Lauber C L, Ramirez K S, et al., 2012. Comparative metagenomic，phylogenetic and physiological analyses of soil microbial communities across nitrogen gradients［J］. The ISME Journal，6（5）：1007-1017.

Fogg K, 1988. The effect of added nitrogen on the rate of organic matter decomposition［J］. Biological Reviews，63：433-472.

Frey S D, Knorr M, Parrent J L, et al., 2004. Chronic nitrogen enrichment affects the structure and function of the soil microbial community in temperate hardwood and pine forests［J］. Forest Ecology and Management，196（1）：159-171.

Grinsted M J, Hedley M J, White R E, et al., 1982. Plant-induced changes in the rhizosphere of Rape（*Brassica napus* var. *Emerald*）seedlings. I. pH change and the increase in P concentration in the soil solution［J］. New Phytologist，91（1）：19-29.

Izumikawa M, Khan S T, Komaki H, et al., 2009. JBIR-37 and -38，Novel Glycosyl Benzenediols,

Isolated from the Sponge-Derived Fungus, *Acremonium* sp. SpF080624G1f01 ［J］. Bioence Biotechnology and Biochemistry，73（9）：2138-2140.

Khurana P，Gokhale R S，Mohanty D，2010. Genome scale prediction of substrate specificity for acyl adenylate superfamily of enzymes based on active site residue profiles ［J］. BMC Bioinformatics，11（1）：57.

Krivoruchko A，Zhang Y，Siewers V，2015. Microbial acetyl-CoA metabolism and metabolic engineering ［J］. Metabolic Engineering，28：28-42.

Li R，Shen Z Z，Sun L，et al.，2016. Novel soil fumigation method for suppressing cucumber *Fusarium* wilt disease associated with soil microflora alterations ［J］. Applied Soil Ecology，101：28-36.

Longa C M O，Nicola L，Antonielli L，et al.，2017. Soil microbiota respond to green manure in organic vineyards ［J］. Journal of Applied Microbiology，123（6）：1547-1560.

Miao C P，Mi Q L，Qiao X G，et al.，2016. Rhizospheric fungi of *Panax* notoginseng：Diversity and antagonism to host phytopathogens ［J］. Journal of Ginseng Research，40（2）：127-134.

Polacco J C，Mazzafera P，Tezotto T，2013. Opinion-nickel and urease in plants：Still many knowledge gaps ［J］. Plant Science，199-200：79-90.

Sait M，Davis K E R，Janssen P H，2006. Effect of pH on isolation and distribution of members of subdivision 1 of the Phylum Acidobacteria occurring in soil ［J］. Applied and Environmental Microbiology，53（2）：215-224.

Tedersoo L，Bahram M，Plme S，et al.，2014. Fungal biogeography. Global diversity and geography of soil fungi ［J］. Science，346（6213）：1256688.

Wang Z，Chen Q，Liu L，et al.，2016. Responses of soil fungi to 5-year conservation tillage treatments in the drylands of northern China ［J］. Applied Soil Ecology，101：132-140.

Wicklow D T，Poling S M，2009. Antimicrobial activity of pyrrocidines from *Acremonium zeae* against endophytes and pathogens of maize ［J］. Phytopathology，99（1）：109-115.

Ye X F，Liu H E，Li Z，et al.，2014. Effects of green manure continuous application on soil microbial biomass and enzyme activity ［J］. Journal of Plant Nutrition，37（4）：498-508.

Zhang P，Bao B，Dang H T，et al.，2009. Anti-inflammatory sesquiterpenoids from a sponge-derived Fungus *Acremonium* sp. ［J］. Journal of Natural Products，72（2）：270.

Zhao N，Zhao H B，Yu C W，et al.，2011. Nutrient releases of leguminous green manures in rainfed Lands ［J］. Plant Nutrition and Fertilizer Science，17（5）：1179-1187.

Zhao S，Qiu S，Xu X，et al.，2019. Change in straw decomposition rate and soil microbial community composition after straw addition in different long-term fertilization soils ［J］. Applied Soil Ecology，138：123-133.

第五章　麦后复种苜蓿作绿肥还田提升黄土高原半湿润偏旱区土壤质量研究

第一节　种植密度对复种苜蓿生长期内土壤肥力的影响

一、复种苜蓿生长期内土壤营养垂直分布变化

试验于 2016 年 6 月至 9 月进行。复种苜蓿设 3 个种植密度水平，分别是小播量 S（7.5 kg/hm²），中播量 M（15.0 kg/hm²），大播量 L（22.5 kg/hm²）。在苜蓿幼苗期（7 月 10 日）、花芽分化期（8 月 10 日）、鼓粒期（9 月 10 日）调查发现，复种苜蓿生长期间，土壤碱解氮含量随种植密度、土层分布及生育时期的变化趋势见图 5-1。同一生育时期，苜蓿种植密度和土层分布对土壤碱解氮含量的影响极显著（$P<0.01$）；随着土层加深，土壤碱解氮含量明显减低；随着种植密度的增加（7.5 kg/hm²→15.0 kg/hm²→22.5 kg/hm²），土壤碱解氮含量有提高的趋势。从苗期到鼓粒期，0～100 cm 土层土壤碱解氮含量呈先增高后降低的趋势，且花芽分化期＞幼苗期＞鼓粒期，其中 0～20 cm 土层的土壤碱解氮含量在花期可达到 100 mg/kg 左右。

土壤有效磷含量随种植密度和土层分布的变化趋势（图 5-2）与土壤碱解氮含量的变化趋势一致；而随生育时期的变化趋势则表现为：从苗期到鼓粒期 0～100 cm 土层土壤有效磷含量有降低趋势；在 0～20 cm 土层中，复种苜蓿的土壤有效磷含量平均在 15.0 mg/kg 以上。

土壤有机质含量随种植密度、土层分布及生育时期的变化幅度不及碱解氮和有效磷含量的变化幅度大（图 5-3）。总体来看，大播量苜蓿（22.5 kg/hm²）土壤有机质含量相对较高，苜蓿鼓粒期的土壤有机质含量相对更高；同一生育时期、同一种植密度下，0～20 cm 与 20～40 cm 土层的有机质含量相对较高，且二者差异不显著，均在 9 g/kg 左右。

二、复种苜蓿生长期内土壤酶活性垂直分布变化

由图 5-4、图 5-5、图 5-6 可以看出，复种苜蓿种植密度对 0～100 cm 土层土壤蔗糖酶

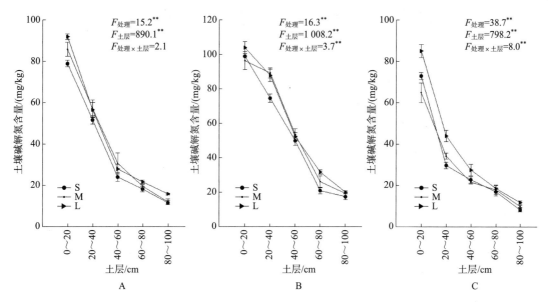

图 5-1 复种苜蓿不同种植密度下不同生育时期 0～100 cm 土层土壤碱解氮含量垂直分布的情况

A. 幼苗期 B. 花芽分化期 C. 鼓粒期

注：S 为小播量 7.5 kg/hm²，M 为中播量 15.0 kg/hm²，L 为大播量 22.5 kg/hm²；＊＊表示方差分析结果极显著（P＜0.01）。

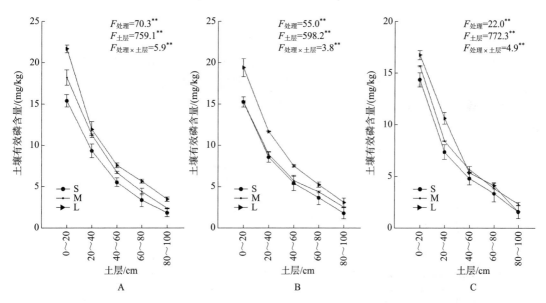

图 5-2 复种苜蓿不同种植密度下不同生育时期 0～100 cm 土层土壤有效磷含量垂直分布的情况

A. 幼苗期 B. 花芽分化期 C. 鼓粒期

注：S 为小播量 7.5 kg/hm²，M 为中播量 15.0 kg/hm²，L 为大播量 22.5 kg/hm²；＊＊表示方差分析结果极显著（P＜0.01）。

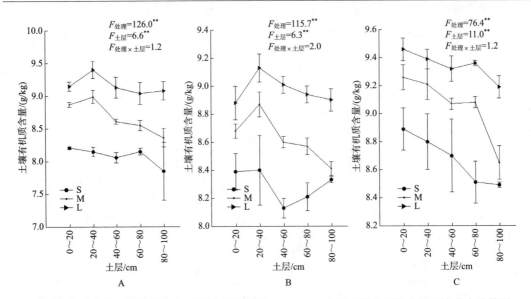

图 5-3　复种苜蓿不同种植密度下不同生育时期 0～100 cm 土层土壤有机质含量垂直分布的情况

A. 幼苗期　B. 花芽分化期　C. 鼓粒期

注：S 为小播量 7.5 kg/hm²，M 为中播量 15.0 kg/hm²，L 为大播量 22.5 kg/hm²；＊＊表示方差分析结果极显著（$P<0.01$）。

活性的影响极显著（$P<0.01$），播量越大，蔗糖酶活性越高（图 5-4）；而对土壤脲酶和碱性磷酸酶活性的影响不显著（$P>0.05$）（图 5-5、图 5-6），但随着苜蓿播量的增大，土壤磷酸酶活性有提高的趋势；土壤脲酶活性则表现为：在苗期和花芽分化期，随着播量的增大，20～100 cm 土层酶活性有提高的趋势，而在鼓粒期则正好相反，有降低的趋势，原因有待进一步探讨。随着生育时期的推进，土壤脲酶和磷酸酶活性均有提高的趋势，而土壤蔗糖酶活性则表现为苗期和花芽分化期明显高于鼓粒期；随着土层的加深，3 类土壤酶的活性均显著降低。

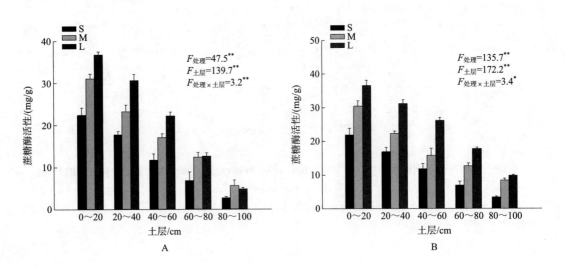

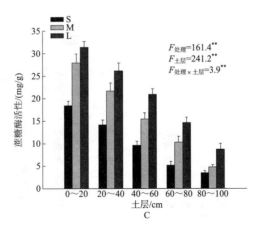

图 5-4　复种苜蓿不同种植密度下不同生育时期 0～100 cm 土层土壤蔗糖酶活性垂直分布情况

A. 幼苗期　B. 花芽分化期　C. 鼓粒期

注：S 为小播量 7.5 kg/hm²，M 为中播量 15.0 kg/hm²，L 为大播量 22.5 kg/hm²；＊＊表示方差分析结果达到极显著水平（$P < 0.01$）。

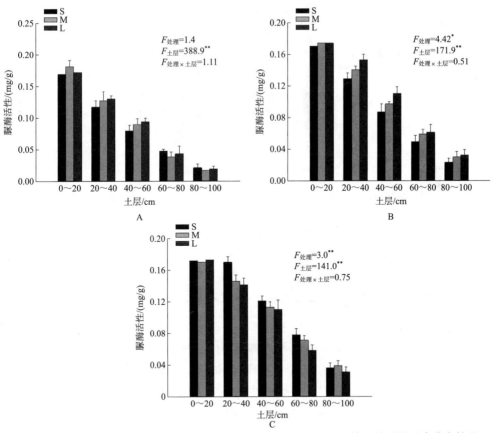

图 5-5　复种苜蓿不同种植密度下不同生育时期 0～100 cm 土层土壤脲酶活性垂直分布情况

A. 幼苗期　B. 花芽分化期　C. 鼓粒期

注：S 为小播量 7.5 kg/hm²，M 为中播量 15.0 kg/hm²，L 为大播量 22.5 kg/hm²；＊＊表示方差分析结果达到极显著水平（$P < 0.01$）。

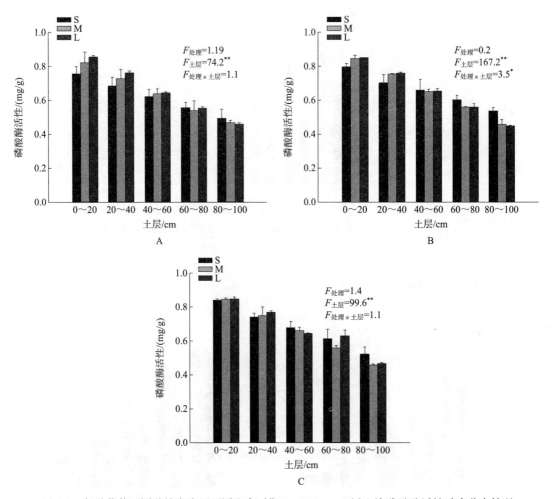

图 5-6　复种苜蓿不同种植密度下不同生育时期 0～100 cm 土层土壤磷酸酶活性垂直分布情况

A. 幼苗期　B. 花芽分化期　C. 鼓粒期

注：S 为小播量 7.5 kg/hm²，M 为中播量 15.0 kg/hm²，L 为大播量 22.5 kg/hm²；＊＊和＊分别表示方差分析结果达到极显著水平（P＜0.01）和显著水平（P＜0.05）。

三、复种苜蓿生长期内土壤养分与土壤酶活性指标的主成分分析

对夏闲期复种苜蓿鼓粒期的 3 类土壤养分以及相应的 3 类酶活性指标进行主成分分析，结果表明（表 5-1）：影响复种苜蓿土壤肥力系统的主要因素首先是土壤 3 类酶活性，其累积贡献率达到 85.12％（第一主成分和第二主成分），其次是土壤养分含量（第三主成分和第四主成分），累积贡献率达到 99.18％，说明在 3 类酶促作用下，苜蓿土壤肥力不断提高，尤其是土壤脲酶和蔗糖酶的活性直接影响苜蓿根际土的碳、氮营养循环系统。

表 5-1　复种苜蓿根土系统中土壤养分与土壤酶活性指标的主成分分析

项目	PC1	PC2	PC3	PC4
碱解氮含量	0.260 7	0.633 9	0.700 4	−0.088 2
有效磷含量	0.438 7	−0.279 4	0.298 3	0.611 3
有机质含量	0.460 1	−0.210 1	0.022 1	−0.768 2
蔗糖酶活性	0.472 2	−0.142 7	−0.158 4	0.074 9
碱性磷酸酶活性	0.286 1	0.659 7	−0.608 2	0.131 3
脲酶活性	0.472 2	−0.142 7	−0.158 4	0.074 9
特征值	4.270 5	0.836 7	0.757	0.086 3
贡献率	71.18%	13.94%	12.62%	1.44%
累积贡献率	71.18%	85.12%	97.74%	99.18%

四、讨论

相关研究表明，种植苜蓿可以改善土壤肥力（王俊等，2006）。本研究亦表明，麦后休闲期复种苜蓿可以有效提高土壤养分含量，且适当增加苜蓿播量对土壤养分含量的提高效果更好。可能的原因是苜蓿根系为直根系，对土壤具有物理穿孔作用，入土深，可从深层土壤中吸收硝态氮和水分（吴新卫等，2007）；同时，作为共生固氮豆科植物，苜蓿不仅可将碳、氮储存在其根系，以确保落叶后再生，还可将气态氮转化为可利用的生物形式，由此保持了苜蓿土壤的较高碳、氮含量水平（李忠义等，2017）；另外，种植苜蓿有利于提高土壤微生物种群数量（杨珍平等，2012），进而促进土壤酶活性提高。因此播量越大，对土壤的这些作用越强。此外，播量越大，苜蓿产草量越高，向土壤输送的茎叶脱落物越多，也会增加土壤养分含量。研究表明，播量是影响苜蓿草产量的主要因素之一（赵萍等，2010；马克成等，2014；李建伟等，2011；王彦华等，2017），不同地域条件下，适宜的播量不同。本研究中，复种苜蓿播量可以达到 22.5 kg/hm²。

第二节　复种苜蓿作绿肥合理还田提高后作冬小麦产量及土壤肥力研究

一、后作冬小麦农艺性状变化

设置早（2016 年 9 月 10 日，T1）、中（2016 年 9 月 20 日，T2）、晚（2016 年 9 月 30 日，T3）3 个复种苜蓿还田时间。分析苜蓿播量与还田时期互作对后作冬小麦返青—抽穗期的株高、绿叶数、单株干重及倒二叶长和宽的影响（图 5-7）得出，与复种夏玉米（CK）相比，夏休闲期种植苜蓿可促进后作冬小麦单株发育，其中，苜蓿大播量（L）中还田（T2）LT2 的处理中，小麦株高、绿叶数、单株干重、倒二叶长和宽分别较对照提高 10%～40%、21%～33%、31%～53%、10%～72% 和 46%～64%，更有利于后作冬小麦生育前、中期建源。

通过 SAS 软件 ANOVA 过程对图 5-7 的数据进行 3 因素（苜蓿播量 a、还田日期 b、小麦生育时期 c）互作方差分析，结果表明该试验模型差异极显著（$P<0.01$）。且苜蓿播量 a、还田日期 b、小麦生育时期 c 3 因素及其互作效应 a×c、a×b×c 对小麦株高、绿叶数、单株干重及倒二叶长和宽的影响均达到极显著水平（$P<0.01$）。

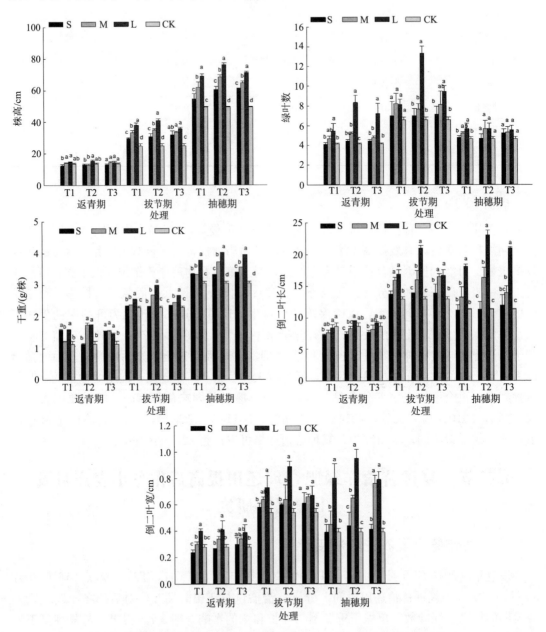

图 5-7　复种苜蓿不同播量与还田时期条件下后作小麦农艺性状比较

注：S 为小播量 7.5 kg/hm²，M 为中播量 15.0 kg/hm²，L 为大播量 22.5 kg/hm²；CK 为麦后复种夏玉米，T1 为早期还田（9 月 10 日），T2 为中期还田（9 月 20 日），T3 为晚期还田（9 月 30 日）；不同小写字母表示同一生育时期同一还田时期下不同播量之间差异显著（$P<0.05$）。

二、后作冬小麦产量形成差异

复种苜蓿大播量（L）中还田（T2）LT2 处理条件下穗数较对照提高了 6.3%（$P<$ 0.05），穗粒数、千粒重、实际产量分别较对照提高了 5.8%、4.1% 和 3.9%（表 5-2）。LT2 处理的穗数、穗粒数、千粒重、实际产量均显著高于 ST2（$P<0.05$）。所有处理中，LT2 处理是获得产量与产量结构的最优组合。苜蓿大播量，有利于提高土壤养分含量，较高的土壤肥力水平可直接影响作物产量。方差分析结果表明，苜蓿播量显著或极显著影响后作冬小麦产量性状；播量效应大于还田日期效应；播量×还田日期存在显著交互作用。

表 5-2　复种苜蓿不同播量与还田时期下后作冬小麦产量及产量结构比较

指标	播量	还田日期			
		T1	T2	T3	CK
穗数/（$\times10^6$/hm^2）	S	4.7±0.1bB	4.3±0.1cC	4.9±0.1aA	4.8±0.0ab
	M	4.7±0.1aB	4.8±0.1aB	4.9±0.1aA	4.8±0.0a
	L	5.1±0.1aA	5.1±0.1aA	4.8±0.1bA	4.8±0.0b
	CK	4.8±0.0B	4.8±0.0B	4.8±0.0A	—
穗粒数	S	31.0±0.8aB	29.7±1.3aB	29.7±0.5aB	33.0±2.0a
	M	34.5±0.4aA	34.7±1.3aA	32.3±2.1aAB	33.0±2.0a
	L	35.0±1.6aA	34.9±0.7aA	34.7±1.3aA	33.0±2.0a
	CK	33.0±2.0AB	33.0±2.0A	33.0±2.0AB	—
千粒重/g	S	36.0±0.6bA	34.7±1.0bB	38.2±0.4aA	37.0±0.1b
	M	36.8±0.8aA	36.2b±0.9aB	36.2±0.7aB	37.0±0.1a
	L	37.4±0.6aA	38.6±1.0aA	36.9±1.2aA	37.0±0.1a
	CK	37.0±0.1A	37.0±0.1AB	37.0±0.1B	—
实际产量/（t/hm^2）	S	3.7±0.1cB	3.4±0.1bB	4.7±0.0aA	5.1±0.2a
	M	4.8±0.1bA	5.2±0.3aA	4.7±0.1bA	5.1±0.2a
	L	4.8±0.1bA	5.3±0.1aA	4.4±0.1cB	5.1±0.2a
	CK	5.1±0.2A	5.1±0.2A	5.1±0.2A	—

	播量	还田日期	播量×还田日期
穗数（$\times10^6$/hm^2）	33.95**	2.55	19.72**
穗粒数	26.45**	1.80	0.58
千粒重/g	6.74*	1.27	7.91**
实际产量/（t/hm^2）	85.51**	18.28**	295.00**

注：S 为小播量 7.5 kg/hm^2，M 为中播量 15.0 kg/hm^2，L 为大播量 22.5 kg/hm^2；CK 为麦后复种夏玉米，T1 为早期还田（9 月 10 日），T2 为中期还田（9 月 20 日），T3 为晚期还田（9 月 30 日）；不同小写字母表示同一播量不同还田时期之间差异显著（$P<0.05$），不同大写字母表示同一还田时期不同播量之间差异显著（$P<0.05$）。** 表示差异达到极显著水平（$P<0.01$），* 表示差异达到显著水平（$P<0.05$）。

三、后作麦田土壤养分和酶活性的变化

从苜蓿还田生物量来看，同一播量条件下，随着还田时间的推迟，苜蓿还田生物量增加但不显著，同一还田时间条件下，随着苜蓿播量的增加，还田生物量显著增加（$P<0.05$）（表 5-3）；对 9 个苜蓿还田处理进行二因素方差分析（无 CK）发现，播量和还田时间对还田生物量的影响分别达到极显著和显著水平。

土壤养分和土壤酶活性可以反映土壤肥力状况。与夏玉米还田（CK）相比，苜蓿还田显著提高了土壤养分（有效磷除外，有效磷含量显著降低）和土壤酶活性（$P<0.05$）。苜蓿处理间比较，大播量中还田 LT2 处理可以同时获得较高的碱解氮含量（104.84 mg/kg）、有机质含量（12.34 g/kg）、碱性磷酸酶活性（0.94 mg/g）、脲酶活性（0.21 mg/g）和蔗糖酶活性（43.22 mg/g），相比于 CK 分别显著提高 5.83 倍、0.64 倍、0.24 倍、0.55 倍和 20.84 倍。通过二因素方差分析发现，播量对土壤碱解氮、有效磷和有机质含量及蔗糖酶活性均有极显著影响（$P<0.01$）；还田时间对土壤有机质含量和蔗糖酶活性有极显著影响（$P<0.01$）；二者互作对土壤有效磷含量、脲酶活性和蔗糖酶活性有极显著影响（$P<0.01$）。

表 5-3　复种苜蓿不同播量与还田时期条件下后作麦田土壤养分和酶活性比较

指标	播量	还田时间			F		
		T1	T2	T3	播量	还田时间	播量×还田时间
还田生物量/ (t/hm²)	S	2.92aC	3.00aC	3.09aC	4 335.02**	5.53*	0.19
	M	4.94aB	5.05aB	5.09aB			
	L	6.89aA	6.94aA	6.98aA			
	CK	—					
碱解氮/ (mg/kg)	S	100.80aA	102.02aB	102.21aA	6.35**	2.89	0.21
	M	102.40aA	104.82aA	103.47aA			
	L	103.28aA	104.84aA	104.61aA			
	CK	15.35					
有效磷/ (mg/kg)	S	4.01aC	3.44bC	4.05aB	255.28**	2.67	30.57**
	M	4.27aB	4.23aB	4.26aB			
	L	5.13bA	5.69aA	4.72cA			
	CK	14.56					
有机质/ (g/kg)	S	9.66bB	10.57aB	10.52aB	91.96**	27.64**	0.81
	M	9.04bB	10.38aB	9.94aB			
	L	11.13bA	12.34aA	12.49aA			
	CK	7.54					

（续）

指标	播量	还田时间			F		
		T1	T2	T3	播量	还田时间	播量×还田时间
碱性磷酸酶活性/（mg/g）	S	0.91aB	0.93aA	0.93aA	1.23	0.38	0.87
	M	0.97aA	0.94aA	0.95aA			
	L	0.95aAB	0.94aA	0.90aA			
	CK	0.76					
脲酶活性/（mg/g）	S	0.23aA	0.19aA	0.19aA	2.80	2.80	8.38**
	M	0.20aA	0.22aA	0.22aA			
	L	0.21aA	0.21aA	0.19aA			
	CK	0.13					
蔗糖酶活性/（mg/g）	S	39.33aA	31.21cB	34.39bA	130.00**	38.21**	42.31**
	M	27.62aB	29.83aB	26.97aC			
	L	38.20bA	43.22aA	30.10cB			
	CK	1.98					

注：S 为小播量 7.5 kg/hm²，M 为中播量 15.0 kg/hm²，L 为大播量 22.5 kg/hm²；CK 为麦后复种夏玉米，T1 为早期还田（9 月 10 日），T2 为中期还田（9 月 20 日），T3 为晚期还田（9 月 30 日）；不同小写字母表示同一播量不同还田时期之间差异显著（$P<0.05$），不同大写字母表示同一还田时期不同播量之间差异显著（$P<0.05$）；** 表示差异达到极显著水平（$P<0.01$），* 表示差异达到显著水平（$P<0.05$）。

四、后作麦田土壤细菌和真菌群落 Alpha 多样性变化

Chao1 指数和 ACE 指数侧重于体现群落丰富度，Shannon 指数体现群落多样性。一般而言，Chao1 指数和 ACE 指数越大，群落丰富度越高；Shannon 指数越大，群落多样性越高。不同还田处理显著影响土壤细菌、真菌群落丰富度和多样性（表 5-4）。细菌 OTU 数量、Chao1 指数、ACE 指数、Shannon 指数以及真菌 OTU 数量和 Chao1 指数在同一播量条件下随还田时间的推迟先增后降，在同一还田时间条件下随着播量的增加呈增加趋势。苜蓿大播量中还田 LT2 处理获得 6 296 个细菌 OTU 和 1 013 个真菌 OTU，分别较夏玉米还田（CK）显著增加 19.83% 和 4.00%；细菌 Chao1 指数、ACE 指数和 Shannon 指数相比于 CK，分别显著高出 28.88%、17.90% 和 7.53%，而真菌 Chao1 指数、ACE 指数和 Shannon 指数略高于 CK，没有显著差异，说明大播量中还田 LT2 处理显著提高了细菌群落丰富度和多样性，而对真菌群落丰富度和多样性影响较小。通过二因素方差分析发现，播种量、还田时间及二者互作均极显著影响细菌和真菌群落 Alpha 多样性。

表 5-4　复种苜蓿不同播量与还田时期下后作麦田土壤细菌和真菌群落 Alpha 多样性比较

指标	项目	播量	还田时间			F		
			T1	T2	T3	播量	还田时间	播量×还田时间
细菌	OTU	S	3 800cC	5 615aC	4 502bC	3 672.19**	707.96**	365.67**
		M	5 826bB	6 179aB	5 917bB			
		L	6 225bA	6 296aA	6 229bA			
		CK	5 254					

（续）

指标	项目	播量	还田时间			F		
			T1	T2	T3	播量	还田时间	播量×还田时间
细菌	Chao1 指数	S	4 192cB	6 181aB	5 057bB	209.76**	34.76**	19.79**
		M	6 597aA	6 790aA	6 610aA			
		L	6 896aA	7 081aA	6 926aA			
		CK	5 494					
	ACE 指数	S	3 526cC	5 140aB	4 068bC	164.93**	17.32**	16.96**
		M	5 501aB	5 622aA	5 296aB			
		L	6 005aA	5 851aA	5 934aA			
		CK	4 963					
	Shannon 指数	S	9.86bC	10.48aB	10.24aC	179.25**	6.87**	5.68**
		M	11.04aB	11.17aA	10.98aB			
		L	11.39aA	11.33aA	11.30aA			
		CK	10.54					
真菌	OTU	S	655cB	966aB	770bC	353.40**	136.64**	83.34**
		M	930bA	942aB	929bB			
		L	973bA	1 013aA	982abA			
		CK	974					
	Chao1 指数	S	751cC	1 154aB	893bB	642.44**	181.38**	150.96**
		M	1 140aB	1 141aB	1 168aA			
		L	1 174bA	1 204aA	1 178bA			
		CK	1 191					
	ACE 指数	S	694cB	1 079aA	778bC	508.24**	237.64**	325.19**
		M	998abA	965bC	1 006aB			
		L	985bA	1 007bB	1 073aA			
		CK	1 008					
	Shannon 指数	S	6.67aA	6.27bB	5.81cB	12.70**	14.72**	7.66**
		M	6.47aA	6.54aA	6.32aA			
		L	6.75aA	6.44aAB	6.62aA			
		CK	6.34					

注：S 为小播量 7.5 kg/hm^2，M 为中播量 15.0 kg/hm^2，L 为大播量 22.5 kg/hm^2；CK 为麦后复种玉米，T1 为早期还田（9 月 10 日），T2 为中期还田（9 月 20 日），T3 为晚期还田（9 月 30 日）；不同小写字母表示同一播量不同还田时期之间差异显著（$P<0.05$），不同大写字母表示同一还田时期不同播量之间差异显著（$P<0.05$）；** 表示差异达到极显著水平（$P<0.01$），* 表示差异达到显著水平（$P<0.05$）。

五、后作麦田土壤细菌和真菌群落物种丰度变化

（一）细菌门分类水平群落物种丰度

经检测，10 个处理 30 个土壤样本共获得 44 个细菌门，其中相对丰度≥1％的有变形菌门（Proteobacteria，15.62％～27.85％）、放线菌门（Actinobacteria，16.39％～30.69％）、厚壁菌门（Firmicutes，3.29％～31.55％）、酸杆菌门（Acidobacteria，8.38％～17.98％）、芽单胞菌门（Gemmatimonadetes，4.70％～9.25％）、浮霉菌门（Planctomycetes，3.17％～10.81％）、绿弯菌门（Chloroflexi，3.91％～7.81％）、拟杆菌门（Bacteroidetes，0.67％～5.92％）、疣微菌门（Verrucomicrobia，1.23％～3.64％）、硝化螺旋菌门（Nitrospirae，0.85％～2.40％）和 GAL15 门（0.00％～4.36％）。与夏玉米还田（CK）相比，苜蓿还田明显促进酸杆菌门、芽单胞菌门、浮霉菌门（ST1 和 ST2 除外）、疣微菌门（ST1 除外）、硝化螺旋菌门和 GAL15 门的繁殖，明显抑制放线菌门和拟杆菌门（LT3 除外）的繁殖，而变形菌门、厚壁菌门和绿弯菌门在不同处理下表现不同。从播量的整体趋势分析，酸杆菌门、浮霉菌门、绿弯菌门和疣微菌门的相对丰度随着播量增加呈明显的上升趋势，变形菌门、放线菌门、芽单胞菌门和拟杆菌门的相对丰度随着播量的增加略呈上升趋势，而厚壁菌门、硝化螺旋菌门和 GAL15 门的相对丰度随着播量的增加呈现下降的趋势。苜蓿大播量（L）下，早、中还田（T1、T2）处理酸杆菌门、芽单胞菌门、浮霉菌门、绿弯菌门、疣微菌门、硝化螺旋菌门和 GAL15 门的相对丰度均显著高于夏玉米还田（CK），其中芽单胞菌门、浮霉菌门、绿弯菌门、硝化螺旋菌门和 GAL15 门的相对丰度 LT1 显著高于 LT2（图 5-8）。

（二）真菌门分类水平群落物种丰度

10 个处理共获得 12 个真菌门，其中相对丰度≥1％的有子囊菌门（Ascomycota，61.79％～86.52％）、担子菌门（Basidiomycota，3.39％～23.72％）和接合菌门（Zygomycota，0.99％～5.48％）。子囊菌门在中播量晚还田（MT3）和大播量早、中还田（LT1、LT2）条件下，相对丰度高于夏玉米还田（CK），但差异不显著。担子菌门在小、大播量条件下相对丰度显著高于 CK，其中小播量早、中还田（ST1、ST2）和大播量早、中还田（LT1、LT2）处理相对丰度分别增加 4.68 倍、4.41 倍、0.55 倍和 0.41 倍。接合菌门在小播量晚还田（ST3）处理条件下的相对丰度显著低于 CK，大播量中还田（LT2）处理条件下的相对丰度低于 CK 但不显著（图 5-9）。

（三）后作麦田土壤优势细菌门和真菌门与土壤养分、酶活性及小麦产量的相关性

进一步对土壤优势细菌门和真菌门与土壤养分、酶活性和小麦产量进行相关性分析（图 5-10），发现放线菌门与碱解氮含量及土壤酶活性极显著负相关，与有效磷含量极显著正相关；酸杆菌门和疣微菌门与有机质含量显著正相关；硝化螺旋菌门与碱解氮含量显著正相关，与有效磷含量显著负相关，与脲酶活性极显著正相关。小麦产量与变形菌门、子囊菌门显著或极显著正相关，与厚壁菌门或担子菌门显著或极显著负相关，说明变形菌门和子囊菌门相对丰度的增加可能有利于小麦产量的提高。

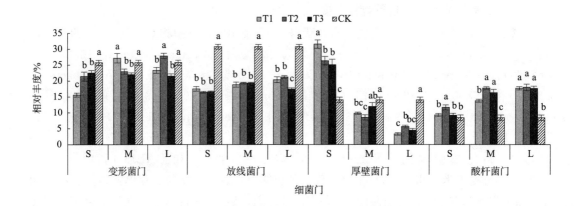

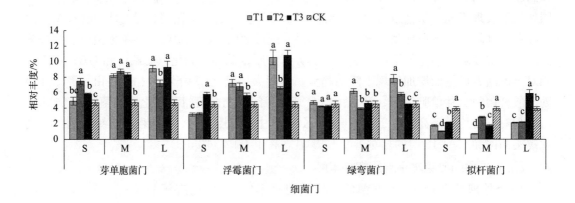

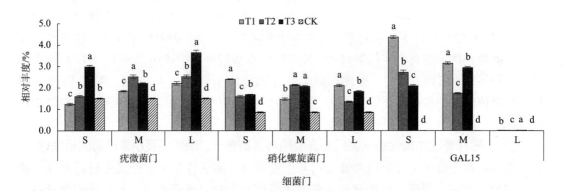

图 5-8　细菌门水平 11 个菌群在不同样本中的相对丰度分布

注：S 为小播量 7.5 kg/hm²，M 为中播量 15.0 kg/hm²，L 为大播量 22.5 kg/hm²；CK 为麦后复种夏玉米，T1 为早期还田（9 月 10 日），T2 为中期还田（9 月 20 日），T3 为晚期还田（9 月 30 日）；不同小写字母表示一个菌群中同一播量不同还田时间在 0.05 水平上差异显著。

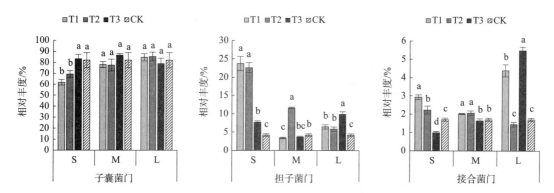

图 5-9　真菌门分类水平 3 个菌群在不同土壤样本中相对丰度分布

注：S 为小播量 7.5 kg/hm²，M 为中播量 15.0 kg/hm²，L 为大播量 22.5 kg/hm²；CK 为麦后复种夏玉米，T1 为早期还田（9 月 10 日），T2 为中期还田（9 月 20 日），T3 为晚期还田（9 月 30 日）；不同小写字母表示一个菌群中同一播量不同还田时间在 0.05 水平上差异显著。

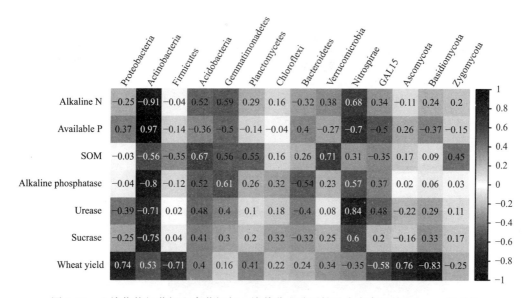

图 5-10　土壤优势细菌门和真菌门与土壤养分、酶活性及小麦产量的 Pearson 相关性

六、后作麦田土壤细菌和真菌功能分析

（一）细菌 PICRUSt 功能预测

利用 PICRUSt 基于 KEGG 数据库对细菌 16S rRNA 基因序列进行代谢功能预测，根据注释信息对丰度在前 50 位的 KO（KEGG 直系同源基因簇）进行分类，选择属于"代谢（Metabolism）"的 KO 绘制聚类热图（图 5-11A）。分析发现，10 个处理聚为 3 类，LT3、LT1、LT2、MT2 和 MT3 聚为一类，CK、ST3、MT1 和 ST2 聚为一类，ST1 单独为一类，其中大播量处理各 KO 相对丰度均显著高于 CK，大播量早还田 LT1 处理优势显著。LT1 处理下的优势 KO 对应的酶分别是参与碳水化合物代谢、能量代谢和氨基酸

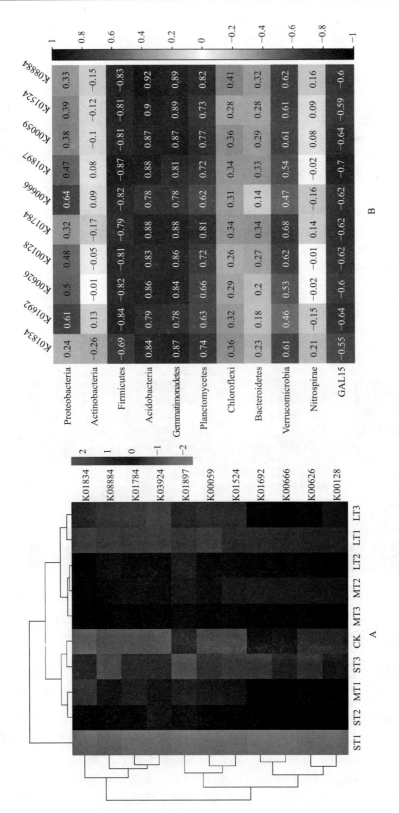

图 5-11　不同处理细菌群落 KO 相对丰度及优势 KO 与优势细菌门的相关性（见彩图）

A. KO 相对丰度热图　B. 优势 KO 与优势细菌门的相关性

注：横坐标为处理土壤样本，纵坐标为基因表达丰度；CK 为夏玉米还田，ST1 为小播量早还田，ST2 为小播量中还田，ST3 为小播量晚还田，MT1 为中播量早还田，MT2 为中播量中还田，MT3 为中播量晚还田，LT1 为大播量早还田，LT2 为大播量中还田，LT3 为大播量晚还田。

代谢的磷酸甘油酸变位酶（K01834），参与碳水化合物代谢、脂类代谢和氨基酸代谢等多种代谢过程的烯酰 CoA 水合酶（K01692）、乙酰 CoA 酰基转移酶（K00626）和醛脱氢酶（K00128），参与碳水化合物代谢的 UDP-葡萄糖 4-差向异构酶（K01784），参与脂肪酸生物合成和分解的脂酰 CoA 合酶（K00666）和长链脂酰 CoA 合酶（K01897），参与脂肪酸生物合成的 3-氧酰基-［酰基载体蛋白］还原酶（K00059），参与核苷酸代谢中嘌呤代谢的外切聚磷酸酶/鸟苷五磷酸水解酶（K01524），识别底物蛋白丝/苏氨酸残基并将其羟基磷酸化的丝/苏氨酸蛋白激酶（K08884）。

进一步对优势 KO 与优势细菌门进行相关性分析（图 5-11B）得出，10 个优势 KO 相对丰度与厚壁菌门显著或极显著负相关，与酸杆菌门、芽单胞菌门和浮霉菌门显著或极显著正相关；K00666 相对丰度与变形菌门显著正相关；K01784 相对丰度与疣微菌门显著正相关；K01692、K01897 和 K00059 相对丰度与 GAL15 门显著负相关。

（二）真菌 FUNGuild 功能预测

基于 FUNGuild 数据库对真菌进行功能注释（图 5-12）发现，不同处理条件下的真菌按营养方式均归为 7 类，分别为病原型（pathotroph）、腐生型（saprotroph）和共生型（symbiotroph）3 类营养型以及病原型-腐生型（pathotroph - saprotroph）、病原型-共生型（pathotroph - symbiotroph）、腐生型-共生型（saprotroph - symbiotroph）和病原型-腐生型-共生型（pathotroph - saprotroph - symbiotroph）4 类混合营养型。ST1、ST3、MT2 和 LT3 处理条件下真菌以腐生型（30.29%～44.00%）和病原型-腐生型-共生型（23.19%～51.12%）为主，ST2、MT1、MT3、LT2 和 CK 处理以腐生型（43.87%～63.41%）为主，LT1 处理以病原型（91.61%）为主。

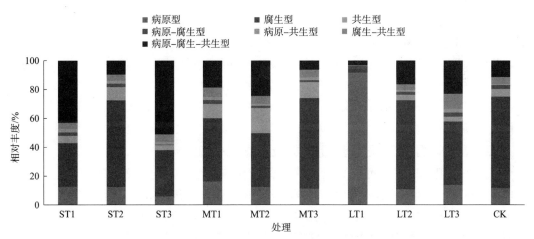

图 5-12　不同土壤样本真菌营养类型及其相对丰度图

注：CK 为夏玉米还田，ST1 为小播量早还田，ST2 为小播量中还田，ST3 为小播量晚还田，MT1 为中播量早还田，MT2 为中播量中还田，MT3 为中播量晚还田，LT1 为大播量早还田，LT2 为大播量中还田，LT3 为大播量晚还田。

对相对丰度≥1%的真菌 OTU（27 个）进一步分析发现（附表 2），有 22 个 OTU 属于子囊菌门，3 个 OTU 属于担子菌门，2 个 OTU 属于接合菌门。子囊菌门中，

Heteroplacidium 极大可能属于地衣共生菌；赤霉菌属（*Gibberella*）、脐蠕孢属（*Bipolaris*）和球腔菌属（*Mycosphaerella*）很可能属于植物病原菌；*Pyrenochaetopsis*、丛赤壳属（*Nectria*）、枝顶孢属（*Acremonium*）和短梗霉属（*Aureobasidium*）属于病原-腐生-共生型混合营养型真菌，其功能包含内生真菌、地衣寄生菌、未定义腐生菌、动物病原菌、真菌寄生菌、植物病原菌、木质腐生菌和附生真菌；其他 14 个 OTU 对应的菌群属于腐生型真菌，其功能含有未定义腐生菌、土壤腐生菌、木质腐生菌、排泄物腐生菌和植物腐生菌。担子菌门中，角担菌科（Ceratobasidiaceae）和粉褶菌属（*Entoloma*）属于病原-腐生-共生型混合营养型真菌，功能包含内生菌根、植物病原菌、未定义腐生菌、外生菌根、真菌寄生菌和土壤腐生菌；锥盖伞属（*Conocybe*）很可能属于未定义腐生菌。接合菌门中属于被孢霉科（Mortierellaceae）的可能是内生真菌、垃圾腐生菌、土壤腐生菌和未定义腐生菌。

七、讨论

（一）复种苜蓿还田对后作冬小麦生长发育及产量的影响

种植翻压绿肥能提高冬小麦的株高、单株干重（张春等，2014）。本研究中，夏休闲期种植苜蓿作绿肥，可促进后作冬小麦前期生长，且苜蓿大播量的处理效果优于小播量。苜蓿播量大，固氮能力强，地上部干物质积累多，适当中还田（T2）既可以获得较大生物量又能有一定的腐解时间（张春，2013），为后作冬小麦提供更多的氮素等营养，从而促进其生长发育，建立充足的"源"。

种植绿肥可以提高后茬作物产量（张春，2013；段玉等，2010；高菊生等，2011），施用紫云英绿肥能显著提高水稻产量（万水霞等，2015），扬花期套种绿肥后小麦的千粒重和产量较对照分别增加了 $5.0\%\sim17.0\%$ 和 $12.0\%\sim24.0\%$（朱军等，2008）。本研究中，苜蓿大播量（L）中还田（T2）处理冬小麦实际产量较对照提高了 3.9%，与上述结论一致。苜蓿根系具有较强的固氮作用，播量越大，根系生长越密集，苜蓿作绿肥还田后，植株氮、磷、钾养分的释放对后茬作物的生长及产量产生一定的影响，达到节本增效的目的（刘佳等，2013）。

（二）复种苜蓿还田对后作麦田土壤养分及酶活性的影响

苜蓿作绿肥翻压还田可提高土壤养分含量和酶活性（王劲松等，2016；王林娜等，2017；赵鲁等；2012）。本研究中，与夏玉米还田相比，苜蓿还田显著提高了碱解氮含量、有机质含量和土壤酶活性，与前人的研究结果一致，不同之处在于有效磷含量显著降低，原因是苜蓿在生长过程中自土壤中吸收的有效磷远较一般作物高（耿华珠，1995），导致土壤有效磷含量降低。苜蓿固氮而耗磷，因此在生产中应配施磷肥。苜蓿播种量影响其固氮能力和植株生物量。本研究中播种量极显著影响碱解氮含量、速效磷含量、有机质含量和蔗糖酶活性，还田时间仅极显著影响有机质含量和蔗糖酶活性，且大播种量中还田条件下 4 个指标值均较高，可能是苜蓿播种量增加，根系固氮能力增强，植株生物量增加，植株氮、磷含量得到提高，苜蓿还田腐解后，土壤中碳、氮、磷的含量相应提高；蔗糖酶是转化酶，与碳、氮转化相关；同一播种量条件下，还田时间只影响生物量的大小，从而影响碳转化；晚还田处理虽还田生物量高，但木质化增加，半纤维素和纤维素含量高，腐解缓慢（曲志强等，1985）。本研究中苜蓿还田与夏玉米还田相比，小麦增产不显著甚至减产，这与杨宁（2012）研究得出的豆科绿肥还田提高冬小麦产量的结果不一致，一方面可能是苜蓿生长季未施磷肥，苜蓿消耗大量的磷致使土壤有效磷含量降低，影响小麦分蘖和根系发育（刘冲等，2020），进而使小麦减产；另一方面可能是本研究是苜蓿还田第一年，苜蓿还田的增产效果较小。苜蓿还田造成减产的原因有待进一步研究。

（三）复种苜蓿还田对后作麦田土壤细菌和真菌群落 Alpha 多样性及物种丰度的影响

Gao（2015）和张超等（2016）指出绿肥还田提高了土壤细菌 Chao1 指数和 Shannon 指数。本研究发现，苜蓿中播量和大播量还田处理下后作麦田土壤细菌 Chao1 指数、ACE 指数、Shannon 指数较夏玉米还田（CK）均提高，而小播量条件下多样性指数出现低于 CK 的现象，原因可能是小播量条件下还田生物量低，不利于细菌的活化。绿肥还田可以改变土壤细菌群落物种丰度，如张超等（2016）发现豌豆作绿肥可增加土壤酸杆菌门和绿弯菌门的相对丰度；林叶春等（2018）发现紫云英作绿肥提高土壤放线菌门的相对丰度，降低厚壁菌门和疣微菌门的相对丰度。本研究结果表明，苜蓿还田可增加酸杆菌门、芽单胞菌门、浮霉菌门、疣微菌门、硝化螺旋菌门和 GAL15 门的丰度，降低放线菌门和拟杆菌门的丰度。此外，本研究中酸杆菌门、浮霉菌门、绿弯菌门和疣微菌门的相对丰度随着播量的增加明显增加。酸杆菌门是一类嗜酸菌，可以降解土壤中的植物残体，参与光合作用及单碳化合物代谢等过程（王光华，2016）。有研究指出，酸杆菌门的相对丰度与土壤 pH 负相关（Ella，2010），王林娜等（2017）、毛勇（2016）的研究表明种植苜蓿可以降低土壤 pH。浮霉菌门是水生细菌，参与全球氮循环（Delmont，2018）；绿弯菌门可以通过 3-乳酸途径固定二氧化碳，还可以降解碳水化合物（Levin，2018）。Pearson 相关性分析结果（图 5-10）表明酸杆菌门和疣微菌门与有机质含量显著正相关，说明酸杆菌门和疣微菌门相对丰度的增加也可能与有机质含量的增加有关。本研究还发现苜蓿播种量的增加降低了厚壁菌门和硝化螺旋菌门的相对丰度。厚壁菌门大多可形成抗逆性极强的芽孢，常在极端环境中急剧增加（宋兆齐等，2015）。曹彦强等（2018）发现，硝化螺旋菌门更适合在高 pH 环境中生存，说明本研究中硝化螺旋菌门相对丰度的降低与苜蓿降低土壤 pH 有关。

绿肥对土壤真菌多样性的影响不一致，张慧等（2018）研究发现水稻—绿肥轮作降低土壤真菌丰富度和多样性，Ryota 等（2017）研究发现野豌豆作绿肥提高了土壤真菌多样性，本研究发现苜蓿还田降低了后作麦田土壤真菌丰富度，与张慧等（2018）的研究结果一致。刘震等（2020）研究发现，苜蓿连作土壤中子囊菌门在真菌中占比最大，其次是担子菌门，与本研究结果一致。子囊菌门大多为腐生菌，参与动植物残体的分解；担子菌门多为腐生或寄生，在潮湿环境中，可分解木质纤维素（Yelle，2008），子囊菌门和担子菌门是本研究土壤中主要的真菌分解者。接合菌门大多为腐生或共生，部分接合菌为致病菌，本研究中大播量中还田处理显著降低了土壤接合菌门的相对丰度，说明大播量中还田处理有利于抑制致病菌活性。

本研究主要从细菌和真菌门水平上探讨不同还田处理条件下土壤微生物的组成特征，后续需从纲、目、科、属等不同分类水平上进一步探讨。

(四) 后作麦田土壤细菌和真菌群落功能预测

PICRUSt 功能预测结果显示，大播量处理在 KO 丰度上具有明显优势。研究指出，磷酸甘油酸变位酶在糖酵解、糖异生及甘氨酸、丝氨酸和苏氨酸代谢中有重要作用（王境岩等，2002）。烯酰 CoA 水合酶主要参与脂肪酸 β-氧化（任尧等，2015），乙酰 CoA 酰基转移酶催化 2 个乙酰 CoA 缩合形成乙酰 CoA，通过 β-氧化途径参与脂肪酸降解（王境岩等，2002），醛脱氢酶在糖酵解、糖异生、丙酮酸代谢及脂肪酸降解过程中发挥重要作用（王境岩等，2002）；这 3 种酶还参与缬氨酸、亮氨酸、异亮氨酸和赖氨酸的分解及色氨酸代谢。UDP-葡萄糖 4-差向异构酶在细菌半乳糖代谢机制中介导 UDP-葡萄糖和 UDP-半乳糖的相互转化，也是氨基糖和核苷酸糖代谢中的重要酶（尹森等，2016）。脂酰 CoA 合酶催化脂肪酸活化，为甘油三酯和磷脂的合成提供底物或启动脂肪酸 β-氧化（张世花等，2010），长链脂酰 CoA 合酶是脂酰 CoA 合酶的一种。3-氧酰基-酰基载体蛋白还原酶主要参与多不饱和脂肪酸等脂肪酸的生物合成，在 NADPH 存在的条件下催化底物生成 β-羟烷基酰基载体蛋白（陈昊等，2013）。糖类和脂肪酸是许多细菌主要的碳源；氨基酸是土壤有机氮的重要组成部分，能促进土壤微生物繁殖，加速有机物矿化，促进营养元素释放。本研究中苜蓿大播种量还田处理的上述酶基因相对丰度均显著提高，说明苜蓿大播种量还田为土壤细菌提供丰富的碳源和氮源，促进细菌繁殖，提高土壤碳、氮利用率，加快了养分循环。关于不同还田处理如何影响土壤细菌碳、氮、磷循环相关功能基因的表达有待进一步通过代谢组研究分析。

FUNGuild 功能注释结果显示，相比于夏玉米还田，苜蓿还田处理土壤中腐生型真菌有不同程度的减少，但仍是主要的真菌类型（除大播种量早还田处理外），说明苜蓿在腐解过程中为腐生型真菌提供营养的同时，也促进了其他营养型真菌的繁殖。大播种量早还田处理土壤以病原型真菌为主，其占比高达 91.61%，这可能与早还田苜蓿茎叶水分含量高有关，也可能与早还田气温高湿度大有关，原因有待进一步研究。

八、结论

与复种夏玉米还田相比，夏闲期种植苜蓿可促进冬小麦前期生长发育，提高后作麦田土壤碱解氮含量、有机质含量和土壤酶活性以及细菌群落多样性，有效改善细菌群落结构。苜蓿大播量（22.5 kg/hm²）中还田（9 月 20 日）LT2 处理的后作冬小麦单株发育较好，土壤养分、酶活性以及土壤细菌丰富度和多样性也均较高，且促进有益细菌和腐生真菌繁殖，加快土壤养分循环，促进小麦吸收养分，进而促进获得较高产量。因此，在旱地小麦夏闲期引入苜蓿，采用大播种量（22.5 kg/hm²）且 9 月 20 日还田可以很好地改良麦田土壤。本研究仅通过 PICRUSt 功能预测和 FUNGuild 功能注释对优势细菌和真菌功能进行了初步分析，后续将从转录组学和代谢组学方面更深入研究。

参考文献

曹彦强，闫小娟，罗红燕，等，2018. 不同酸碱性紫色土的硝化活性及微生物群落组成 [J]. 土壤学报，55（1）：194-202.

陈昊，蒋桂雄，龙洪旭，等，2013. 基于油桐种子3个不同发育时期转录组的油脂合成代谢途径分析 [J]. 遗传，35 (12)：1403-1414.

段玉，曹卫东，妥德宝，等，2010. 麦后复种毛叶苕子增产效果研究 [J]. 内蒙古农业科技 (5)：42-43.

高菊生，曹卫东，李冬初，等，2011. 长期双季稻绿肥轮作对水稻产量及稻田土壤有机质的影响 [J]. 生态学报，31 (16)：4542-4548.

耿华珠，1995. 中国苜蓿 [M]. 北京：中国农业出版社.

景豆豆，2018. 苜蓿的不同播量与翻耕期互作对土壤肥力及小麦产量的影响 [D]. 太原：山西农业大学.

李建伟，吴建平，张利平，等，2011. 播量对红豆草和苜蓿生产特性的影响 [J]. 草业科学，28 (11)：2008-2015.

李文广，杨晓晓，黄春国，等，2019. 饲料油菜作绿肥对后茬麦田土壤肥力及细菌群落的影响 [J]. 中国农业科学，52 (15)：2664-2677.

李忠义，张静静，蒙炎成，等，2017. 绿肥还田腐解特征及培肥地力研究进展 [J]. 江苏农业科学，45 (22)：14-18.

林叶春，李雨，陈伟，等，2018. 绿肥压青对喀斯特地区植烟土壤细菌群落特征的影响 [J]. 中国土壤与肥料 (3)：161-167.

刘冲，贾永红，张金汕，等，2020. 播种方式和施磷对冬小麦群体结构、光合特性和产量的影响 [J]. 应用生态学报，31 (3)：919-928.

刘佳，陈信友，张杰，等，2013. 绿肥作物二月兰腐解及养分释放特征研究 [J]. 中国草地学报，35 (6)：58-63.

刘震，徐玉鹏，黄伟，等，2020. 苜蓿连作对盐碱土壤微生物群落结构的影响 [J]. 作物研究，34 (6)：557-562，567.

马克成，王秉龙，2014. 不同行距及播量对紫花苜蓿种子产量和质量的影响 [J]. 陕西农业科学，60 (8)：6-8.

毛勇，2016. 种植苜蓿对盐碱地改良效果的影响 [J]. 宁夏农林科技，57 (9)：46-47，62.

曲志强，黎茁，1985. 绿肥栽培与利用 [M]. 内蒙古：内蒙古人民出版社.

任尧，程世君，马彩虹，等，2015. 耻垢分枝杆菌烯酰辅酶A水合酶编码基因表达分析及其敲除质粒的构建 [J]. 四川师范大学学报（自然科学版），38 (1)：126-133.

宋兆齐，王莉，刘秀花，等，2015. 云南和西藏四处热泉中的厚壁菌门多样性 [J]. 生物技术，25 (5)：481-486.

万水霞，朱宏斌，唐杉，等，2015. 紫云英与化肥配施对安徽沿江双季稻区土壤生物学特性的影响 [J]. 植物营养与肥料学报，21 (2)：387-395.

王光华，刘俊杰，于镇华，等，2016. 土壤酸杆菌门细菌生态学研究进展 [J]. 生物技术通报，32 (2)：14-20.

王劲松，樊芳芳，郭珺，等，2016. 不同作物轮作对连作高粱生长及其根际土壤环境的影响 [J]. 应用生态学报，27 (7)：2283-2291.

王镜岩，朱圣庚，徐长法，2002，生物化学（下册）[M]. 3版. 北京：高等教育出版社.

王俊，刘文兆，李凤民，等，2006. 半干旱黄土区苜蓿地轮作农田土壤氮素变化 [J]. 草业学报，15 (5)：32-37.

王林娜，景春梅，张玲，等，2017. 不同种植年限紫花苜蓿和棉花轮作对土壤理化性质的影响 [J]. 新疆农业科学，54 (8)：1523-1530.

王彦华，王成章，李德锋，等，2017. 播种量和品种对紫花苜蓿植株动态变化、产量及品质的影响 [J]. 草业学报，26（2）：123-135.

吴新卫，韩清芳，贾志宽，2007. 不同苜蓿品种根茎和根系形态学特征比较及根系发育能力 [J]. 西北农业学报，16（2）：80-86.

杨宁，2012. 豆科绿肥—冬小麦轮作提高小麦产量和营养元素含量的效应与土壤机制 [D]. 杨凌：西北农林科技大学.

杨珍平，郝教敏，卜玉山，等，2012. 苜蓿根系生长对黄土母质生土的改良效应 [J]. 草地学报，20（3）：489-496.

尹森，孔建强，2016. UDP－糖基供体的生物合成途径分析 [J]. 中国医药生物技术，11（4）：355-359.

张超，朱三荣，田峰，等，2016. 不同绿肥对湘西烟田土壤细菌群落结构与多样性的影响 [J]. 贵州农业科学，44（5）：43-46.

张春，2013. 夏闲期种植不同绿肥作物对土壤性状及冬小麦生长的影响 [D]. 杨凌：西北农林科技大学.

张春，杨万忠，韩清芳，等，2014. 夏闲期种植不同绿肥作物对土壤养分及冬小麦产量的影响 [J]. 干旱地区农业研究，32（2）：66-72，84.

张慧，马连杰，杭晓宁，等，2018. 不同轮作模式下稻田土壤细菌和真菌多样性变化 [J]. 江苏农业学报，34（4）：804-810.

张世花，邹恩强，杜希华，2010. 植物脂酰-CoA 合成酶基因家族研究进展 [J]. 山东师范大学学报（自然科学版），25（3）：119-123.

张晓琪，景豆豆，杨珍平，等，2019. 绿肥苜蓿合理还田提高旱地小麦产量及土壤养分研究 [J]. 华北农学报，34（S1）：221-227.

赵鲁，史冬燕，高小叶，等，2012. 紫花苜蓿绿肥对水稻产量和土壤肥力的影响 [J]. 草业科学，29（7）：1142-1147.

赵萍，赵功强，马莉，2010. 半干旱地区苜蓿旱作播种技术研究 [J]. 作物杂志（1）：100-102.

朱军，石书兵，马林，等，2008. 不同时期套种绿肥对免耕春小麦光合生理特性及产量的影响 [J]. 新疆农业科学，45（6）：990-995.

Delmont T O, Quince C, Shaiber A, et al., 2018. Nitrogen-fixing populations of Planctomycetes and Proteobacteria are abundant in surface ocean metagenomes [J]. Nature Microbiology, 3 (7): 804-813.

Ella W, Sara H, Laurent P, 2010. Differential responses of bacterial and archaeal groups at high taxonomical ranks to soil management [J]. Soil Biology and Biochemistry, 42 (10): 1759-1765.

Gao S J, Zhang R G, Cao W D, et al., 2015. Long-term rice-rice-green manure rotation changing the microbial communities in typical red paddy soil in South China [J]. Journal of Integrative Agriculture, 14 (12): 2512-2520.

Levin D B, Tomazini A J, Lal S, et al., 2018. Analysis of carbohydrate-active enzymes in *Thermogemmatispora* sp. *strain* T81 reveals carbohydrate degradation ability [J]. Canadian Journal of Microbiology, 64 (12): 992-1003.

Ryota K, Katsuhiko N, Yasuhiro T, et al., 2017. Hairy vetch (*Vicia villosa*), as a green manure, increases fungal biomass, fungal community composition, and phosphatase activity in soil [J]. Applied Soil Ecology, 117-118: 16-20.

Yelle D J, Ralph J, Lu F, et al., 2008. Evidence for cleavage of lignin by a brown rot basidiomycete [J]. Environmental Microbiology, 10 (7): 1844-1849.

第六章　麦后复种饲料油菜提升北方晚熟冬麦区小麦产量、品质和土壤肥力及周年经济效益研究

一、后作冬小麦生长发育

（一）后作冬小麦抽穗前单株绿叶数及株高

从三叶期到孕穗期，随着生育时期的延长，后作冬小麦单株绿叶数及株高均呈逐渐增加的趋势；就单株绿叶数而言，三叶期至越冬期为第一次增长高峰期（$P<0.05$），起身期至拔节期为第二次增长高峰期（$P<0.05$），从拔节期开始处理之间的差异增大，麦后复种饲料油菜还田处理（T）的单株绿叶数最多（$P<0.05$）。而株高的显著增加发生在起身期到孕穗期，起身期到拔节期的增长幅度更大，但3个处理间仅在拔节初期达到显著差异，且T的株高在整个拔节期均显著低于另两个处理（$P<0.05$），其原因可能是还田处理需要消耗部分土壤营养用于油菜腐解，另外，还田处理促进了单株分蘖增多，使植株生长健壮，因而株高偏低（图6-1）。

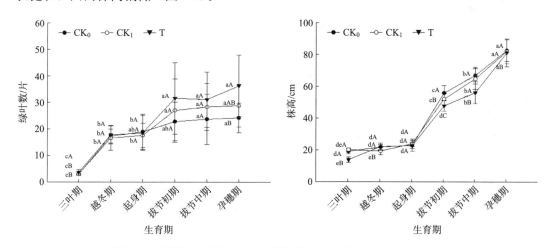

图6-1　不同处理后作冬小麦抽穗前单株绿叶数和株高的变化曲线

注：小写字母不同表示同一处理不同生育时期之间的差异显著（$P<0.05$）；大写字母不同表示同一生育时期不同处理之间的差异显著（$P<0.05$）；CK_0为不种油菜的空白对照；CK_1为油菜地上部全部收获；T为油菜地上部全量还田。余同。

（二）后作冬小麦功能叶面积

首先需要说明的是，扬花期前调查的是单株功能叶片（旗叶和倒二叶）的长、宽和面积，花后灌浆期调查的是单茎功能叶片（旗叶和倒二叶）的长、宽和面积。

花前单株功能叶片的长、宽和面积受生育时期的影响（旗叶、倒二叶的变异系数分别为 33.34%～62.73% 和 15.65%～42.91%）明显大于不同处理的影响（旗叶、倒二叶的变异系数分别为 1.45%～27.81% 和 0.33%～10.36%），与单株绿叶数和株高的情况类似。不同处理对功能叶宽的影响（旗叶、倒二叶的变异系数分别为 1.53%～20.66% 和 2.11%～10.36%）明显大于对叶长的影响（旗叶、倒二叶的变异系数分别为 1.45%～4.26% 和 0.33%～3.80%）。整体来讲，旗叶的长、宽及面积在孕穗期达到最大值（CK_1 的叶面积除外），孕穗后变化不大；尤其是旗叶宽和面积，处理间的差异主要表现在起身至拔节中期，其次是扬花期，但差异不显著（$P>0.05$）。倒二叶长、宽及面积增长主要在起身至拔节初期，处理间的差异大多不显著（$P>0.05$，表 6-1）。随着灌浆期的推进，冬小麦功能叶的长、宽及面积呈缓慢降低的趋势。总体而言，种植油菜处理有一定的增加灌浆期旗叶绿色面积的作用，但对倒二叶的影响不大（表 6-2）。

表 6-1　不同处理后作冬小麦返青至扬花期单株功能叶面积的变化

叶片位置	指标	处理	返青期	起身期	拔节初期	拔节中期	孕穗期	抽穗期	扬花期
旗叶	长/cm	CK_0	—	6.63cA	12.13bA	14.78bA	19.97aA	20.07aA	20.88aA
		CK_1	—	6.40cA	12.89bA	14.9bA	20.25aA	20.69aA	22.49aA
		T	—	6.28cA	12.47bA	14.35bA	19.67aA	20.16aA	22.51aA
	宽/cm	CK_0	—	0.77bA	0.79bB	0.78bB	1.60aA	1.62aA	1.50aB
		CK_1	—	0.60cB	1.02bA	1.19bA	1.53aA	1.67aA	1.68aA
		T	—	0.62cB	1.13bA	1.03bA	1.74aA	1.64aA	1.71aA
	面积/cm²	CK_0	—	3.95cA	7.37bC	8.69bC	23.93aA	24.51aA	23.53aB
		CK_1	—	3.02eB	9.65dB	15.37cA	23.26bA	25.96aA	28.28aA
		T	—	3.27cB	10.9bA	11.97bB	25.58aA	24.74aA	28.86aA
倒二叶	长/cm	CK_0	14.35bA	12.64bA	25.77aA	25.77aA	26.98aA	26.71aA	27.29aA
		CK_1	14.26bA	13.36bA	25.31aA	27.54aA	26.26aA	26.53aA	26.38aA
		T	14.28cA	12.49cA	25.3bA	26.88abA	27.19abA	27.82aA	25.29bA
	宽/cm	CK_0	0.99bA	0.96bA	1.32aA	1.32aA	1.39aA	1.4aA	1.42aA
		CK_1	0.88bA	0.79bA	1.37aA	1.37aA	1.45aA	1.48aA	1.52aA
		T	0.96bA	0.94bA	1.43aA	1.38aA	1.42aA	1.39aA	1.41aA
	面积/cm²	CK_0	10.64cA	9.11cA	25.43bA	25.33bA	28.13aA	28.08aA	29.13aA
		CK_1	9.43cA	7.82cA	25.90bA	28.38abA	28.56abA	29.51aA	30.06aA
		T	10.31bA	8.86bA	27.11aA	28.01aA	28.64aA	28.94aA	26.67aB

注：不同小写字母表示同一处理不同生育时期间差异显著（$P<0.05$）；不同大写字母表示同一生育时期不同处理间差异显著（$P<0.05$）。

表 6-2　不同处理后作冬小麦灌浆期单茎功能叶面积的变化

叶片位置	指标	处理	5 d	10 d	15 d	20 d	25 d	30 d
旗叶	长/cm	CK_0	20.67aA	20.16aA	20.41aA	20.44aA	18.13bA	17.49cA
		CK_1	20.11aA	21.04aA	20.15aA	20.02aA	18.47bA	18.19cA
		T	20.21aA	20.68aA	21.05aA	21.12aA	18.28bA	18.26bA
	宽/cm	CK_0	1.64aA	1.56aA	1.58aA	1.60aA	1.59aB	1.43bC
		CK_1	1.67aA	1.62aA	1.66aA	1.68aA	1.69aA	1.60aB
		T	1.77aA	1.67aA	1.74aA	1.67aA	1.70aA	1.69aA
	面积/cm²	CK_0	25.29aA	23.9aA	24.54aA	24.45aA	21.54bA	18.65cB
		CK_1	25.25aA	25.66aA	25.28aA	25.22aA	23.57bA	21.81cA
		T	26.98aA	26.05aA	27.55aA	26.56aA	23.29bA	23.19bA
倒二叶	长/cm	CK_0	27.93aA	27.23aA	26.31aA	27.70aA	26.44aA	21.80bA
		CK_1	26.65aA	27.63aA	25.03aA	26.25aAB	25.16aA	24.38aA
		T	25.46aA	25.90aA	26.07aA	25.47aB	24.39aA	24.15aA
	宽/cm	CK_0	1.40aB	1.41aB	1.4aA	1.38aB	1.45aA	1.31bB
		CK_1	1.49aA	1.47aA	1.48aA	1.45aA	1.41abA	1.32bB
		T	1.40aB	1.38aB	1.42aA	1.42aA	1.42aA	1.42aA
	面积/cm²	CK_0	29.34aA	28.89aA	27.59aA	28.65aA	28.76aA	21.40bB
		CK_1	29.91aA	30.48aA	27.91aA	28.51aA	26.66bA	24.27cA
		T	26.58aB	26.93aA	27.84aA	26.98aA	25.83aA	23.93bA

注：灌浆期的叶面积数据在花后 5～30 d 测定；不同小写字母表示同一处理不同生育时期间差异显著（$P<0.05$）；不同大写字母表示同一生育时期不同处理间差异显著（$P<0.05$）。

二、后作冬小麦产量、品质

（一）后作冬小麦产量及产量结构

3 个处理后作冬小麦的产量结构差异主要表现在穗粒数上，排序为 T＞CK_0＞CK_1（$P<0.05$）；总穗数和千粒重差异不显著（$P>0.05$）。从冬小麦的实际产量来看，T 较 CK_0 增产 5.7%，但差异未达到显著水平（$P>0.05$），CK_1 比 CK_0 产量显著降低（表 6-3）。

表 6-3　不同处理后作冬小麦产量及产量结构

处理	每亩*¹总穗数/×10⁴	穗粒数	千粒重/g	每亩理论产量/kg	每亩实际产量/kg
CK_0	28.20±2.78a	24.00±0.46b	49.90±2.12a	338.7±11.2b	291.3±10.7b
CK_1	28.00±2.00a	21.20±0.44c	49.30±3.05a	291.9±10.7c	269.6±2.5c
T	28.50±2.35a	26.00±0.40a	50.00±5.08a	368.2±4.9a	308.2±8.7a

注：同列不同小写字母表示处理间差异显著（$P<0.05$）。

---

* 亩为非法定计量单位，1 亩＝667 m²。——编者注

（二）后作冬小麦植株 N、P 及干物质积累

1. 后作冬小麦植株 N、P 积累

表 6-4 为后作冬小麦花前（含扬花期）植株 N、P 含量和灌浆期单茎 N、P 含量测定值。可以看出，生育时期延长对冬小麦植株 N、P 含量的影响远大于处理的影响。花前冬小麦植株 N、P 含量呈先增后降的变化趋势，其中 N 含量在孕穗期达到最大值（$P<0.05$），P 含量在返青期达到最大值（$P<0.05$）。处理之间比较，冬前 CK_0 的植株 N 含量最高（$P<0.05$），返青至拔节中期 T 的植株 N 含量最高（$P<0.05$），可能的原因是冬前还田处理需要消耗一部分营养用于油菜腐解，而在返青期至拔节期的分蘖大量发生期，T 因油菜腐解后增加了土壤无机 N 含量，从而促进了根系吸收及茎叶积累 N，而植株积累 P，T 则不具备优势。

表 6-4 不同处理后作冬小麦植株 N、P 含量的变化

生育时期		植株 N 含量/（g/kg）			植株 P 含量/（g/kg）		
		CK_0	CK_1	T	CK_0	CK_1	T
灌浆前	三叶期	0.48fA	0.35hC	0.38rB	0.24dAB	0.27dA	0.22fB
	越冬期	0.55fA	0.43gB	0.43hB	0.45bA	0.45bA	0.42cB
	返青期	1.64eA	1.59fA	1.69gA	0.54aB	0.59aA	0.51aC
	起身期	1.74eC	1.91eB	2.06eA	—	—	—
	拔节初期	2.10dB	2.11dB	2.30dA	0.52aA	0.43bcC	0.47bB
	拔节中期	2.31cC	2.38cB	2.62cA	0.43bA	0.42cA	0.42cA
	孕穗期	3.23aA	3.04aA	3.19aA	0.33cB	0.27dC	0.38dA
	抽穗期	2.72bB	2.71bB	2.79bA	0.25dA	0.24eA	0.25eA
	扬花期	2.01dA	2.07dA	2.01fA	0.26dA	0.22fA	0.21fA
灌浆期	5d	2.05fB	2.04fB	2.18fA	0.22aA	0.20aA	0.24aA
	10d	2.26eA	2.25eA	2.27eA	0.19bcA	0.12bcC	0.15dB
	15d	2.42dC	2.50dB	2.59dA	0.14dA	0.10cC	0.13eB
	20d	2.66cB	2.62cC	2.71cA	0.18cA	0.15abcB	0.18cA
	25d	2.81bB	2.74bC	2.99bA	0.20bA	0.16abB	0.21bA
	30d	2.95aB	2.85aC	3.27aA	0.22aB	0.17abC	0.24aA

注：不同小写字母表示同一处理不同生育时期间差异显著（$P<0.05$）；不同大写字母表示同一生育时期不同处理间差异显著（$P<0.05$）。

观察灌浆期的单茎 N、P 含量，发现随着灌浆期的推进，单茎 N 含量呈逐渐增加的趋势，花后 30 d 达到最大值（$P<0.05$）；单茎 P 含量呈先降后升的趋势，花后 15 d 最低（$P<0.05$），花后 5 d 和 30 d 差异不大（$P>0.05$）。处理之间比较，T 的单茎 N 含量较高，其单茎 P 含量在花后 20~30 d 也最高。总之，麦后复种饲料油菜有利于后作冬小麦植株或单茎 N、P 含量的提高。

2. 后作冬小麦灌浆期干物质积累

在灌浆期，随着花后同化产物的积累及植株干物质向穗部转移，植株干重明显下降，

而穗部干重呈逐渐增加的趋势（图 6-2）。本试验中，花后 5～20 d 是植株干物质快速运转期，花后 20～30 d 是穗部干物质快速增长期，说明花后 20～30 d 穗部干物质积累主要源于光合产物积累。处理之间比较，T 的植株干物质运转及花后光合产物积累均明显高于其他处理。

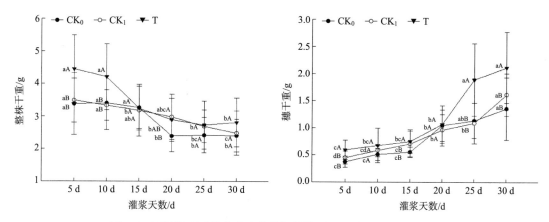

图 6-2　不同处理后作冬小麦灌浆期植株干重、穗干重的变化趋势

注：不同小写字母表示同一处理不同生育时期间差异显著（$P<0.05$）；不同大写字母表示同一生育时期不同处理间差异显著（$P<0.05$）。

3. 后作冬小麦灌浆期籽粒蛋白质积累

将冬小麦籽粒蛋白质及其组分含量列于表 6-5，可以看出，小麦籽粒蛋白质总含量整体呈现先下降后升高的趋势，在灌浆第 10 天为最低值，之后持续升高，在灌浆第 30 天达到最大值，其中 T 的蛋白质含量显著高于 CK_0 和 CK_1（$P<0.05$）。观察各蛋白组分含量随灌浆进程的变化趋势可知，清蛋白含量呈持续下降趋势；球蛋白与蛋白质总含量趋势类似，呈先下降后上升趋势，在灌浆第 15 天达到最低值；而醇溶蛋白和谷蛋白含量从灌浆期第 5 天开始持续增长，并且在灌浆期第 30 天最高。总的来说，在灌浆初期（0～10 d），小麦籽粒中以清蛋白和球蛋白为主要成分，进入灌浆高峰期（10～20 d）后，清蛋白和球蛋白含量降低，醇溶蛋白和谷蛋白含量增加。这种变化可能与小麦品种有很大关系，CA0547 是一种强筋小麦，湿面筋含量较高（32%～35%），而醇溶蛋白和谷蛋白水合后形成面筋，是决定小麦面筋含量的重要因素，因此，在灌浆后期谷蛋白和醇溶蛋白增多。处理间比较，T 明显提高了灌浆后期（20～30 d）籽粒醇溶蛋白和谷蛋白的含量（$P<0.05$），提升了小麦籽粒品质。

表 6-5　后作冬小麦灌浆期籽粒蛋白质及其组分含量

指标	不同处理	第 5 天	第 10 天	第 15 天	第 20 天	第 25 天	第 30 天
	CK_0	10.07Ac	9.17Bd	9.5Cd	10.81Bb	11.44Ca	11.81Ba
蛋白质	CK_1	10.16Ac	9.25Bd	9.89Bc	11.43ABb	12.13Ba	11.93Ba
	T	10.37Ac	9.7Ad	10.1Acd	11.95Ab	12.58Aa	12.55Aa

（续）

指标	不同处理	第5天	第10天	第15天	第20天	第25天	第30天
清蛋白	CK$_0$	5.96aB	4.59bB	3.67cA	3.25dB	2.67eB	1.98fA
	CK$_1$	6.26aC	5.15bA	3.91cA	3.86cA	3.19dA	1.68eB
	T	6.63aA	5.21bA	3.87cA	3.55dAB	2.82eAB	1.75fAB
球蛋白	CK$_0$	1.88aA	1.73abA	1.68bA	1.75abA	1.81abA	1.88aA
	CK$_1$	1.88aA	1.53bA	1.47bA	1.54bA	1.62abA	1.72abA
	T	1.71aA	1.54bA	1.5bA	1.56bA	1.64abA	1.76aA
醇溶蛋白	CK$_0$	0.82fA	1.13eA	1.94dA	2.36cB	3.21bB	3.94aB
	CK$_1$	0.84dA	0.99dA	2.31cA	2.53cAB	3.36bB	4.24aAB
	T	0.85aA	1.34bA	2.24cA	2.88dA	3.87eA	4.41fA
谷蛋白	CK$_0$	1.42fA	1.72eA	2.22dA	3.45cB	3.76bB	4.01aB
	CK$_1$	1.19dA	1.57dA	2.2cA	3.5bB	3.97aAB	4.28aAB
	T	1.17eA	1.61dA	2.49cA	3.96bA	4.24bA	4.64aA

注：不同小写字母表示同一处理不同生育时期间差异显著（$P < 0.05$）；不同大写字母表示同一生育时期不同处理间差异显著（$P < 0.05$）。

三、后作冬小麦土壤肥力及周年经济效益

（一）后作冬小麦土壤有机质、酶活性及水分状况

本试验中，选择后作冬小麦分蘖发生高峰期（拔节期，4月15日取样）和分蘖两极分化期（孕穗期，5月1日取样）进行后作小麦根际土壤有机质含量、脲酶活性、蔗糖酶活性以及土壤水分含量的测定（图6-3）。对上述各指标分别作生育时期（a）、还田处理（b）及土层深度（c）的三因素方差分析及多重比较，结果表明，试验模型总方差均达到差异极显著水平（$P < 0.001$ 或 $P < 0.000\,1$，$R^2 = 0.877\,1 \sim 0.962\,5$），分析可靠。

拔节期的土壤有机质含量明显高于孕穗期，说明生殖生长是小麦吸收土壤营养的高峰期；处理之间 T 的土壤有机质含量最高，说明油菜秸秆还田腐解后，可能为土壤带来大量腐殖质；土层之间 0~10 cm 土层的有机质含量最高，0~40 cm 土层平均有机质含量达到 10 g/kg 以上；在拔节期和孕穗期，随着土层的加深，3 个处理的有机质含量均递减，表明 0~40 cm 土层，尤其是 0~10 cm 表土层，是影响作物生长的关键土层。另外，作者在麦收后复种油菜前，对 0~20 cm、20~40 cm、40~60 cm、60~80 cm 和 80~100 cm 土层的基础土壤有机质含量进行了测定，结果分别为：11.25 g/kg、10.01 g/kg、8.42 g/kg、6.73 g/kg 和 6.16 g/kg，表现为随土层加深有机质含量降低。通过比较基础土壤和后作小麦拔节期、孕穗期土壤有机质含量，发现：T 各个土层的有机质含量均高于基础土壤，CK$_0$ 除 0~20 cm 土层的有机质含量高于基础土壤外，其余土层均低于基础土壤；CK$_1$ 则在 0~60 cm 土层的有机质含量高于基础土壤，60 cm 以下土层有机质含量则低于基础土壤。可见油菜还田对土壤有机质含量有一定的提升作用（图6-3）。

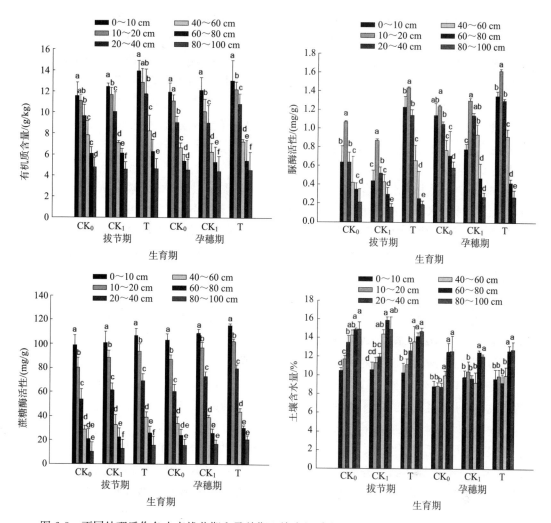

图 6-3　不同处理后作冬小麦拔节期和孕穗期土壤有机质含量、酶活性及土壤含水量垂直分布

注：柱形图上方不同小写字母表示同一处理同一生育期不同土层之间的差异显著（$P < 0.05$）。

孕穗期的土壤脲酶活性明显高于拔节期；在拔节期和孕穗期，根际土壤脲酶活性均以 $10 \sim 20$ cm 土层为最高（$P < 0.05$），随着土层的加深，脲酶活性逐渐降低；$0 \sim 10$ cm 表层土壤的脲酶活性明显低于 $10 \sim 20$ cm 土层，而 CK_1 在该土层的土壤脲酶活性甚至近于或低于 $40 \sim 60$ cm 土层。T 的平均土壤脲酶活性明显高于 CK_0 和 CK_1，但在 60 cm 以下土层则不及 CK_0 或 CK_1，可能是由于油菜还田深度在 $0 \sim 40$ cm 土层范围内，促进了该层及其邻近的 $40 \sim 60$ cm 土层的微生物繁衍、脲酶活性提高，而 60 cm 以下土层反而有所降低。T 在 $0 \sim 60$ cm 土层的根际土壤脲酶活性更高，表明油菜还田可以明显提高该土层脲酶的活性，从而有利于吸收土壤中的 N。CK_1 土壤脲酶活性在拔节期明显低于 CK_0，而在孕穗期在 $10 \sim 60$ cm 土层则高于 CK_0，可能是由于油菜根系腐解是个缓慢的过程，且需要消耗一定的 N，导致拔节前土壤脲酶活性偏低；而到孕穗期，根系腐解可能增加了土壤中的无机氮、无机磷的含量，进一步促进了土壤脲酶活性的提高。

在 0～100 cm 土层范围内，土壤蔗糖酶活性随土层加深而降低，20～40 cm 到 40～60 cm 土层下降最为显著，而降低了 45.32%。土壤蔗糖酶活性主要活跃在 0～40 cm 土层，占到了 0～100 cm 土层蔗糖酶总活性的 77.47%，这可能是由于在该土层小麦根系分泌物质较多，土壤微生物较为活跃。在拔节期和孕穗期，T 的土壤蔗糖酶活性均明显高于其他两组，这可能是由于油菜秸秆还田腐解后，为土壤带来了大量腐殖质，提高了土壤有机碳含量，进而促进了土壤蔗糖酶活性的提高，保护了土壤蔗糖酶使其免遭分解和变性。在不同生育期，孕穗期土壤蔗糖酶活性明显高于拔节期，进一步说明了生殖生长是作物吸收营养的高峰期。

0～60 cm 土层土壤水分含量明显低于 60 cm 以下土层；3 个处理土壤水分含量以 T 为最高，其次为 CK_0，CK_1 最低，三者之间未达到显著差异（$P>0.05$）。拔节期土壤平均含水量为 13%，孕穗期明显降低，说明拔节至孕穗期，作物生长量急速增加，为需水高峰期。0～60 cm 土层土壤水分含量（9%～11%左右）明显低于 60 cm 以下土层（平均13%以上），说明拔节至孕穗期小麦根系的活跃吸收层主要在 0～60 cm 土层，因此该层土壤水分含量偏低，结合土壤脲酶活性，我们发现，0～60 cm 土层酶活性较高，也充分说明 0～60 cm 土层为活跃吸收层；60 cm 以下土层土壤水分含量较高，脲酶活性则较低，主要为生育后期深层根系所吸收利用。

（二）麦后复种饲料油菜对周年经济效益的影响

小麦价格以 2.4 元/kg 计算，鲜油菜以 160 元/t 计算；CK_0 农机费为每亩 60 元，另外两组农机费用为每亩 90 元；种子费：油菜 70 元/kg（每亩 1.5 kg），小麦 2.4 元/kg（每亩 15 kg）；肥料投入：每亩 150 元。

从表 6-6 可以看出，CK_0、CK_1 和 T 的每亩年净收益分别为 436.00 元、840.53 元和 312.76 元，三者差异达到显著水平（$P<0.05$）。CK_1 较 CK_0 的经济效益提高了 128.97%，T 较 CK_0 的经济效益降低了 57.28%。可见，麦后复种饲料油菜且收获地上部分，可以明显提高经济效益。饲料油菜还田作为绿肥的处理，其当年的经济效益虽不及 CK_0，但可以改善土壤质量，提高土壤可持续利用能力。

表 6-6　不同处理的经济效益比较

处理	每亩经济产量/kg		每亩生产成本/元			每亩经济效益/元
	油菜	小麦	生产资料	机械投入	劳动成本	
CK_0	0	291.33	206	60	90	343.19b
CK_1	4 444.3	269.33	311	90	150	785.79a
T	0	308.00	311	90	120	218.20c

四、讨论与结论

（一）麦后复种饲料油菜对后作冬小麦植株生长的影响

水分是影响小麦生长发育的主要因素之一（韩浏等，2018），有研究表明，夏休闲期种植油菜会消耗较多的土壤水分（李婧等，2012），导致后作小麦生长水分不足，土壤养分亏缺，从而影响小麦生长。本研究中，2 个复种油菜处理（还田处理 T 和不还田处理 CK_1）的小麦单株绿叶数明显高于不复种油菜的对照 CK_0（$P<0.05$），且 T>CK_1；复种油菜处理的小麦旗叶宽及面积也较高，表明在晋中地区，麦后复种饲料油菜有利于促进后作冬小麦分蘖的发生，使光合叶面积提高。气象资料（图 6-4）表明，试验地太谷县 2016 年 7 至 9 月平均月降水量为 70.03 mm，水分充足，可以满足种植油菜需要的土壤水分；而且还田后的油菜的冬前腐解过程，有利于后作冬小麦春季生长期植株 N 的积累（表 6-4），进而促进干物质积累（图 6-2）、提高产量（表 6-3）。

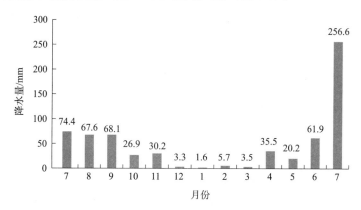

图 6-4　太谷县 2015 年 7 月至 2016 年 7 月平均降水量

（二）麦后复种饲料油菜对后作冬小麦产量及品质的影响

小麦的穗数、穗粒数、千粒重是评价小麦产量的重要指标（王贺正等，2013）。本试验中，3 个处理的总穗数和千粒重差异不显著（$P>0.05$）；穗粒数则表现为 T>CK_0>CK_1（$P<0.05$）。其原因可能是单位面积穗数取决于冬前茎蘖的生长状况，穗粒数取决于拔节至孕穗期穗部的发育状况，粒重由花前茎叶干物质转运量和花后光合产物积累量构成，前者主要取决于茎叶干物质的积累，尤其是 N、P 的积累，后者主要取决于旗叶、倒二叶及穗部的光合能力。本研究中，单株绿叶数 T>CK_1>CK_0；拔节至孕穗期 T 的植株 N 积累更多，表明其营养更充分，更有利于保花增粒。小麦植株 N 含量对小麦产量有着至关重要的影响（车升国等，2016），提高植株 N 含量是提高小麦产量的一种重要方式；绿肥可以转化土壤中的 P 等难溶性养分（孙铁军等，2007）。本试验中，小麦植株 N 含量冬前表现为对照组明显高于两个试验组，返青之后复种油菜组尤其是 T 的植株 N 含量更高；灌浆 0～20 d，T、CK_1 和 CK_0 之间的植株 P 含量并无太大差异，但 CK_0 略高；而灌浆 20 d 后，T 植株 P 含量则不同程度地高于 CK_0 和 CK_1，这可能是因为冬前油菜根茎叶腐解消耗了土壤中的一部分 N、P 营养；而返青至灌浆期，腐解后的油菜活化了土壤 N、P 营养，表现为在 N、P 吸收积累高峰期，植株 N、P 含量高，干物质积累及转运量高，进而提高了小麦产量。总之，本试验中，T 明显提高了后作冬小麦籽粒产量，与前人的研究结果一致（段玉等，2010）。且 T 处理也明显提高了后作冬小麦籽粒蛋白质总含量（$P<0.05$）。

（三）麦后复种饲料油菜对后作冬小麦土壤肥力的影响

土壤蔗糖酶、脲酶、有机质是反映土壤肥力的重要指标，它们之间具有紧密的联系

（马瑞萍等，2014）。土壤脲酶活性表征土壤有机态氮向有效态氮的转化能力（Jiao et al.，2008）；土壤蔗糖酶活性表征土壤有机碳的分解和转化（Zhao et al.，2012）；土壤有机质含量与土壤脲酶活性正相关（张丽琼等，2014），同时土壤有机质含量的提高可以保护蔗糖酶不被分解。因此，本试验选取这 3 个指标进行测定分析。

土壤有机质含量的高低能反映土壤质量的好坏（田国成等，2015）。本研究中，在拔节期和孕穗期，油菜全量还田均明显提高了土壤的有机质含量，这与前人的研究结果一致（叶协锋等，2016），这主要是由于油菜秸秆在腐解过程中为土壤带来了大量的氮源和碳源（张经廷等，2017），促进了土壤中微生物及酶的代谢（仉国涵等，2014）；从拔节期到孕穗期所有处理的土壤有机质含量均明显降低，这可能是由于此期为小麦生长高峰期，需要消耗大量土壤水分（图 6-3）和养分。从本研究结果还可以看出，油菜还田对0~40 cm 土层土壤有机质的提高效果最好，且 0~20 cm 土层的提高最为显著（田明慧等，2016），这是由于还田的油菜秸秆主要翻压在土壤耕作层，释放的养分也大部分存在于土壤耕作层，因此油菜还田对土壤耕作层的改良效果更好。

土壤脲酶直接参与土壤含氮有机物的转化，其活性常常被用来反映土壤供氮水平（程冬冬等，2013）。本试验表明土壤脲酶活性在 10~20 cm 土层最高。根据吕宁等（2015）的观点，脲酶主要来源于土壤微生物以及植物活体分泌或植物残体。因此，不难解释一方面油菜秸秆的腐解提高了周围土层微生物的活性与数量进而分泌更多的土壤脲酶；另一方面，油菜秸秆残体释放了一部分脲酶。同时，CK_1 脲酶活性在拔节期低于 CK_0，而在孕穗期却高于 CK_0，这可能是由于油菜根系的腐解过程较为缓慢，需要一定的时间，而这也反映了油菜秸秆的分解腐烂相较于油菜根系更为容易（李增强等，2017）；根据李逢雨等（2009）的研究，油菜秸秆中的养分大部分在前期释放，那么 CK_1 在孕穗期土壤脲酶活性的提高是否是由于油菜根系在后期腐解发挥了作用，将在后续研究中进一步探讨。

土壤蔗糖酶可以通过酶解土壤中的大分子糖类参与有机碳的形态转化（马瑞萍等，2014），同时也可以直接参与一些有机质的代谢，为土壤微生物提供能源（钟晓兰等，2015），常常被用来反映土壤熟化程度（马忠明等，2011）。油菜秸秆中含有大量可溶性多糖、氨基酸以及大量的无机养分（胡宏祥等，2012），在油菜全量还田后，为蔗糖酶提供了更多的酶解底物，导致土壤蔗糖酶活性明显增加。同时，油菜全量还田增加了土壤有机质含量，保护蔗糖酶不受分解。

总体而言，饲料油菜全量还田对后作冬小麦土壤肥力的提升效果最佳。

（四）麦后复种饲料油菜对周年经济效益的影响

油菜—小麦周年经济效益取决于油菜种植带来的经济效益与小麦生产带来的经济效益之和。本研究中，CK_1 较 CK_0 经济效益提高了 128.97%，而 T 经济效益最低，较 CK_0 降低了 57.28%。可能是由于本研究是一年期试验，油菜改土效应促进后作冬小麦增产所带来的效益还不足以弥补或超过油菜栽培所消耗的资本投入。但油菜还田的改土效应已初见成效，因此后续将进行多年复种还田定位试验的改土效应与经济效益评价研究。

综上所述，在晋中地区，油菜还田可以促进后作冬小麦植株生长发育及干物质积累，从而提高小麦产量；还可以提高后作小麦籽粒蛋白质含量；同时促进了土壤酶活性的提高与有机质含量的提升。种植油菜并且不还田可以提高经济效益。

参考文献

车升国，袁亮，李燕婷，等，2016. 我国主要麦区小麦氮素吸收及其产量效应［J］. 植物营养与肥料学报，22（2）：287-295.

程冬冬，赵贵哲，刘亚青，等，2013. 土壤温度、土壤含水量对高分子缓释肥养分释放及土壤酶活性的影响［J］. 水土保持学报，27（6）：216-225.

段玉，曹卫东，妥德宝，等，2010. 麦后复种毛叶苕子增产效果研究［J］. 内蒙古农业科技（5）：42-43.

韩浏，陈玉章，李瑞，等，2018. 秸秆带状覆盖下旱地冬小麦生长和土壤水分动态差异［J］. 核农学报，32（9）：1831-1838.

胡宏祥，程燕，马友华，等，2012. 油菜秸秆还田腐解变化特征及其培肥土壤的作用［J］. 中国农业生态学报，20（3）：297-302.

李逢雨，孙锡发，冯文强，等，2009. 麦秆、油菜秆还田腐解速率及养分释放规律研究［J］. 植物营养与肥料学报，15（2）：374-380.

李婧，张达斌，王峥，等，2012. 施肥和绿肥翻压方式对旱地冬小麦生长及土壤水分利用的影响［J］. 干旱地区农业研究，30（3）：136-142.

李增强，王建红，张贤，2017. 绿肥腐解及养分释放过程研究进展［J］. 中国土壤与肥料（4）：8-16.

吕宁，尹飞虎，陈云，等，2015. 大气 CO_2 浓度增加与氮肥对棉花生物量、氮吸收量及土壤脲酶活性的影响［J］. 应用生态学报，26（11）：3337-3344.

马瑞萍，安韶山，党廷辉，等，2014. 黄土高原不同植物群落土壤团聚体中有机碳和酶活性研究［J］. 土壤学报，51（1）：104-113.

马忠明，杜少平，王平，等，2011. 长期定位施肥对小麦玉米间作土壤酶活性的影响［J］. 核农学报，25（4）：796-801.

侣国涵，赵书军，王瑞，等，2014. 连年翻压绿肥对植烟土壤物理及生物性状的影响［J］. 植物营养与肥料学报，20（4）：905-912.

孙铁军，滕文军，王淑琴，等，2007. 紫花苜蓿种植对山地荒沟客土理化性质的影响［J］. 山地学报，25（5）：596-601.

田国成，孙路，施明新，等，2015. 小麦秸秆焚烧对土壤有机质积累和微生物活性的影响［J］. 植物营养与肥料学报，21（4）：1081-1087.

田明慧，张明发，田峰，等，2016. 不同绿肥翻压对玉米产量及土壤肥力的影响［J］. 中国农学通报，32（9）：41-46.

王贺正，张均，吴金芝，等，2013. 不同氮素水平对小麦旗叶生理特性和产量的影响［J］. 草业学报，22（4）：69-75.

叶协锋，杨超，李正，等，2016. 绿肥对植烟土壤酶活性及土壤肥力的影响［J］. 中国农学通报，32（9）：41-46.

张经廷，张丽华，吕丽华，等，2017. 还田作物秸秆腐解及其养分释放特征概述［J］. 核农学报，32（11）：2274-2280.

张丽琼，郝明德，臧逸飞，等，2014. 苜蓿和小麦长期连作对土壤酶活性及养分的影响［J］. 应用生态学报，25（11）：3191-3196.

钟晓兰，李江涛，李小嘉，等，2015. 模拟氮沉降增加条件下土壤团聚体对酶活性的影响［J］. 生态学报，35（5）：1422-1433.

Jiao X，Sui Y，Zhang X，2008. Study on the relationship between soil organic matter content and soil urease activity [J]. System Sciences and Comprehensive Studies in Agriculture，24（4）：494-496.

Zhao F J，2012. Long-term experiments at Rothamsted experimental station：Introduction and experience [J]. Journal of Nanjing Agricultural University，35（5）：147-153.

第七章 轮作饲料油菜秸秆还田对高寒山区潮土有机碳含量及结构影响的研究

连作会导致土壤肥力下降、根系分泌物的自毒作用增强、病原微生物数量增加，致使作物生长受阻、产量下降（罗峰等，2012；王劲松等，2016）。科学合理的轮作模式是解决连作障碍的有效措施（秦舒浩等，2014），可减少有害微生物在土壤中的累积，改善土壤微生态环境，促进农作物高产稳产（于高波等，2011），从而实现农业的可持续发展。

土壤有机碳对全球气候变化及碳循环具有重要作用，多年来一直是研究的热点（Batjes et al.，1997；Dormaar et al.，1990；武均等，2015）。土壤团聚体是土壤结构的重要组分，具有维持土壤肥力、改善土壤质量、调节生态环境的功能（Lal et al.，2000；Six et al.，2004），其大小、分布和稳定性影响着土壤养分物质循环和微生物活动（Peth et al.，2008）。土壤团聚体和有机碳不可分割（Bast et al.，2015），土壤团聚作用对有机碳起到了物理保护作用（Blanco et al.，2004；Madari et al.，2004），同时土壤中的有机碳又促进了团粒结构的形成、提高了团聚体的稳定性（张玥琦等，2018；Abiven et al.，2009），团聚体是有机碳的主要存在场所，有机碳是团聚体的重要胶结物质（张玥琦等，2018）。因此，提升土壤团聚体中有机碳含量可提高土壤肥力及土壤的固碳能力。

潮土土壤有机质含量普遍较低且难以积累、沙粒含量高、土壤结构差、养分普遍缺乏，其土壤质量及土壤肥力的提升显得尤为重要（李芳等，2015）。农田管理措施（如耕作方式、种植模式、施肥以及秸秆还田等）是影响土壤结构及有机碳固定的主要因素（徐国鑫等，2018；Simonetti et al.，2012）。有研究表明，轮作能促进土壤大团聚体的形成，并增加大团聚体及其有机碳含量，提高土壤的机械稳定性（Du et al.，2013；宋丽萍等，2015）；研究表明，作物轮作可保持和提高土壤质量（Elcio et al.，2004）。

因此，研究轮作条件下潮土土壤团聚体及其有机碳分布变化很有必要，但目前的研究多集中在施肥措施及耕作方式对潮土养分的影响（陈磊等，2019；龙潜等，2019；张婷等，2019），而且，对适合潮土区土壤结构和肥力改善的轮作模式的筛选研究也少见报道。

作物秸秆是农业生产中的主要废弃物之一，也是一种极为重要的养分资源（黄婷苗等，2015）。研究表明，秸秆还田后土壤容重和紧实度降低，孔隙度增加，土壤肥力和生物活性也得到提高（刘吉宇，2018）。因此，充分利用秸秆这种养分资源，对促进下茬作物的生长和培肥地力有重要意义（黄婷苗，2014）。

油菜秸秆富含氮、磷、钾等成分（胡宏祥等，2012），且油菜为喜磷作物，秸秆中磷含量较高（乌兰等，2010）；玉米秸秆有机质含量为15％左右，且含有丰富的碳、氮、磷、钾、钙等元素（于寒，2015）；马铃薯秸秆含有蛋白质、氨基酸和多种维生素、矿物质（邹文艳等，2018）；荞麦秸秆含有较多蛋白质和碳水化合物，同时含有钙、磷、镁、钾、硒等无机元素（董雪妮等，2017），其秸秆粉对植物发芽、生长发育有抑制作用（徐冉等，2002）。油菜、玉米、马铃薯和荞麦秸秆还田后均有利于改善土壤和农田系统，可使土壤容重降低、土壤孔隙度增加（战秀梅等，2014），并可以提升土壤氮、磷、钾的含量（施平丽，2017）。目前关于秸秆还田的研究主要集中在单种作物还田对土壤肥力的影响，而对不同作物秸秆还田改良土壤结构比较的研究相对较少。

本研究以山西省大同市潮土为研究对象，设置6个处理（表2-2），比较不同轮作模式下土壤团聚体组成、稳定性及团聚体内有机碳分布的差异，并比较不同作物秸秆还田对相同土壤物理性质的影响的差异，旨在为该区选择更有利于土壤结构稳定及固碳能力提升的合理轮作模式提供理论依据。

第一节　不同轮作模式对土壤团聚体及其有机碳的影响

一、土壤团聚体的分布特征

不同轮作模式下不同土层土壤团聚体的分布特征：0～60 cm土层各处理均是大团聚体（>0.25 mm）含量最多，占团聚体总量的80％以上；>3 mm粒级团聚体为优势团聚体，并随土层加深呈现先增加后降低的趋势（FF、BB处理除外）。①在不种作物的休闲裸地上，0～60 cm土层以>3 mm粒径的土壤团聚体的数量为最多，约占总团聚体的50％～65％，随土层从0～40 cm加深到40 cm以下，该粒级团聚体的数量减少，大团聚体的数量也减少。②与休闲裸地相比，荞麦连作后0～60 cm土层土壤大团聚体的数量减少，但仍以>3 mm粒级团聚体为优势团聚体。与荞麦连作相比，不同轮作模式增加了不同土层土壤大团聚体的数量，分别为油菜—荞麦轮作0～60 cm土层，马铃薯—荞麦轮作20～60 cm土层，玉米—荞麦和燕麦—荞麦轮作40～60 cm土层。研究表明轮作可缓解连作对土壤大团聚体造成的不利影响，4种轮作模式中油菜—荞麦轮作模式的效果最佳（图7-1）。

二、土壤团聚体的稳定性

不同轮作模式下不同土层土壤团聚体的稳定性：FF休闲裸地40 cm深度以下土壤团聚体平均重量直径（MWD）和几何平均直径（GMD）明显降低，稳定性降低；与FF相比，荞麦连作BB 20 cm深度以下土壤团聚体$R_{0.25}$、MWD、GMD降低，团聚体的稳定性降低。与BB相比，0～20 cm土层中，RB轮作下MWD、GMD显著增加了5％和7％，团聚体的稳定性增加；其余轮作模式下$R_{0.25}$、MWD、GMD有所降低，团聚体稳定性降低。20～40 cm土层中，各轮作模式下$R_{0.25}$、MWD、GMD均有所增加（CB除外），其

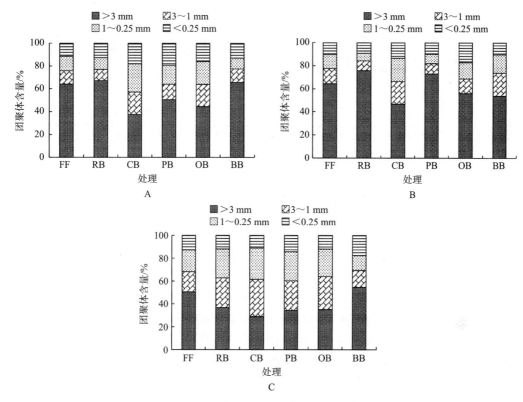

图 7-1 不同轮作模式下不同深度土壤团聚体分布特征

A. 0～20 cm B. 20～40 cm C. 40～60 cm

注：FF 为休闲—休闲；RB 为油菜—荞麦；CB 为玉米—荞麦；PB 为马铃薯—荞麦；OB 为燕麦—荞麦；BB 为荞麦—荞麦。

中 RB、PB 轮作模式分别显著增加 8%、26%、37% 和 7%、26%、39%。40～60 cm 土层中，各轮作模式下 $R_{0.25}$、MWD、GMD 均降低。总体而言，轮作可改善连作对土壤团聚体稳定性的不利影响，主要改善 20～40 cm 土层，其中 RB 轮作模式对 0～40 cm 土层团聚体的稳定性均有所改善，改良效果最好（表 7-1）。

表 7-1 不同轮作模式下不同土层土壤团聚体的稳定性指标

项目	土层深度 /cm	处理					
		FF	RB	CB	PB	OB	BB
$R_{0.25}/\%$	0～20	0.88 ± 0.02a	0.89 ± 0.02a	0.80 ± 0.04c	0.82 ± 0.04bc	0.86 ± 0.05ab	0.88 ± 0.01a
	20～40	0.90 ± 0.01ab	0.93 ± 0.04a	0.85 ± 0.02c	0.92 ± 0.03a	0.87 ± 0.03bc	0.86 ± 0.02bc
	40～60	0.91 ± 0.03a	0.88 ± 0.02ab	0.87 ± 0.04ab	0.86 ± 0.02b	0.87 ± 0.01ab	0.88 ± 0.03ab
MWD/mm	0～20	2.00 ± 0.09c	2.32 ± 0.02a	1.43 ± 0.07f	1.74 ± 0.04d	1.63 ± 0.03e	2.22 ± 0.05b
	20～40	2.10 ± 0.01b	2.28 ± 0.04a	1.67 ± 0.02d	2.28 ± 0.08a	1.82 ± 0.07c	1.81 ± 0.03c
	40～60	1.81 ± 0.05a	1.49 ± 0.04c	1.25 ± 0.06e	1.41 ± 0.05d	1.45 ± 0.06cd	1.66 ± 0.05b

（续）

项目	土层深度 /cm	处理					
		FF	RB	CB	PB	OB	BB
GMD/mm	0～20	1.80 ± 0.06b	2.03 ± 0.05a	1.10 ± 0.05e	1.37 ± 0.07c	1.27 ± 0.03d	1.89 ± 0.06b
	20～40	1.71 ± 0.01b	2.00 ± 0.06a	1.33 ± 0.09d	2.03 ± 0.03a	1.51 ± 0.07c	1.46 ± 0.08c
	40～60	1.45 ± 0.06a	1.12 ± 0.06c	0.94 ± 0.05e	1.03 ± 0.06d	1.09 ± 0.08c	1.36 ± 0.07b

注：FF 为休闲—休闲；RB 为油菜—荞麦；CB 为玉米—荞麦；PB 为马铃薯—荞麦；OB 为燕麦—荞麦；BB 为荞麦—荞麦；同行小写字母不同表示同一土层下各处理间差异显著（$P<0.05$）。

三、土壤团聚体中有机碳的分布特征

不同轮作模式下不同土层土壤团聚体中有机碳的分布特征：各处理土壤团聚体中有机碳在土壤表层富集，且大团聚体含量大于微团聚体，随着土层的加深而降低（RB、BB 除外）。①FF 休闲裸地 0～20 cm、40～60 cm 土层中，1～0.25 mm 粒级团聚体中有机碳含量最高，20～40 cm 土层中，3～1 mm 粒级团聚体中有机碳含量最高。②与 FF 相比，荞麦连作 BB 0～40 cm 土层各粒级团聚体有机碳含量显著降低，40 cm 深度以下显著提高（$P<0.05$）。与 BB 相比，各轮作模式下不同粒级团聚体中有机碳含量在 0～20 cm 土层显著增加（除>3 mm 粒级团聚体外），在 40～60 cm 土层显著降低（$P<0.05$），而 RB、OB 轮作模式下 20～40 cm 土层明显增加，其中 RB 增长幅度最大，随粒径减小依次增加 41%、49%、72% 和 39%。整体而言，轮作可降低连作对 0～40 cm 土层各粒级团聚体中有机碳含量的影响，其中 RB 轮作模式可使其均得到显著提高，更利于有机碳的固定（图 7-2）。

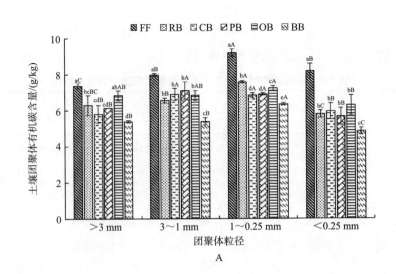

A

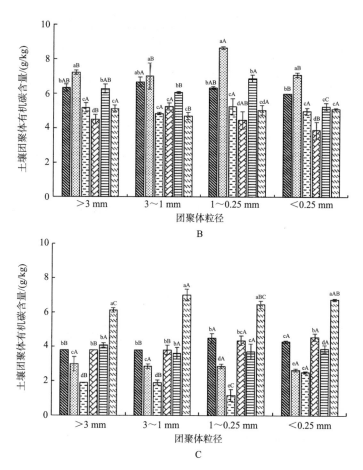

图 7-2 不同轮作模式不同土层土壤团聚体中有机碳含量

A. 0～20 cm B. 20～40 cm C. 40～60 cm

注：FF 为休闲—休闲；RB 为油菜—荞麦；CB 为玉米—荞麦；PB 为马铃薯—荞麦；OB 为燕麦—荞麦；BB 为荞麦—荞麦；图中小写字母不同表示在相同粒级团聚体下各处理间差异显著（$P<0.05$）；大写字母不同表示同一处理各粒级团聚体间差异显著（$P<0.05$）。

四、土壤团聚体有机碳储量

不同轮作模式下不同土层土壤团聚体有机碳储量：0～60 cm 土层各处理均以＞3 mm 粒级团聚体有机碳储量为最高，随着土层的加深呈现先增加后降低的趋势（BB 除外），这与团聚体含量的分布相似。与 FF 相比，荞麦连作 BB 0～20 cm 土层各粒级团聚体有机碳储量均显著降低，40～60 cm 土层则显著增加（1～0.25 mm 粒径除外），20～40 cm 土层团聚体＞3 mm、＜0.25 mm 粒径团聚体的有机碳储量显著降低。与 BB 相比，RB、PB 轮作模式 0～40 cm 土层＞3 mm 粒级团聚体有机碳储量显著增加，且 RB 的增幅较大，OB 轮作显著增加了 20～40 cm 土层＞3 mm 粒级团聚体有机碳的储量。可见，＞3 mm 粒级团聚体更有利于有机碳的固存，连作会降低 0～40 cm 土层土壤中该团聚体有机碳的储量，轮作使其有所改善，RB 轮作的效果最佳（表 7-2）。

表 7-2　不同轮作模式下不同土层土壤团聚体有机碳储量

土层深度/cm	团聚体粒径/mm	有机碳储量/（t/hm²）					
		FF	RB	CB	PB	OB	BB
0～20	>3	11.74 ± 0.22aA	9.85 ± 0.86bA	5.75 ± 0.47eA	9.32 ± 0.01bcA	7.71 ± 0.31dA	8.93 ± 0.11cA
	3～1	2.38 ± 0.02cC	1.49 ± 0.03dB	3.51 ± 0.17aC	2.81 ± 0.19bC	3.36 ± 0.13aB	1.59 ± 0.06dB
	1～0.25	2.92 ± 0.06dB	1.86 ± 0.02eB	4.50 ± 0.09aB	3.48 ± 0.03cB	3.68 ± 0.07bB	1.50 ± 0.02fB
	<0.25	2.36 ± 0.12cC	1.71 ± 0.06dB	2.83 ± 0.21bD	3.26 ± 0.28aB	2.53 ± 0.22bcC	1.59 ± 0.07dB
20～40	>3	12.42 ± 0.40bA	14.00 ± 0.26aA	6.50 ± 0.34eA	9.25 ± 0.56cA	9.73 ± 0.41cA	8.07 ± 0.32dA
	3～1	2.64 ± 0.11aB	1.49 ± 0.16cB	2.52 ± 0.04aB	1.30 ± 0.05cB	2.12 ± 0.02bC	2.71 ± 0.21aB
	1～0.25	2.35 ± 0.03bB	1.52 ± 0.01cB	2.86 ± 0.26aB	1.04 ± 0.12dB	2.63 ± 0.08aB	2.36 ± 0.13bC
	<0.25	1.87 ± 0.01bC	1.65 ± 0.03cdB	1.79 ± 0.07bcC	1.09 ± 0.13eB	2.51 ± 0.10aBC	1.55 ± 0.02dD
40～60	>3	6.03 ± 0.02bA	3.09 ± 0.42dA	1.48 ± 0.01eB	3.50 ± 0.01cA	3.71 ± 0.12cA	9.43 ± 0.21aA
	3～1	2.09 ± 0.01bC	2.10 ± 0.10bB	1.70 ± 0.12cA	2.62 ± 0.19aC	2.75 ± 0.26aB	2.92 ± 0.14aC
	1～0.25	2.66 ± 0.16abB	2.01 ± 0.10cB	0.93 ± 0.14dC	2.94 ± 0.18aB	2.32 ± 0.27bcC	2.38 ± 0.08bD
	<0.25	1.71 ± 0.03bD	0.89 ± 0.02dC	0.75 ± 0.02eD	1.74 ± 0.08bD	1.19 ± 0.06cD	3.36 ± 0.03aB

注：FF 为休闲—休闲；RB 为油菜—荞麦；CB 为玉米—荞麦；PB 为马铃薯—荞麦；OB 为燕麦—荞麦；BB 为荞麦—荞麦；同行小写字母不同表示同一土层同一粒径各轮作处理间差异显著（$P<0.05$）；同列大写字母不同表示同一土层同一轮作模式下各粒径间差异显著（$P<0.05$）。

五、各粒级团聚体有机碳对土壤有机碳的贡献率

不同轮作模式下不同土层土壤团聚体有机碳对土壤有机碳的贡献率：0～60 cm 土层各处理团聚体有机碳对土壤有机碳的贡献率均以>3 mm 粒级团聚体为最高，且随土层加深呈现先增加后降低的趋势（BB 处理除外）。与 BB 连作相比，各轮作模式下团聚体有机碳的贡献率无明显变化，但 0～40 cm 土层中，RB 轮作模式下>3 mm 粒级团聚体有机碳的贡献率最大（表 7-3）。

表 7-3　不同轮作模式下不同土层各粒级团聚体有机碳对土壤有机碳的贡献率

土层深度/cm	团聚体粒径/mm	贡献率/%					
		FF	RB	CB	PB	OB	BB
0～20	>3	60.53 ± 0.19bA	66.00 ± 1.90aA	34.65 ± 2.74eA	49.38 ± 0.53cA	44.61 ± 0.59dA	65.61 ± 0.82aA
	3～1	12.25 ± 0.16cC	10.01 ± 0.79dB	21.17 ± 1.16aC	14.90 ± 1.07bC	19.48 ± 1.30aB	11.69 ± 0.45cdB
	1～0.25	15.05 ± 0.01dB	12.53 ± 0.84eB	27.13 ± 0.71aB	18.44 ± 0.12cB	21.28 ± 0.17bB	11.02 ± 0.12fB
	<0.25	12.17 ± 0.34cC	11.46 ± 0.26cB	17.05 ± 1.22aD	17.28 ± 1.32aB	14.63 ± 0.88bC	11.68 ± 0.49cB
20～40	>3	75.02 ± 0.46bA	75.02 ± 0.46aA	47.55 ± 2.35eA	72.91 ± 0.83aA	57.26 ± 1.14cA	54.72 ± 0.01dA
	3～1	13.69 ± 0.75bB	7.97 ± 0.65eB	18.42 ± 0.20aB	10.29 ± 0.13dB	12.46 ± 0.39cC	18.75 ± 0.06aB
	1～0.25	12.20 ± 0.30cB	8.16 ± 0.14dB	20.95 ± 1.97aB	8.23 ± 1.33dC	15.48 ± 0.26bB	16.00 ± 0.22bC
	<0.25	9.72 ± 0.13cdC	8.84 ± 0.05deB	13.08 ± 0.58bC	8.56 ± 0.62eBC	14.81 ± 0.85aB	10.53 ± 0.28cD

（续）

土层深度 /cm	团聚体粒径 /mm	贡献率/%					
		FF	RB	CB	PB	OB	BB
40~60	>3	38.09±3.14bA	38.09±3.14cA	31.13±2.29dA	32.42±1.35dA	37.26±0.94cA	52.13±0.46aA
	3~1	16.76±0.18dC	26.03±2.66bcB	35.55±0.07aA	24.27±0.73cC	27.58±1.15bB	16.12±0.57dC
	1~0.25	21.26±1.06cB	24.87±0.17abB	17.57±3.94dB	27.24±0.57aB	23.22±1.43bcC	13.15±0.59eD
	<0.25	13.73±0.36cD	11.01±0.32dC	15.76±1.58bB	16.07±0.05bD	11.94±1.28dD	18.60±0.44aB

注：FF 为休闲—休闲；RB 为油菜—荞麦；CB 为玉米—荞麦；PB 为马铃薯—荞麦；OB 为燕麦—荞麦；BB 为荞麦—荞麦；同行小写字母不同表示同一土层同一粒径各处理间差异显著（$P<0.05$）；同列大写字母不同表示同一土层同一处理间各粒径差异显著（$P<0.05$）。

六、讨论

土壤团聚体作为土壤结构的基本单元，其含量与粒级分布不仅影响作物生长发育，还对土壤抗蚀性和可持续利用能力等有重要影响（Alagoz et al.，2009；李杨等，2019）。>0.25 mm 大团聚体的含量通常可以用来判别土壤结构的好坏，其含量和质量越高，土壤结构越稳定（罗晓虹等，2019）。黄丹丹等（2012）对黑土进行了 9 年的定位试验发现，在 3 种保护性耕作处理中，>0.25 mm 机械稳定性团聚体的含量均在 70% 以上。宋丽萍等（2015）在不同轮作模式长期定位试验中发现，各轮作模式下土壤机械稳定性团聚体以≥0.25 mm 团聚体为优势团聚体。本研究中，各处理也均以>0.25 mm 大团聚体的含量为最多，其中>3 mm 粒级团聚体为优势团聚体，说明该研究区土壤团聚体主要以>3 mm 粒级团聚体的形式存在。本研究发现，轮作较连作增加了土壤大团聚体含量，说明轮作有利于改善土壤结构，这与张风华等（2014）的研究结果相似。这是因为轮作加速了有机质的循环，而连作使同一位置土壤长时间受同一模式下同一作物的影响，减少了土壤团聚的发生与组合次数（崔星，2014），从而使大团聚体数量减少；4 种轮作模式形成了不同的团聚体组成特征。油菜输入土壤的有机质主要是靠地表大量的茎秆和叶片分解产生，且其根系较发达，主根入土深度较大，其残留根系、根系分泌物、代谢过程均有利于土壤有机物质的增加，而且油菜作为一种绿肥，在土埋方式下，相同时间跨度下较其他作物秸秆腐解率大，返还到土壤中的有机质较多，这使得各土层大团聚体数量均有所改善，且效果最佳；马铃薯为地下块茎类作物，根系入土较浅，主要分布在 30~70 cm 土层，块茎主要分布在 20~40 cm 土层，且块茎的主要成分为淀粉（曾凡逯等，2015），块茎及根系分泌物均有利于该层土壤胶结（苑亚茹等，2011），另外秸秆腐解也将有机质返还到了该层土壤，促进了团粒结构的形成（徐国鑫等，2018），因此马铃薯—荞麦轮作增加了 20~60 cm 土层土壤大团聚体；玉米成熟期根系入土深度可达 180 cm，但主体根系主要分在距离地面 40 cm 的土层中（于振文，2013），燕麦生育后期 30~90 cm 土层中的根量、根系表面积及根系体积都有所增加（宋晋辉，2004），且玉米、燕麦秸秆中纤维素和木质素的含量较高，不易被分解，返还到土壤中的有机质相对较少，因此主要靠根系分泌物及残留根系将有机质输入土壤，这就使得 40～60 cm 土层团聚体的聚合程度相对较高。本试验中各处理大团聚体的含量随土层深度的增加总体上呈现先增加后降低的趋势（CB、OB 除外），可见大团聚体集中分布在 20～40 cm 土层中。这一方面是由于表层土壤受到水分侵蚀，有机质分解加速，土壤团粒稳定的胶结物质减少，影响了大团聚体的形成（崔星，2014），减少了表层土壤大团聚体；另一方面，作物根系活动层一般为 0～50 cm，随着土层的加深根系活动减弱，微生物活性和多样性降低，因此 40～60 cm 土层土壤大团聚体的数量也相应减少。

>0.25 mm 粒级团聚体的质量百分比（$R_{0.25}$）、MWD、GMD 是反映土壤团聚体稳定性的常用指标（程乙等，2016），$R_{0.25}$、MWD、GMD 越大，表示团聚体稳定性越强（Nimmo et al.，2002；Amézketa et al.，1999）。本研究发现，轮作不仅可以增加土壤大团聚体的含量，还可增加其稳定性，有利于土壤结构的改善，且主要改良 20～40 cm 土层土壤结构。这是因为本试验中秸秆还田深度为 25 cm，荞麦耕作使前茬作物秸秆与土壤更好地混合，加快其腐烂分解，且不同作物的根系特点不同，轮作不仅增加了该土层下的有机质，还影响了土壤微生物的生长和繁殖，进而增强了 20～40 cm 土层土壤团聚体的稳定性。油菜—荞麦轮作模式（RB）下 0～40 cm 土层团聚体的稳定性均得到显著改善，这可能是由于油菜叶片较大，能迅速覆盖地表，减少了当季表层土壤水分的蒸发，且油菜地表大量的茎秆和叶片分解，提高了表层土壤有机碳的含量，从而提高了表层土壤团聚体的稳定性。整体而言，油菜—荞麦轮作可使土壤大团聚体含量及团聚体稳定性得到更好的改善。

土壤中各粒级团聚体有机碳含量是土壤有机物质平衡和转化速率的微观表征，对土壤肥力和土壤碳汇具有双重意义（Wang et al.，2018）。有研究表明，大团聚体比微团聚体含有更多有机碳（聂富育等，2017）。本研究发现，土壤有机碳集中于大团聚体内，油菜—荞麦轮作（RB）模式下 0～40 cm 土层各粒级团聚体有机碳含量增幅最大，这可能是由于相同时间跨度下，油菜较其他作物秸秆的腐解率大，返还到土壤中的养分较多。本试验中轮作及休闲处理下土壤有机碳具有表聚性，且随土层深度的增加含量逐渐降低，这与武均等（2015）的研究结果一致，主要是因为随着土层深度的增加，土壤透气性变差，微生物活性和多样性降低，影响了土壤有机碳的分解转化，且作物落叶残茬、根系及根系分泌物等有机质投入减少，降低了土壤有机碳的循环与转化（刘栋等，2018），而荞麦连作 40～60 cm 土层各粒级团聚体有机碳含量显著增加，具体原因尚待进一步研究。将不同粒级团聚体的组成比例与有机碳含量进行综合分析，可以全面了解各粒级团聚体对土壤有机碳的贡献率（Sarker et al.，2018），而土壤有机碳储量能够反映截留碳的能力（黄晓强等，2016）。何冰等（2018）在长期采取不同培肥措施的试验中发现，各培肥处理有机碳储量以 2～1 mm 粒级团聚体为最高。本试验中，0～60 cm 土层各处理团聚体有机碳对土壤有机碳的贡献率以 >3 mm 粒级团聚体为最高，与有机碳储量结论一致，这是由于本试验土壤中该粒级的团聚体占绝对优势，说明 >3 mm 粒级团聚体是该研究区土壤团聚体有机碳的最大贡献载体，对土壤有机碳有保护作用，提高该粒级团聚体含量可在一定程度上提高土壤固碳能力（何冰等，2018），同时也有利于有机碳的长期固存，本试验结果表明油菜—荞麦轮作模式更有利于土壤固碳能力的提升。

七、结论

山西省大同市潮土以>3 mm粒级的团聚体为优势团聚体，该粒级团聚体为土壤团聚体有机碳的最大贡献载体，且土壤有机碳集中于大团聚体内。各轮作模式均不同程度地增加了土壤大团聚体数量、团聚体稳定性、>3 mm粒级团聚体有机碳储量以及各粒级团聚体有机碳含量，油菜—荞麦轮作模式的效果最佳。

第二节　不同作物秸秆还田对土壤物理性状的影响

一、土壤容重

土壤容重是一定容积的土壤（包括土粒及粒间的孔隙）烘干后质量与烘干前体积的比值。土壤越疏松多孔，容重越小，土壤越紧实，容重越大。作物秸秆还田后土壤容重发生明显变化（表7-4）。①在不施肥的基础土壤条件下，与CK相比，5种作物秸秆还田后0～60 cm土层土壤的容重均降低。施肥对土壤容重无明显影响（$P>0.05$），但施肥与作物种类间存在明显的互作效应（$P<0.01$），油菜、玉米秸秆在施肥的基础上还田土壤的容重降低。②无论施肥与否，5种作物秸秆还田后0～60 cm土层土壤的容重均降低，这主要是由20～60 cm土层降低造成的。表明秸秆还田可加大土壤疏松度，但施肥无明显效果，且油菜秸秆施肥条件下还田、荞麦秸秆在不施肥条件下还田更有利于0～60 cm土层土壤容重的降低。

表7-4　不同处理土壤容重变化（g/cm³）

处理	土层深度/cm	油菜	玉米	马铃薯	燕麦	荞麦	平均	休闲裸地
施肥	0～20	1.17±0.01cB	1.32±0.05bA	1.50±0.07aA	1.27±0.03bB	1.26±0.05bB	1.30	—
	20～40	1.28±0.09cAB	1.34±0.06bcA	1.41±0.02abAB	1.38±0.01bA	1.47±0.03aA	1.38	—
	40～60	1.40±0.08aA	1.35±0.09aA	1.33±0.01aB	1.30±0.05aB	1.41±0.08aAB	1.36	—
	平均	1.28	1.34	1.41	1.32	1.38		
不施肥	0～20	1.22±0.06cdB	1.34±0.03bA	1.43±0.01aa	1.27±0.05cA	1.18±0.03dC	1.29	1.25±0.01cB
	20～40	1.52±0.01aA	1.37±0.01bcA	1.40±0.04bA	1.34±0.03cA	1.39±0.02bcA	1.40	1.52±0.06aA
	40～60	1.30±0.08bAB	1.40±0.07bA	1.39±0.05bA	1.30±0.04bA	1.31±0.01bB	1.34	1.56±0.08aA
	平均	1.35	1.37	1.41	1.30	1.29		1.44

（续）

处理	土层深度/cm	油菜	玉米	马铃薯	燕麦	荞麦	平均	休闲裸地
方差分析		$F_F=0.000^{NS}$；$F_B=11.879^{**}$；$F_S=25.618^{**}$；$F_{F\times B}=5.878^{**}$						

注：同行数据后不同小写字母表示同一土层下各处理间差异显著（$P<0.05$），同列数据后不同大写字母表示同一施肥条件下各土层间差异显著（$P<0.05$）；F为F值，F为施肥处理；B为作物种类；F×B为施肥与作物种类的交互作用；S为土层深度；NS为差异不显著（$P>0.05$）；＊＊为差异极显著（$P<0.01$）。

二、土壤孔隙度

土壤孔隙具有通气、通水和保水作用，而毛管孔隙具有毛细作用，且孔隙中水的毛管传导率大，易于被植物吸收利用，它的大小反映了土壤保持水分的能力。对作物秸秆还田后土壤孔隙度的变化（表7-5、表7-6）进行分析可得：①在不施肥的基础土壤条件下，与CK相比，5种作物秸秆还田后0~60 cm土层土壤总孔隙度、毛管孔隙度增加（荞麦除外）。施肥对土壤孔隙度无明显影响（$P>0.05$），但施肥与作物种类间存在显著的互作效应（$P<0.01$），油菜、玉米秸秆在施肥的基础上还田土壤孔隙度增加。②总体来看，无论施肥与否，作物秸秆还田后0~60 cm土层土壤总孔隙度和毛管孔隙度均增加（荞麦除外），主要为20~60 cm土层的增加。表明秸秆还田有利于增加土壤通气、通水和保水能力，但施肥效果不明显，油菜秸秆还田对0~60 cm土层土壤孔隙度的改善效果最明显。

表7-5　不同处理土壤总孔隙度变化（％）

处理	土层深度/cm	油菜	玉米	马铃薯	燕麦	荞麦	平均	休闲裸地
施肥	0~20	41.2±1.8aA	38.7±1.4abA	37.2±0.2bAB	40.0±1.3aA	40.6±1.6aA	39.5	—
	20~40	37.7±1.0aA	36.7±1.7abA	35.0±0.6bcB	34.4±0.3cB	33.9±0.9cB	35.5	—
	40~60	36.9±1.2bA	38.6±0.8aA	39.0±0.9aA	38.1±0.4abA	32.1±1.4cB	36.9	—
	平均	38.6	38.0	37.1	37.5	35.5		
不施肥	0~20	39.9±1.2bA	39.2±0.7bA	40.8±1.1abA	39.2±1.0bA	39.2±0.5bA	39.7	42.1±0.6aA
	20~40	35.5±0.4bB	36.7±0.7aB	37.6±0.0aAB	36.8±0.5aB	36.9±0.6aAB	36.7	35.4±0.3bB
	40~60	37.8±1.0aAB	36.6±0.7aB	34.4±1.0bB	37.5±0.4aAB	34.9±0.6bB	36.2	34.6±0.2bB
	平均	37.7	37.5	37.6	37.8	37.0		37.4
方差分析		$F_F=0.829^{NS}$；$F_B=9.858^{**}$；$F_S=111.848^{**}$；$F_{F\times B}=3.979^{**}$						

注：同行数据后不同小写字母表示同一土层下各处理间差异显著（$P<0.05$），同列数据后不同大写字母表示同一施肥条件下各土层间差异显著（$P<0.05$）；F为施肥处理；B为作物种类；S为土层深度；NS表示差异不显著（$P>0.05$）；＊＊表示差异极显著（$P<0.01$）。

表 7-6　不同处理土壤毛管孔隙度变化（％）

处理	土层深度 /cm	油菜	玉米	马铃薯	燕麦	荞麦	平均	休闲裸地
施肥	0～20	39.1±1.2aA	38.7±0.6aA	35.5±0.4cA	39.7±0.2aA	37.2±0.7bA	38.0	—
	20～40	35.9±1.0aA	33.7±0.5bB	33.3±0.5bA	32.4±0.7bB	34.1±1.1bAB	33.9	—
	40～60	36.0±0.1aA	36.3±1.1aAB	36.4±1.4aA	34.3±1.1bB	32.6±0.9cB	35.1	—
	平均	37.0	36.2	35.1	35.5	34.6		
不施肥	0～20	39.8±0.5aA	37.7±0.6bA	39.0±0.7aA	39.0±1.1aA	36.9±0.1bA	38.5	39.7±0.4aA
	20～40	33.8±0.5cdB	34.7±0.8bcB	35.8±0.3aB	33.1±0.9dB	35.1±0.7abB	34.5	33.1±0.7dB
	40～60	35.5±0.6aB	34.3±0.6abB	32.0±0.9cC	35.1±0.3aB	32.8±0.1cC	33.9	33.3±1.1bcB
	平均	36.4	35.6	35.6	35.7	34.9		35.4
方差分析		$F_F=0.097^{NS}$；$F_B=15.696**$；$F_S=268.317**$；$F_{F\times B}=2.656*$						

注：同行数据后不同小写字母表示同一土层下各处理间差异显著（$P<0.05$），同列数据后不同大写字母表示同一施肥条件下各土层间差异显著（$P<0.05$）；F 为施肥处理；B 为作物种类；F×B 为施肥与作物种类的交互作用；S 为土层深度；NS 表示差异不显著（$P>0.05$）；＊＊表示差异极显著（$P<0.01$）。

三、土壤田间持水量

田间持水量是土壤所能稳定保持的最高土壤含水量，是对作物有效的最高土壤水含量。分析作物秸秆还田后土壤田间持水量的变化情况（表 7-7）发现：①在不施肥的基础土壤条件下，与 CK 相比，5 种作物秸秆还田后 0～60 cm 土层土壤田间持水量均增加。施肥明显影响土壤田间持水量（$P<0.05$），且施肥与作物种类间存在极显著的互作效应（$P<0.01$），其中施肥条件下油菜、玉米秸秆还田后 0～60 cm 土层土壤田间持水量分别增加 4.1％和 3.7％。②无论施肥与否，作物秸秆还田后 0～60 cm 土层土壤田间持水量均增加，主要是 20～60 cm 土层土壤田间持水量的增加。表明秸秆还田能提高土壤保水能力，有利于作物更好地利用土壤水分，且施肥效果明显，能促进油菜、玉米秸秆还田后田间持水量的增加，同时油菜秸秆施肥条件下还田、荞麦秸秆在不施肥条件下还田更有利于 0～60 cm 土层土壤田间持水量的增加。

表 7-7　不同处理土壤田间持水量变化（％）

处理	土层深度 /cm	油菜	玉米	马铃薯	燕麦	荞麦	平均	休闲裸地
施肥	0～20	33.9±1.4aA	27.0±1.1cA	24.1±1.3dA	30.9±1.5bA	33.4±0.3aA	29.9	—
	20～40	24.8±0.1bB	27.6±0.8aA	24.0±0.7bA	25.1±1.1bB	24.9±1.4bB	25.3	—
	40～60	25.7±0.8bB	28.4±0.6aA	28.3±1.3aA	27.8±1.0aAB	21.1±0.3cC	26.3	—
	平均	28.1	27.7	25.5	27.9	26.5		

（续）

处理	土层深度/cm	油菜	玉米	马铃薯	燕麦	荞麦	平均	休闲裸地
不施肥	0~20	30.6±0.9bA	28.4±0.5cA	28.3±1.3cA	31.4±0.3bA	36.6±1.2aA	31.1	32.2±0.6bA
	20~40	22.5±0.4bB	25.7±0.4aB	26.1±0.6aA	26.5±0.1aB	25.6±0.5aB	25.3	22.4±1.1bB
	40~60	28.0±0.9aA	25.9±0.5bB	27.0±0.7abA	26.7±1.1abB	25.6±0.3bB	26.6	21.4±1.4cB
	平均	27.0	26.7	27.1	28.2	29.3		25.3
方差分析		$F_F=7.994**$；$F_B=10.945**$；$F_S=285.396**$；$F_{F×B}=16.432**$						

注：同行数据后不同小写字母表示同一土层下各处理间差异显著（$P<0.05$），同列数据后不同大写字母表示同一施肥条件下各土层间差异显著（$P<0.05$）；F 为施肥处理；B 为作物种类；F×B 为施肥与作物种类的交互作用；S 为土层深度；NS 表示差异不显著（$P>0.05$）；**表示差异极显著（$P<0.01$）。

四、土壤团聚体分布特征

土壤团聚体是土粒经各种作用形成的直径为 0.25~10 mm 的结构单位，是良好的土壤结构体。对作物秸秆还田后土壤团聚体的分布特征（图 7-3）进行分析可得：①在不施肥的基础土壤条件下，与 CK 相比，5 种作物秸秆还田后 0~60 cm 土层土壤大团聚体（>0.25 mm）数量增多（B2 除外），且均以>3 mm 粒级团聚体为优势团聚体，而作物秸秆在施肥条件下还田后土壤大团聚体呈现减少的趋势，表明秸秆还田有利于 0~60 cm 土层土壤大团聚体数量的增加，而施肥则对土壤大团聚体的形成产生不利影响。

五、土壤团聚体稳定性

土壤团聚体稳定性越强，抗侵蚀能力也就越强。对作物秸秆还田后土壤团聚体稳定性指标（表 7-8）进行分析可得：①在不施肥的基础土壤条件下，与 CK 相比，5 种作物秸秆还田后 0~60 cm 土层土壤团聚体稳定性指标无明显变化规律。施肥对团聚体稳定性产生明显影响，作物秸秆在施肥条件下还田后 0~60 cm 土层 MWD、GMD 均减小，D 均增加，团聚体稳定性下降（玉米秸秆除外）。②在不考虑施肥因素的情况下，作物秸秆还田后 0~20 cm 土层 MWD、GMD 明显增加，D 明显减小，团聚体稳定性增加，表明秸秆还田有利于增加 0~20 cm 土层土壤团聚体的稳定性，但施肥不利于土壤团聚体稳定，且燕麦秸秆还田对土壤团聚体稳定性的增强效果最好，油菜次之。

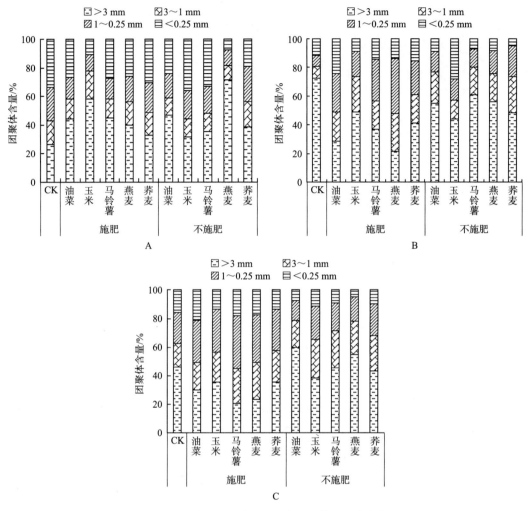

图 7-3　不同处理不同土层土壤团聚体含量分布特征

A. 0～20 cm　B. 20～40 cm　C. 40～60 cm

表 7-8　不同处理对不同土层土壤团聚体稳定性的影响

项目	处理	土层深度/cm	油菜 B1	玉米 B2	马铃薯 B3	燕麦 B4	荞麦 B5	平均	休闲裸地 CK
MWD/ mm	施肥	0～20	1.50bA	1.97aA	1.51bA	1.40bA	1.19bA	1.51	—
		20～40	1.12cdA	1.75aA	1.37bcA	1.00dA	1.48bA	1.34	—
		40～60	1.18abA	1.38aA	0.95bA	1.03abA	1.35abA	1.18	—
		平均	1.27	1.70	1.28	1.14	1.34		
	不施肥	0～20	1.57bA	1.12dA	1.23cdC	2.27aA	1.40bcA	1.52	1.01dA
		20～40	1.89abcA	1.46cA	2.04abA	1.85abcA	1.75bcA	1.80	2.26aA
		40～60	2.01aA	1.46cA	1.61bcB	1.89abA	1.59bcA	1.71	1.59bcA
		平均	1.82	1.35	1.63	2.00	1.58		1.62

（续）

项目	处理	土层深度/cm	油菜 B1	玉米 B2	马铃薯 B3	燕麦 B4	荞麦 B5	平均	休闲裸地 CK
MWD/ mm	方差分析		$F_F=77.961**$；$F_B=1.617^{NS}$；$F_S=3.731**$；$F_{F×B}=28.680**$						
GMD/ mm	施肥	0~20	1.32abA	1.62aA	1.35abA	1.22bA	1.08bA	1.32	—
		20~40	0.94bcA	1.36aA	1.00bcA	0.75cA	1.13abA	1.04	—
		40~60	0.93aA	0.97aA	0.75aA	0.82aA	0.99aA	0.89	—
		平均	1.06	1.32	1.03	0.93	1.07		
	不施肥	0~20	1.33bA	1.08bcA	1.13bcA	1.89aA	1.09bcA	1.30	0.97cA
		20~40	1.51bA	1.31bA	1.63abA	1.47bA	1.26bA	1.44	1.99aA
		40~60	1.59aA	1.10bA	1.25abA	1.44abA	1.19bA	1.31	1.23abA
		平均	1.48	1.16	1.34	1.60	1.18		1.40
	方差分析		$F_F=67.250**$；$F_B=2.887*$；$F_S=13.750**$；$F_{F×B}=17.830**$						
D	施肥	0~20	1.83aA	0.97bA	1.82aA	1.88aA	2.08aA	1.72	—
		20~40	2.10aA	1.20cA	1.88abA	2.12aA	1.75bA	1.81	—
		40~60	2.11aA	1.92aA	2.20aA	2.09aA	1.85aA	2.03	—
		平均	2.01	1.36	1.97	2.03	1.89		
	不施肥	0~20	1.80bA	2.21aA	2.11aA	0.74cA	1.89bA	1.75	2.24aA
		20~40	1.01bA	1.86aAB	0.86bA	1.05bA	1.23bA	1.20	0.78bA
		40~60	0.95bA	1.59abB	1.25abA	0.97bA	1.47abA	1.25	1.69aA
		平均	1.25	1.89	1.41	0.92	1.53		1.57
	方差分析		$F_F=94.843**$；$F_B=3.136*$；$F_S=7.984**$；$F_{F×B}=34.652**$						

注：同行数据后不同小写字母表示同一土层下各处理间差异显著（$P<0.05$），同列数据后不同大写字母表示同一施肥条件下各土层间差异显著（$P<0.05$）；F 为施肥处理；B 为作物种类；F×B 为施肥与作物种类的交互作用；S 为土层深度；NS 表示差异不显著（$P>0.05$）；＊＊表示差异极显著（$P<0.01$）。

六、讨论

土壤容重和孔隙度与土壤松紧状况、土壤结构和腐殖质含量密切相关，是重要的土壤物理指标（顾道健等，2014）。本研究发现，作物秸秆还田可降低土壤容重，增加土壤孔隙度，这与刘威（2016）的研究一致，但不同作物的影响程度不同，且主要影响 20~60 cm 土层。这可能一方面是因为作物生长期间根系的穿插作用，根系直径、数量、长短以及根系分泌物等影响了土壤容重和孔隙度，另一方面，秸秆粉碎还田后，腐解成为有机质，促进了土壤微粒的团聚作用，土壤结构得到改善，从而使土壤容重降低、孔隙度增加（田育天等，2019）。本试验为翻压还田，还田深度为 25 cm，这可能会增加土壤表面水分的蒸发，不利于水分保持（江晶等，2019），且不同作物根系生长特点不同，秸秆还田量也存在差异，因此造成土层与作物间的差异。研究中施用化肥对土壤容重和孔隙度的改善无明显效果，可能是因为施用化肥年限较低，其对土壤结构的影响并没有完全显现出来。本研究还发现油菜秸秆还田对 0～60 cm 土层土壤容重和孔隙度的改良效果较好。这可能是因为在土埋方式下，相同时间跨度条件下，油菜较其他作物的秸秆腐解率大。

土壤田间持水量是土壤能稳定保持的土壤含水量的最高值，常用其作为作物有效水上限以及灌溉上限（岳海晶等，2016）。本研究发现，作物秸秆还田可增加 0～60 cm 土层土壤的田间持水量，以 20～60 cm 土层为主，且不同作物的影响效果不同。这是因为影响田间持水量的主要因素是容重、有机质含量和机械组成，田间持水量随黏粒含量和有机质含量的增大而增大（颜永毫等，2013），本试验中 20～60 cm 土层土壤容重降低，黏粒含量增大，且秸秆还田后提高了土壤有机质含量，进而提高了土壤田间持水量。施肥明显影响田间持水量，增加了油菜、玉米秸秆还田后 0～60 cm 土层土壤的田间持水量，这可能是因为油菜和玉米本身叶片较大，施肥促进了油菜、玉米的生长发育，增加了地表植被覆盖率，减少了生育期土壤水分蒸发，另一方面，秸秆主要由纤维素、半纤维素和木质素组成，在土壤中难以被分解，施用化肥可调节土壤碳氮比，加速秸秆分解（杨滨娟等，2014），在相同时间内，油菜、玉米秸秆对化肥的响应效果较好。本研究还发现，油菜秸秆施肥条件下还田、荞麦秸秆在不施肥条件下还田更有利于 0～60 cm 土层土壤田间持水量的增加。

土壤团聚体是评价土壤肥力和土壤质量的重要指标（王丽等，2014）。本研究表明，作物秸秆还田有利于 0～60 cm 土层土壤大团聚体数量的增加，这与江晶等（2019）的研究结果一致。这可能是由于秸秆还田后土壤有机质含量增加，有机质中的多糖、胡敏酸、蛋白质等胶结物质的含量也相应增加，从而促使了小粒级团聚体胶结形成大团聚体（高洪军等，2019）。研究还发现，施肥对土壤大团聚体的形成产生不利影响，5 种作物秸秆在施肥条件下还田土壤大团聚体数量呈现减少的趋势，这可能是因为施用化肥增加了土壤电解质浓度，电解质对土壤团聚体起分散作用，从而减少了大团聚体的形成（蒋劢博，2016）。

平均重量直径（MWD）、几何平均直径（GMD）和分形维数（D）等常被作为团聚体稳定性指标，MWD 和 GWD 越大，D 越小，表示团聚体稳定性越强，抗蚀能力越强（李涵等，2012）。本研究结果表明，5 种作物秸秆还田后 0～20 cm 土层 MWD、GMD 增大，D 减小，土壤团聚体稳定性增大，这可能是由于秸秆还田后影响了土壤微生物的生长和繁殖，同时生成的有机聚合物借离子键、氢键、范德华力以及腐殖质复合体等连接在黏粒的表面，稳定了土壤结构（冀保毅，2013）。总体来看，作物秸秆在施肥条件下还田后 0～60 cm 土层 MWD、GMD 均减小，D 均增加，团聚体稳定性下降（玉米秸秆除外），可能是因为施用化肥会使土壤电解质浓度增加而对土壤团聚体起分散作用（蒋劢博，2016）。本研究还发现，燕麦秸秆还田对土壤团聚体稳定性的改良效果最好，油菜次之。

七、结论

油菜、玉米、马铃薯、燕麦和荞麦等 5 种作物秸秆还田后，0～60 cm 土层土壤容重降低，毛管孔隙度和田间持水量增加，以 >0.25 mm 粒级团聚体为优势团聚体，且 0～20 cm

土层大团聚体数量增加，MWD 和 GMD 增大，D 减小，土壤团聚体稳定性增加。施肥对土壤容重和孔隙度无明显影响，但明显影响田间持水量，且施肥与作物种类间存在明显互作效应，可降低油菜、玉米秸秆还田后的土壤容重，增加孔隙度和田间持水量。施肥条件下 0～60 cm 土层大团聚体数量呈减少趋势，团聚体稳定性降低。

作物秸秆还田对潮土结构有改良效果，可不同程度地降低土壤容重，增大土壤孔隙度和田间持水量，增加土壤大团聚体数量及土壤团聚体稳定性，但配施化肥的效果不显著。且总体来看，油菜秸秆还田对土壤结构的改良效果最明显，表明油菜秸秆还田更有利于土壤结构与环境的改善，可为合理轮作并秸秆还田在稳产、高产的基础上实现土壤可持续发展提供新思路以及理论依据。

综上所述，合理轮作有利于改善潮土的结构与固碳能力，山西省大同市高寒山区比较理想的轮作模式为油菜—荞麦轮作。

参考文献

陈磊，宋书会，云鹏，等，2019. 连续三年减施氮肥对潮土玉米生长及根际土壤氮素供应的影响 [J]. 植物营养与肥料学报，25 (9)：1482-1494.

程乙，任昊，刘鹏，等，2016. 不同栽培管理模式对农田土壤团聚体组成及其碳、氮分布的影响 [J]. 应用生态学报，27 (11)：3521-3528.

崔星，2014. 西北灌区与旱作区土壤理化性状对首蓿轮作方式的响应 [D]. 兰州：甘肃农业大学.

董雪妮，唐宇，丁梦琦，等，2017. 中国荞麦种质资源及其饲用价值 [J]. 草业科学，34 (2)：378-388.

范倩玉，李晋，刘振华，2020. 不同轮作模式对潮土土壤物理性状的影响 [J]. 山西农业科学，48 (8)：1267-1270.

范倩玉，李军辉，李晋，等，2020. 不同作物秸秆还田对潮土结构的改良效果 [J]. 水土保持学报，34 (4)：230-236.

高洪军，彭畅，张秀芝，等，2019. 不同秸秆还田模式对黑钙土团聚体特征的影响 [J]. 水土保持学报，33 (1)：75-79.

顾道健，薛朋，陆希婕，等，2014. 秸秆还田对水稻生长发育和稻田温室气体排放的影响 [J]. 中国稻米，20 (3)：1-5.

何冰，李廷亮，栗丽，等，2018. 采煤塌陷区复垦土壤团聚体碳氮分布对施肥的响应 [J]. 水土保持学报，32 (4)：184-189，196.

胡宏祥，程燕，马友华，等，2012. 油菜秸秆还田腐解变化特征及其培肥土壤的作用 [J]. 中国生态农业学报，20 (3)：297-302.

黄丹丹，刘淑霞，张晓平，等，2012. 保护性耕作下土壤团聚体组成及其有机碳分布特征 [J]. 农业环境科学学报，3 (8)：1560-1565.

黄婷苗，2014. 秸秆还田条件下冬小麦高产高效的氮素管理与调控 [D]. 杨凌：西北农林科技大学.

黄婷苗，郑险峰，侯仰毅，等，2015. 秸秆还田对冬小麦产量和氮、磷、钾吸收利用的影响 [J]. 植物营养与肥料学报，21 (4)：853-863.

黄晓强，信忠保，赵云杰，等，2016. 北京山区典型人工林土壤团聚体组成及其有机碳分布特征 [J]. 水土保持学报，30 (1)：236-243.

冀保毅，2013. 深耕与秸秆还田的土壤改良效果及其作物增产效应研究 [D]. 郑州：河南农业大学.

江晶，武均，张仁陟，等，2019. 碳氮添加对雨养农田土壤物理性状的影响 [J]. 水土保持学报，33（1）：234-240.

蒋劲博，2016. 长期施肥对灰漠土团聚体形成及有机碳固存影响机制研究 [D]. 乌鲁木齐：新疆农业大学.

李芳，信秀丽，张丛志，等，2015. 长期不同施肥处理对华北潮土酶活性的影响 [J]. 生态环境学报，24（6）：984-991.

李涵，张鹏，贾志宽，等，2012. 渭北旱塬区秸秆覆盖还田对土壤团聚体特征的影响 [J]. 干旱地区农业研究，30（2）：27-33.

李杨，仲波，陈冬明，等，2019. 不同浓度和多样性的根系分泌物对土壤团聚体稳定性的影响 [J]. 应用与环境生物学报，25（5）：1061-1067.

刘栋，崔政军，高玉红，等，2018. 不同轮作序列对旱地胡麻土壤有机碳稳定性的影响 [J]. 草业学报，27（12）：45-57.

刘吉宇，2018. 秸秆还田方式及年限对土壤肥力及团聚体中有机质结构特征的影响 [D]. 长春：吉林农业大学.

刘威，2015. 连续秸秆还田对土壤结构性、养分和有机碳组分的影响 [D]. 武汉：华中农业大学.

龙潜，董士刚，朱长伟，等，2019. 不同耕作模式对小麦—玉米轮作下潮土养分和作物产量的影响 [J]. 水土保持学报，33（4）：167-174，298.

罗峰，王朋，高建明，等，2012. 施肥对连作甜高粱生物产量及品质的影响 [J]. 西北农业学报，21（12）：65-68.

罗晓虹，王子芳，陆畅，等，2019. 土地利用方式对土壤团聚体稳定性和有机碳含量的影响 [J]. 环境科学，40（8）：3816-3824.

聂富育，杨万勤，杨开军，等，2017. 四川盆地西缘4种人工林土壤团聚体及有机碳特征 [J]. 应用与环境生物学报，23（3）：542-547.

秦舒浩，曹莉，张俊莲，等，2014. 轮作豆科植物对马铃薯连作田土壤速效养分及理化性质的影响 [J]. 作物学报，40（8）：1452-1458.

施平丽，2017. 配方施肥对巨峰葡萄园土壤理化性质及果实品质的影响研究 [D]. 雅安：四川农业大学.

宋晋辉，2004. 裸燕麦（莜麦）与春小麦根系发育的比较研究 [D]. 河北：河北农业大学.

宋丽萍，罗珠珠，李玲玲，等，2015. 陇中黄土高原半干旱区苜蓿—作物轮作对土壤物理性质的影响 [J]. 草业学报，24（7）：12-20.

田育天，李湘伟，谢新乔，等，2019. 秸秆还田对云南典型烟区土壤物理性状的影响 [J]. 土壤，51（5）：964-969.

王劲松，樊芳芳，郭珺，等，2016. 不同作物轮作对连作高粱生长及其根际土壤环境的影响 [J]. 应用生态学报，27（7）：2283-2291.

王丽，李军，李娟，等，2014. 轮耕与施肥对渭北旱作玉米田土壤团聚体和有机碳含量的影响 [J]. 应用生态学报，25（3）：759-768.

乌兰，马伟杰，义如格勒图，等，2010. 油菜秸秆饲用价值分析及其开发利用 [J]. 畜牧与饲料科学，31（Z1）：421-422.

武均，蔡立群，齐鹏，等，2015. 不同耕作措施下旱作农田土壤团聚体中有机碳和全氮分布特征 [J]. 中国生态农业学报，23（3）：276-284.

徐国鑫，王子芳，高明，等，2018. 秸秆与生物炭还田对土壤团聚体及固碳特征的影响 [J]. 环境科学，39 (1)：355-362.

徐冉，续荣治，王彩洁，等，2002. 用荞麦秸秆粉防除杂草的初步研究 [J]. 植物保护 (5)：24-26.

颜永毫，郑纪勇，张兴昌，等，2013. 生物炭添加对黄土高原典型土壤田间持水量的影响 [J]. 水土保持学报，27 (4)：120-124，190.

杨滨娟，黄国勤，钱海燕，2014. 秸秆还田配施化肥对土壤温度、根际微生物及酶活性的影响 [J]. 土壤学报，51 (1)：150-157.

于高波，吴凤芝，周新刚，2011. 小麦、毛苕子与黄瓜轮作对土壤微生态环境及产量的影响 [J]. 土壤学报，48 (1)：175-184.

于寒，2015. 秸秆还田方式对土壤微生物及玉米生长特性的调控效应研究 [D]. 长春：吉林农业大学.

于振文，2013，作物栽培学各论 [M]. 2 版. 北京：中国农业出版社.

苑亚茹，韩晓增，李禄军，等，2011. 低分子量根系分泌物对土壤微生物活性及团聚体稳定性的影响 [J]. 水土保持学报，25 (6)：96-99.

岳海晶，樊贵盛，2016. 灰色 GM (0，N) 模型在土壤田间持水量预测中的应用 [J]. 节水灌溉 (1)：19-22.

曾凡逵，许丹，刘刚，2015. 马铃薯营养综述 [J]. 中国马铃薯，29 (4)：233-243.

战秀梅，彭靖，李秀龙，等，2014. 耕作及秸秆还田方式对春玉米产量及土壤理化性状的影响 [J]. 华北农学报，29 (3)：204-209.

张凤华，王建军，2014. 不同轮作模式对土壤团聚体组成及有机碳分布的影响 [J]. 干旱地区农业研究，32 (4)：113-116，139.

张婷，孔云，修伟明，等，2019. 施肥措施对华北潮土区小麦—玉米轮作体系土壤微生物群落特征的影响 [J]. 生态环境学报，28 (6)：1159-1167.

张玥琦，孙雪，张国显，等，2018. 稻草与生石灰添加介导的温室内土壤团聚体稳定性及碳分布特性 [J]. 水土保持学报，32 (3)：199-204，211.

邹文艳，曹永慧，赵立梅，等，2018. 马铃薯高产栽培技术研究 [J]. 农业与技术，38 (6)：142.

Abiven S，Menasseri S，Chenu C，2009. The effects of organic inputs over time on soil aggregate stability——A literature analysis [J]. Soil Biology and Biochemistry，41 (1)：1-12.

Alagöz Z，Yilmaz E，2009. Effects of different sources of organic matter on soil aggregate formation and stability：A laboratory study on a Lithic Rhodoxeralf from Turkey [J]. Soil and Tillage Research，103 (2)：419-424.

Amezketa E，1999. Soil aggregate stability：A review [J]. Journal of Sustainable Agriculture，14 (2-3)：83-151.

Bast A，Wilcke W，Graf F，et al.，2015. A simplified and rapid technique to determine an aggregate stability coefficient in coarse grained soils [J]. Catena，127：170-176.

Batjes N H，Sombroek W G，1997. Possibilities for carbon sequestration in tropical and subtropical soils [J]. Global Change Biology，3 (2)：161-173.

Blanco-Canqui H，Lal R，2004. Mechanisms of carbon sequestration in soil aggregates [J]. Critical reviews in Plant Sciences，23 (6)：481-504.

Dormaaar J F，Smoliak S，Willms W D，1990. Distribution of nitrogen fractions in grazed and ungrazed fescue grassland Ah horizons [J]. Rangeland Ecology and Management/Journal of Range Management Archives，43 (1)：6-9.

Du Z，Ren T，Hu C，et al.，2013. Soil aggregate stability and aggregate-associated carbon under different tillage systems in the North China Plain [J]. Journal of Integrative Agriculture，12 (11)：

2114-2123.

Elcio L B, Miriam K, Arnaldo C F, 2004. Soil enzyme activities under long-term tillage and crop rotation systems in subtropical agro-ecosystems [J]. Brazilian Journal of Microbiology, 35: 300-306.

Lal R, 2000. Physical management of soils of the tropics: Priorities for the 21st century [J]. Soil Science, 165 (3): 191-207.

Madari B, Machado P L O A, Torres E, et al., 2005. No tillage and crop rotation effects on soil aggregation and organic carbon in a Rhodic Ferralsol from southern Brazil [J]. Soil and Tillage Research, 80 (1-2): 185-200.

Peth S, Horn R, Beckmann F, et al., 2008. Three-dimensional quantification of intra-aggregate pore-space features using synchrotron-radiation-based microtomography [J]. Soil Science Society of America Journal, 72 (4): 897-907.

Sarker J R, Singh B P, Cowie A L, et al., 2018. Agricultural management practices impacted carbon and nutrient concentrations in soil aggregates, with minimal influence on aggregate stability and total carbon and nutrient stocks in contrasting soils [J]. Soil and Tillage Research, 178: 209-223.

Simonetti G, Francioso O, Nardi S, et al., 2012. Characterization of humic carbon in soil aggregates in a long-term experiment with manure and mineral fertilization [J]. Soil Science Society of America Journal, 76 (3): 880-890.

Six J, Bossuyt H, Degryze S, et al., 2004. A history of research on the link between (micro) aggregates, soil biota, and soil organic matter dynamics [J]. Soil and Tillage Research, 79 (1): 7-31.

Wang S, Li T, Zheng Z, 2018. Tea plantation age effects on soil aggregate-associated carbon and nitrogen in the hilly region of western Sichuan, China [J]. Soil and Tillage Research, 180: 91-98.

第八章 当年种植饲料油菜改良盐碱地效果初探

土壤盐碱化是一个世界性难题，全球盐渍土面积约为 10 亿 hm²。我国盐渍土面积约为 3 460 万 hm²，其中，盐碱化耕地 760 万 hm²，约占耕地总面积的 1/5，原生盐化型、次生盐化型和各种碱化型土壤分别占总面积的 52%、40% 和 8%（周和平等，2007）。土壤盐渍化是指土壤底层或地下水中的盐分随毛管水上升到土壤表面或近表面积累的过程（张天举，2020）。在潜在蒸发量远大于降水量的干旱和半干旱地区，盐是陆地生态系统生产乃至当地经济发展的关键制约因素（郭勇等，2019）。山西省共有盐碱土地 30.13 万 hm²，占全省平川区总土地面积的 9.9%，主要分布在大同、朔州、忻州、晋中、吕梁、临汾、运城和太原等 8 个市 51 个县（杨沛，2010）。应县位于山西省境内北部、大同盆地南部，是朔州地区的一个重度盐碱县。土壤盐碱化影响植株正常生长，甚至造成植株死亡，严重影响农林业生产（朱建峰等，2018），改良盐碱地势在必行。盐碱地改良的方法很多，其中种植耐盐植物是一个有效措施（武海雯等，2019）。有研究表明，在盐碱地种植紫花苜蓿使 0~40 cm 土壤的脱盐率高达 42.4%，同时还提高了土壤肥力（郑普山等，2012）；在盐碱地种植白茎盐生草可以显著降低土壤全盐量和 pH（王文等，2011）；高粱可以降低盐碱地电导率和盐离子含量（张阳等，2017）。油菜是一种耐盐碱、适应性广的油料作物（刘艳等，2015；黄贺等，2019；杨海莲，2018），饲料油菜则兼具饲用和油用两种特点。目前，关于饲料油菜的研究主要集中在产量品质、青贮饲喂、土壤肥力及麦后复种等方面（张吉鹍等，2016；陈源娥，2006；杨雪海等，2017；陶玥玥等，2019；杨瑞吉，2017；Gao et al.，2018），而有关盐碱地改良的研究相对较少。

本研究旨在通过分析应县盐碱地种植饲料油菜后土壤全盐含量、养分及矿质元素的变化，为有效改良盐碱地提供新的可行作物，并为拓宽饲料油菜的功能提供依据。

一、饲料油菜植株 Na^+ 含量及土壤 pH 和全盐含量

按照土壤盐渍化分级标准，试验田土壤全盐含量在 0.5%~1.0%，为中盐渍土，一般情况下作物生长困难。在低盐碱土壤中（Ls）饲料油菜出苗整齐，且植株高大健壮，长势最好；在高盐碱土壤中（Hs）饲料油菜长势最差，苗少且弱（图 8-1）。说明饲料油菜具有一定程度的耐盐碱性。

3 个处理下，Na^+ 含量在油菜根系中的分布均大于 50%，且随着土壤盐碱程度的增加而升高，地上部植株中 Na^+ 含量的分布比例则呈相反趋势（图 8-2）。饲料油菜从土壤中

图 8-1 不同盐碱度土壤中饲料油菜生长情况

Ls. 低盐碱土壤　Ms. 中盐碱土壤　Hs. 高盐碱土壤

吸收的 Na^+ 主要富集于根系，其中 Ls 处理向地上部植株的转移量相对较多；随着盐碱程度逐渐加重（Hs），大量 Na^+ 富集在根部，造成盐害，限制了油菜的生长发育。Ls、Ms和 Hs 3 个处理初花期土壤 Na^+ 含量与播前相比分别降低了 68.19％、65.62％和 32.31％，pH 和全盐含量比播前也均有所下降，但差异未达显著水平（$P > 0.05$）（图 8-2）。饲料油菜对降低盐碱地土壤 Na^+ 含量具有明显效果。

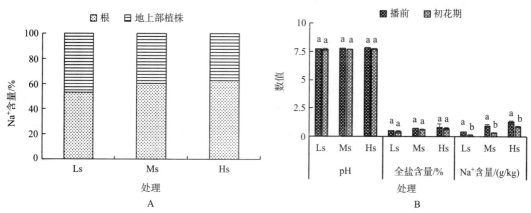

图 8-2 不同盐碱度土壤植株及土壤中养分含量

A. 饲料油菜 Na^+ 含量　B. 土壤 pH、全盐和 Na^+ 含量

注：Ls 为低盐碱土壤；Ms 为中盐碱土壤；Hs 为高盐碱土壤。柱形图上方不同小写字母表示同一指标同一处理不同时期间差异显著（$P < 0.05$）。

二、饲料油菜植株及土壤中养分含量

Ms、Ls 和 Hs 3 个处理饲料油菜根系氮含量分别为 62.68％、60.38％和 47.58％，磷、钾及有机碳含量均在 50％以上（图 8-3）。土壤盐碱程度与油菜根系中氮含量成相反的趋势。这说明饲料油菜吸收的磷、钾、有机碳主要储存于根系，且盐碱程度在一定程度上影响了饲料油菜对氮的积累，进而影响了其生长。

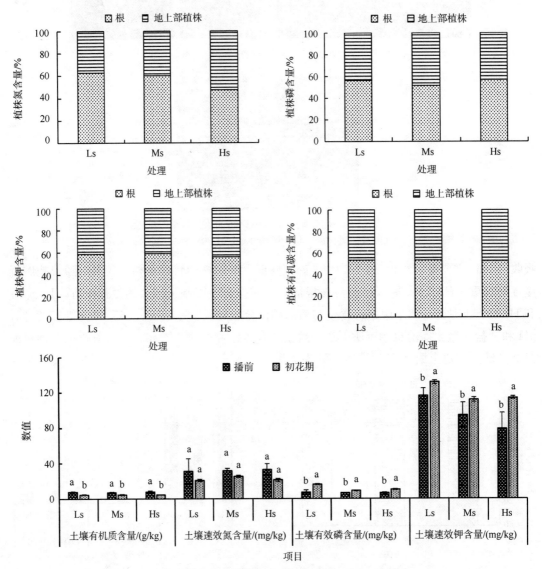

图 8-3　不同盐碱度土壤饲料油菜植株及土壤养分含量

注：Ls 为低盐碱土壤；Ms 为中盐碱土壤；Hs 为高盐碱土壤。柱形图上方不同小写字母表示同一指标同一处理不同时期间差异显著（$P < 0.05$）。

与播前相比，Ls、Ms 和 Hs 3 个处理油菜初花期土壤有效磷、速效钾含量分别增长了

125.99%、34.72%、62.27%和13.14%、17.94%、44.63%（$P<0.05$）；速效氮含量无显著变化（$P>0.05$）；而有机质含量分别降低35.08%、32.12%和44.67%（$P<0.05$）。说明当年种植饲料油菜在一定程度上可以提高盐碱地土壤有效磷和速效钾含量（图8-3）。

三、饲料油菜植株及土壤有效态矿质元素含量

从饲料油菜中5种有效态矿质元素（图8-4）含量分布来看，有效硼、钙、镁3种元素在植株中的分布相似，主要存在于根系；而有效锰在Ms处理下主要分布于根系（54.44%），在Ls和Hs处理下则主要分布于地上部植株（分别为54.07%和53.15%）；有效铁在Ms和Ls处理下主要存在于地上部植株中（分别为85.52%和85.59%），在Hs处理下主要存在于根系（57.22%）。有效铁作为多种酶的辅基，在植物光合电子传递链中起着至关重要的作用，本研究中，随着盐碱程度的增加，油菜地上部植株中有效铁的含量逐渐降低，影响了植物的光合作用。因此，这也是随着盐碱程度的增加，植株长势更差的原因。

与播前相比，Ls、Ms和Hs 3个处理油菜初花期土壤有效铁含量分别升高了37.05%、11.29%和14.39%（$P<0.05$），而其他4种土壤有效态矿质元素含量有不同程度的降低，降低程度分别为：有效锰22.99%～79.4%，有效硼25.89%～41.77%，有效镁3.73%～42.9%，有效钙2.2%～9.14%，均达到显著差异（$P<0.05$）（Ms处理有效镁含量除外）（图8-4）。说明种植饲料油菜有利于提高盐碱地土壤有效铁含量；但土壤中有效硼、有效镁、有效锰、有效钙含量损失较大，尤其是有效硼、有效镁、有效锰，因此盐碱地土壤种植饲料油菜可适当增施硼、锰、镁肥。

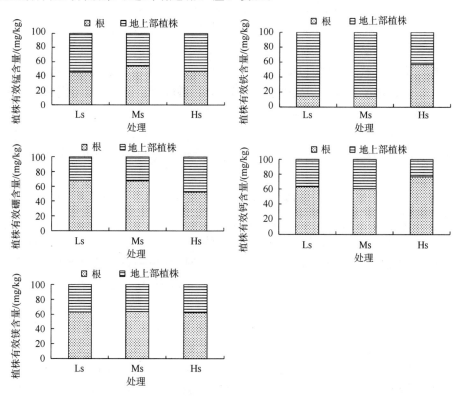

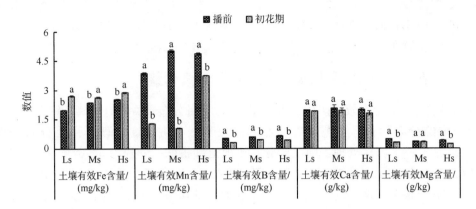

图 8-4 不同盐碱度土壤饲料油菜植株及土壤有效态矿质元素含量

注：Ls 为低盐碱土壤；Ms 为中盐碱土壤；Hs 为高盐碱土壤。柱形图上方不同小写字母表示同一指标同一处理不同时期间差异显著（$P<0.05$）。

四、结论与讨论

油菜是耐盐碱作物（李斌等，2018；黎红亮等，2015），不仅可以增加土壤有机质，提高土壤肥力，还可以促进盐碱地土壤改良，改善土壤环境（纪从亮等，2012；刘海燕等，2010）。饲料油菜能够在盐碱地上生长，一是由于其体内能够积累较多的可溶性糖、氨基酸等类似化合物，提高细胞液浓度，进而从土壤溶液浓度较高的盐碱土壤中吸收水分和养料；二是当其植物组织内可溶性盐少量积累时，原生质中的蛋白质与盐离子结合，增加原生质的含水量（徐润芳，1988），进而降低了盐碱危害。本研究发现，种植饲料油菜可以不同程度降低盐碱地土壤的 Na^+ 含量、全盐含量及 pH，这是因为油菜生长发育过程中改善了土壤胶体种类和数量，减少了土壤胶体对碱性阳离子的吸附作用，从而降低了盐害（何念鹏等，2004）。本研究中低盐碱（Ls）处理土壤 Na^+ 含量降低幅度最大。其原因可能是该区植株枝叶繁茂，能迅速覆盖地表，减少蒸发，减少土壤水分上升，抑制盐分上移；也可能是因为饲料油菜根系更易吸收土壤 Na^+ 并向茎叶转移富集，详细机理尚待进一步研究。

土壤养分是指土壤能够提供植物生活所必需的营养元素，是评价土壤自然肥力的重要因素之一（郝丽婷等，2019）。油菜为十字花科植物，具有活化土壤磷素的作用，同时富含氮、磷、钾元素，其植物残体进入土壤后，可增加土壤中氮、磷、钾养分的含量（何亮珍等，2017）。本研究中，与播前土壤相比，3 个处理种植饲料油菜区土壤有效磷、速效钾含量明显提高。这一方面可能是由于饲料油菜生长过程中产生的一些根系分泌物增加了土壤酶活性，活化了土壤中的一些有机物质，起到了提高土壤肥力的作用；另一方面，饲料油菜植株产生的大量落叶进入土壤后，将从土壤中吸收的一部分营养元素归还到土壤，并通过土壤微生物的活动释放到土壤中，为土壤提供了大量优质绿肥（眭丹，2008），同时油菜中富含磷、钾元素，植株残体进入土壤后，也增加了土壤中有效磷和速效钾的含量。土壤有机质可为作物提供生长发育所需的各种营养成分及能量，其主要来源于植物、动物及微生物残体。本研究中，与播前土壤相比，种植饲料油菜后3个处理饲料油菜区土壤有机质含量有所下降，可能是因为油菜生长期间，土壤中有机质分解，而油菜形成的落叶进入土壤后，转化成的有机质含量低于土壤中分解的有机质含量，从而使土壤有机质含量降低，具体原因需进一步深入研究。

土壤矿质元素是植物生长所需的重要元素，它们既影响植物的生长又与其他代谢因子（如水和CO_2等）共同作用调节植被的组成（毛庆功，2015）。本研究中，种植饲料油菜后3个处理土壤有效态硼、钙、镁、锰的含量明显下降，有效铁的含量呈不同程度的升高，这可能是由于随着土壤pH的降低，铁元素从难溶态向可溶态转化，提高了有效铁含量。因此，在种植饲料油菜改良盐碱地时，可适当增施硼、钙、镁、锰肥，促进盐碱地土壤饲料油菜植株生长健壮，增加土壤有效铁含量。

综上所述，盐碱地种植饲料油菜，提高了土壤肥力和有效铁含量，且对低盐处理盐渍土壤的效果最好。但是，种植饲料油菜会消耗土壤中的硼、钙、镁、锰等矿质元素。所以，在盐碱地种植饲料油菜可以起到改良土壤的作用。

参考文献

陈源娥，2006. 麦后复种油菜是保粮增草的有效途径 [J]. 草业科学（7）：60-62.

范倩玉，李晋，刘振华，等，2020. 饲用油菜对盐碱地土壤改良效果探究 [J]. 河南农业科学，49（11）：71-78.

郭勇，尹鑫卫，李彦，等，2019. 农田-防护林-荒漠复合系统土壤水盐运移规律及耦合模型建立 [J]. 农业工程学报，35（17）：87-101.

郝丽婷，吴发启，2019. 黄土丘陵沟壑区坝地和梯田土壤养分特征与演变 [J]. 水土保持通报，39（5）：16-22.

何亮珍，郭嘉，付爱斌，等，2017. 双季稻冬闲田种植绿肥对土壤理化性质的影响 [J]. 作物研究，31（4）：405-407，414.

何念鹏，吴泠，姜世成，等，2004. 扦插玉米秸秆改良松嫩平原次生光碱斑的研究 [J]. 应用生态学报（6）：969-972.

黄贺，闫蕾，吕艳，等，2019. 甘蓝型油菜发芽期低温耐性的评价与材料筛选 [J]. 中国油料作物学报，41（5）：723-734.

纪从亮，张培通，史伟，等，2012. 江苏沿海滩涂盐碱地植棉优势和潜力分析 [J]. 中国棉花，39（2）：3-5.

黎红亮，杨洋，陈志鹏，等，2015. 花生和油菜对重金属的积累及其成品油的安全性 [J]. 环境工程学报，9（5）：2488-2494.

李斌，王家平，李鲁华，等，2018. 油菜秸秆还田对盐碱地油菜根系生长发育的影响 [J]. 新疆农垦科技，41（11）：24-29.

刘海燕，隆小华，刘兆普，2010. 比较研究苏北沿海滩涂盐土上不同油菜品种生物学特征和产量构成 [J]. 土壤，42（6）：983-986.

刘艳，姚延梼，2015. 耐盐碱树种柽柳对应县重盐碱地的改良效果 [J]. 山西农业科学，43（8）：981-985.

毛庆功，鲁显楷，陈浩，等，2015. 陆地生态系统植物多样性对矿质元素输入的响应 [J]. 生态学报，

35 (17)：5884-5897.

眭丹，2009. 油菜落叶对土壤养分含量及微生物生长的影响 [D]. 扬州：扬州大学.

陶玥玥，汤云龙，徐坚，等，2019. 不同移栽期下毯苗油菜的饲草产量与营养特性 [J]. 草业科学，36 (3)：785-792.

王文，张德罡，2011. 白茎盐生草对盐碱土壤的改良效果 [J]. 草业科学，28 (6)：902-904.

武海雯，杨秀艳，王计平，等，2019. 沙枣改善盐碱土壤养分的研究进展 [J]. 生态学杂志，38 (11)：3527-3534.

徐润芳，杨经泽，庄顺琪，等，1988. 北方冬油菜栽培 [M]. 北京：农业出版社.

杨海莲，2018. 油菜生长习性及需肥特点 [J]. 现代化农业 (11)：16-17.

杨沛，2010. 山西省的盐碱地改造模式及效果 [J]. 山西水土保持科技 (4)：24-25.

杨瑞吉，2017. 密度与氮量对复种油菜土壤肥力性状的影响 [J]. 西南大学学报（自然科学版），39 (7)：44-49.

杨雪海，张巍，赵娜，等，2017. 油菜华油杂 62 不同生长期氨基酸组成及营养价值评价 [J]. 中国油料作物学报，39 (2)：197-203.

张吉鹏，李龙瑞，2016. 花生藤、红薯藤与油菜秸秆饲用品质的评定 [J]. 江西农业大学学报，38 (4)：754-759.

张天举，陈永金，刘加珍，2020. 黄河口湿地不同植物群落土壤盐分与养分分布特征 [J]. 土壤，52 (1)：180-187.

张阳，张伟，赵威军，等，2017. 高粱对盐渍土壤的盐离子吸附初探 [J]. 农学学报，7 (8)：6-9.

郑普山，郝保平，冯悦晨，等，2012. 紫花苜蓿对盐碱地的改良效果 [J]. 山西农业科学，40 (11)，1204-1206.

周和平，张立新，禹锋，等，2007. 我国盐碱地改良技术综述及展望 [J]. 现代农业科技 (11)：159-164.

朱建峰，崔振荣，吴春红，等，2018. 我国盐碱地绿化研究进展与展望 [J]. 世界林业研究，31 (4)：70-75.

Gao S, Gao J, Cao W, et al., 2018. Effects of long-term green manure application on the content and structure of dissolved organic matter in red paddy soil [J]. Journal of Integrative Agriculture, 17 (8)：1852-1860.

附 录
APPENDIX

附表1 饲料油菜作绿肥还田下后作麦田土壤真菌属水平下相对丰度前20的功能类群注释信息

门	OTU ID	分类单元	营养型	注释	置信度	生长形态
	OTU6247	*Acremonium*	病原-腐生-共生型	动物病原菌-内生菌-真菌寄生菌-植物病原菌-木腐菌	可能	微型真菌
	OTU15785	*Aureobasidium*	病原-腐生-共生型	动物病原菌-内生菌-体表寄生菌-植物病原菌-未定义腐生菌	可能	兼性酵母状
	OTU14253	*Bipolaris*	病原型	植物病原菌	很可能	无
	OTU2353	*Chaetomium*	病原-腐生-共生型	动物病原菌-粪腐菌-内生菌-体表寄生菌-植物腐生菌-木腐菌	可能	微型真菌
	OTU5985	*Chaetomium*	病原-腐生-共生型	动物病原菌-粪腐菌-内生菌-体表寄生菌-植物腐生菌-木腐菌	可能	微型真菌
	OTU16085	*Chaetomiumerectum*	腐生型	木腐菌	极可能	微型真菌
	OTU4159	*Cladorrhinum*	病原-腐生-共生型	动物病原菌-粪腐菌-内生菌-植物腐生菌-土壤腐生菌-木腐菌	很可能	微型真菌
	OTU5969	*Eurotiales*	腐生型	未定义腐生菌	可能	微型真菌
	OTU900	*Eurotiales*	腐生型	未定义腐生菌	可能	微型真菌
子囊菌门	OTU382	*Gibberella*	病原型	植物病原菌	很可能	无
	OTU15648	*Gibberella*	病原型	植物病原菌	很可能	无
	OTU14693	*Heteroplacidium*	共生型	地衣共生菌	极可能	叶状
	OTU11219	*Humicola*	腐生型	未定义腐生菌-木腐菌	很可能	无
	OTU4600	*Magnaporthaceae*	病原型	植物病原菌	很可能	微型真菌
	OTU8148	*Magnaporthaceae*	病原型	植物病原菌	很可能	微型真菌
	OTU4698	*Microdochium*	病原-共生型	内生菌-植物病原菌	可能	深色有隔内生菌
	OTU6127	*Mycosphaerella*	病原型	植物病原菌	很可能	微型真菌
	OTU2460	*Penicilliumoxalicum*	病原型	植物病原菌	很可能	无
	OTU11073	*Podospora*	腐生-共生型	粪腐菌-内生菌-凋落物腐生菌-未定义腐生菌	可能	微型真菌
	OTU12225	*Podospora*	腐生-共生型	粪腐菌-内生菌-凋落物腐生菌-未定义腐生菌	可能	微型真菌
	OTU578	*Podospora*	腐生-共生型	粪腐菌-内生菌-凋落物腐生菌-未定义腐生菌	可能	微型真菌
	OTU9617	*Podospora*	腐生-共生型	粪腐菌-内生菌-凋落物腐生菌-未定义腐生菌	可能	微型真菌
	OTU2348	*Ceratobasidiaceae*	病原-腐生-共生型	内生菌根菌-植物病原菌-未定义腐生菌	可能	微型真菌
担子菌门	OTU16816	*Ceratobasidiaceae*	病原-腐生-共生型	内生菌根菌-植物病原菌-未定义腐生菌	可能	微型真菌
	OTU2861	*Entoloma*	病原-腐生-共生型	外生菌根菌-真菌寄生菌-土壤腐生菌-未定义腐生菌	可能	伞菌状

（续）

门	OTU ID	分类单元	营养型	注释	置信度	生长形态
担子菌门	OTU6976	*Entoloma*	病原-腐生-共生型	内生菌根菌-真菌寄生菌-土壤腐生菌-未定义腐生菌	可能	伞菌状
	OTU5636	*Entoloma*	病原-腐生-共生型	内生菌根菌-真菌寄生菌-土壤腐生菌-未定义腐生菌	可能	伞菌状
	OTU12322	*Entoloma*	病原-腐生-共生型	内生菌根菌-真菌寄生菌-土壤腐生菌-未定义腐生菌	可能	伞菌状
	OTU3389	*Tremellales*	病原-腐生-共生型	真菌寄生菌-未定义腐生菌	可能	胶质-酵母状
	OTU7325	*Tremellales*	病原-腐生-共生型	真菌寄生菌-未定义腐生菌	可能	胶质-酵母状
	OTU16133	*Tremellales*	病原-腐生-共生型	真菌寄生菌-未定义腐生菌	可能	胶质-酵母状

附表 2　苜蓿作绿肥还田后作麦田土壤真菌相对丰度≥1%的功能类群注释信息

门	OTU ID	分类单元	营养方式	注释	置信度	生长形态
子囊菌门	OTU14693	*Heteroplacidium*	共生型	地衣共生菌	极可能	叶状
	OTU15648	*Gibberella*	病原型	植物病原菌	很可能	无
	OTU14253	*Bipolaris*	病原型	植物病原菌	很可能	无
	OTU6127	*Mycosphaerella*	病原型	植物病原菌	很可能	微型真菌
	OTU6273	*Pyrenochaetopsis*	病原-腐生-共生型	内生菌-地衣寄生菌-未定义腐生菌	可能	微型真菌
	OTU14239	*Nectria*	病原-腐生-共生型	动物病原菌-内生菌-真菌寄生菌-地衣寄生菌-植物病原菌-木腐菌	可能	微型真菌
	OTU6247	*Acremonium*	病原-腐生-共生型	动物病原菌-内生菌-真菌寄生菌-植物病原菌-木腐菌	可能	微型真菌
	OTU15785	*Aureobasidium*	病原-腐生-共生型	动物病原菌-内生菌-体表寄生菌-植物病原菌-未定义腐生菌	可能	兼性酵母状
	OTU8258	*Lasiosphaeriaceae*	腐生型	未定义腐生菌	很可能	微型真菌
	OTU3438	*Hypocreales*	腐生型	未定义腐生菌	可能	微型真菌
	OTU2683	*Saccharomycetales*	腐生型	未定义腐生菌	可能	酵母状
	OTU6552	*Staphylotrichum*	腐生型	未定义腐生菌	很可能	无
	OTU3620	*Hypocreales*	腐生型	未定义腐生菌	可能	微型真菌
子囊菌门	OTU12966	*Hypocreales*	腐生型	未定义腐生菌	可能	微型真菌
	OTU5406	*Hypocreales*	腐生型	未定义腐生菌	可能	微型真菌
	OTU11684	*Apodospora*	腐生型	未定义腐生菌	很可能	无
	OTU2680	*Pseudogymnoascus Roseus*	腐生型	土壤腐生菌	很可能	无
	OTU13136	*Hypocreales*	腐生型	未定义腐生菌	可能	微型真菌
	OTU7341	*Lasiosphaeriaceae*	腐生型	未定义腐生菌	很可能	微型真菌
	OTU11219	*Humicola*	腐生型	未定义腐生菌-木腐菌	很可能	无
	OTU565	*Hypocreales*	腐生型	未定义腐生菌	可能	微型真菌
	OTU9852	*Sporormiaceae*	腐生型	粪腐菌-植物腐生菌	很可能	微型真菌
担子菌门	OTU16816	*Ceratobasidiaceae*	病原-腐生-共生型	内生菌根菌-植物病原菌-未定义腐生菌	可能	微型真菌
	OTU6976	*Entoloma*	病原-腐生-共生型	外生菌根菌-真菌寄生菌-土壤腐生菌-未定义腐生菌	可能	伞菌状
	OTU13431	*Conocybe*	腐生型	未定义腐生菌	很可能	无
接合菌门	OTU9479	*Mortierellaceae*	腐生-共生型	内生菌-凋落物腐生菌-土壤腐生菌-未定义腐生菌	可能	微型真菌
	OTU16837	*Mortierellaceae*	腐生-共生型	内生菌-凋落物腐生菌-土壤腐生菌-未定义腐生菌	可能	微型真菌

后记
POSTSCRIPT

耕地是最宝贵的农业资源、最重要的生产要素，是粮食生产的命根子。要真正实现"藏粮于地"，首先要有高质量的耕地。习近平总书记明确提出："耕地是我国最为宝贵的资源。我国人多地少的基本国情，决定了我们必须把关系十几亿人吃饭大事的耕地保护好，绝不能有闪失""耕地红线不仅是数量上的，也是质量上的"。李克强总理也强调"要坚持数量与质量并重""扎紧耕地保护的'篱笆'，筑牢国家粮食安全的基础"。

2015年中央1号文件提出"实施耕地质量保护与提升行动"。《中共中央国务院关于加快推进生态文明建设的意见》也要求"强化农田生态保护，实施耕地质量保护与提升行动"。为贯彻落实中央1号文件精神和加快生态文明建设部署，农业农村部制定了《耕地质量保护与提升行动方案》，着力提高耕地内在质量，实现"藏粮于地"，夯实国家粮食安全基础，促进农业可持续发展。

（1）开展耕地质量保护与提升行动，是促进粮食和农业可持续发展的迫切需要。人多地少的国情使我国农业生产一直坚持高投入、高产出模式，耕地长期高强度、超负荷利用，导致耕地质量状况堪忧、基础地力下降。耕地土壤有机质含量降低，土壤养分失衡、生物群系减少等现象比较普遍。加强耕地质量建设，培育健康土壤，提升耕地地力，是夯实农业可持续发展的基础。

（2）耕地质量提升的技术路径是"改、培、保、控"四字要领。其中："改"即改良土壤，针对耕地土壤障碍因素，治理水土侵蚀，改良酸化、盐渍化土壤，改善土壤理化性状，改进耕作方式。"培"即培肥地力，通过增施有机肥、实施秸秆还田、开展测土配方施肥、提高土壤有机质含量、平衡土壤养分，通过粮豆轮作套作、固氮肥田、种植绿肥实现用地与养地结合、持续提升土壤肥力。"保"即保水保肥，通过耕作层深松（耕）打破犁底层、加深耕作层、推广保护性耕作、改善耕地理化性状、增强耕地保水保肥能力。"控"即控污修复，控施化肥农药，减少不合理投入数量，阻控重金属和有机物污染，控制农膜残留。

（3）黄土高原旱作农业区，主要土壤类型是黄绵土和潮土。该区以一年一熟或套作两熟为主，是我国小麦、玉米、小杂粮的重要产区。该区耕地质量主要问题是耕地贫瘠，土壤有机质含量低，保水保肥能力差，干旱缺水。提升该区耕地土壤肥力的重点措施是秸秆还田、增施有机肥、种植绿肥和深松整地。

山西省位于黄土高原东缘，是全国4个粮食主产区之一，现耕地保有量为6 096万亩，基本农田为5 118.52万亩。山西省大部分地区地处山区和丘陵，水资源匮乏，中低产田占比较大，且年均降水不足，降水季节分布不均，多集中在7月、8月、9月3个月，属干旱半干旱地区；除山西南部部分地区光热水资源充足、可以实现一年两熟外，其余地区均为一年一熟。因此，为充分利用光、热、水、土等自然资源，有必要调整种植业结构，发展绿肥作物，用地、养地相结合，以提升耕地地力、保障国家粮食安全和农业可持续发展，助力黄土高原高质量发展。

编者根据多年科研实践成果，参阅相关文献资料，完成了本书的编写工作。全书共八章，由编者与研究生共同撰写，并由高志强教授审阅。

限于编者水平能力，加之编写时间仓促，书中难免存在不妥和疏漏之处，希望大家在使用中提出宝贵意见。

杨珍平

2020 年 11 月

图 3-8　不同绿肥处理不同生育时期不同土层土壤细菌群落在门分类水平上的组成

A. 苗期 0～20 cm 土层　B. 苗期 20～40 cm 土层　C. 开花期 0～20 cm 土层

D. 开花期 20～40 cm 土层　E. 成熟期 0～20 cm 土层　F. 成熟期 20～40 cm 土层

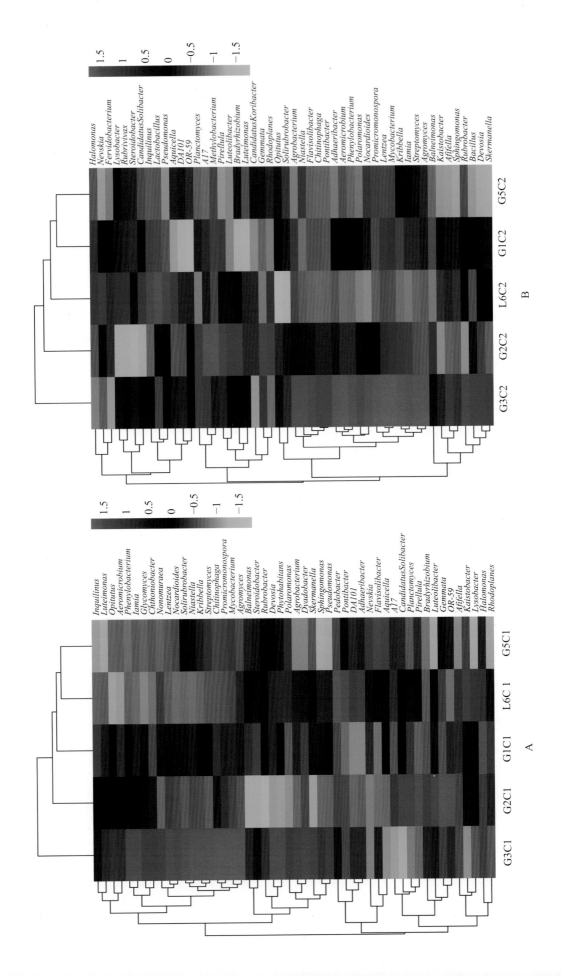

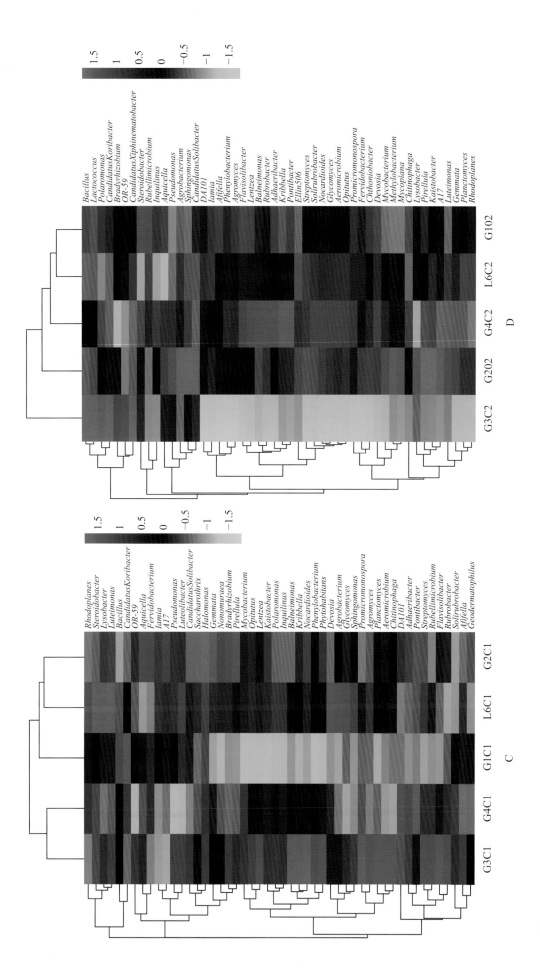

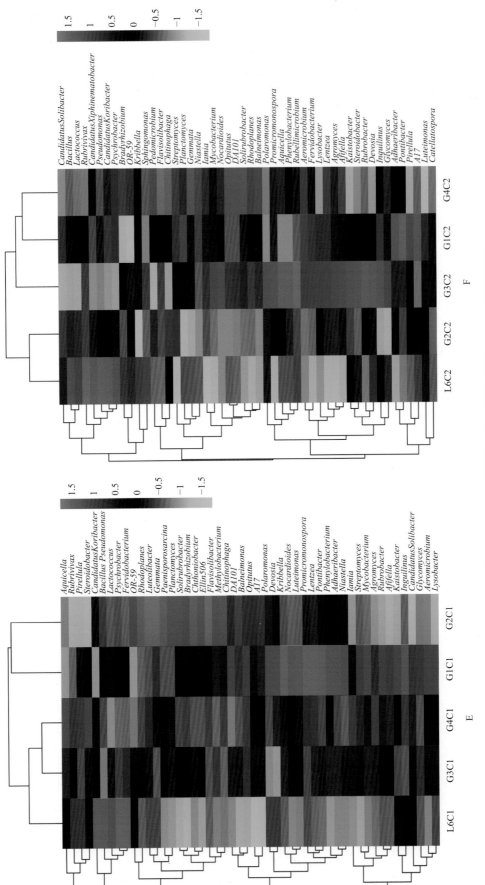

图 3-9 不同绿肥处理不同生育时期不同土层土壤细菌群落属分类水平聚类热图

A. 苗期 0~20 cm 土层 B. 苗期 20~40 cm 土层 C. 开花期 0~20 cm 土层

D. 开花期 20~40 cm 土层 E. 成熟期 0~20 cm 土层 F. 成熟期 20~40 cm 土层

注：各分图左边表示不同细菌群落属分类水平聚类。上部表示不同绿肥处理绿肥聚类。

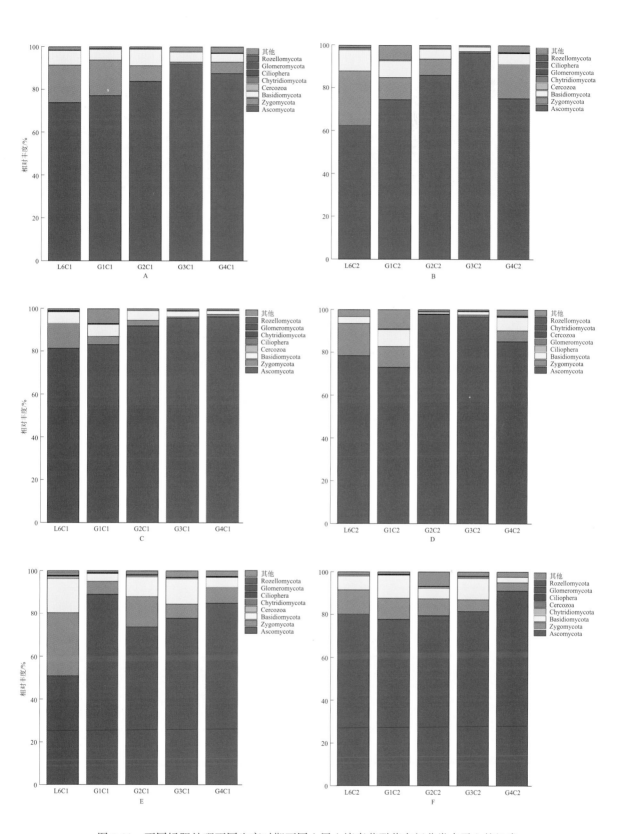

图 3-11　不同绿肥处理不同生育时期不同土层土壤真菌群落在门分类水平上的组成

A. 苗期 0～20 cm 土层　B. 苗期 20～40 cm 土层　C. 开花期 0～20 cm 土层

D. 开花期 20～40 cm 土层　E. 成熟期 0～20 cm 土层　F. 成熟期 20～40 cm 土层

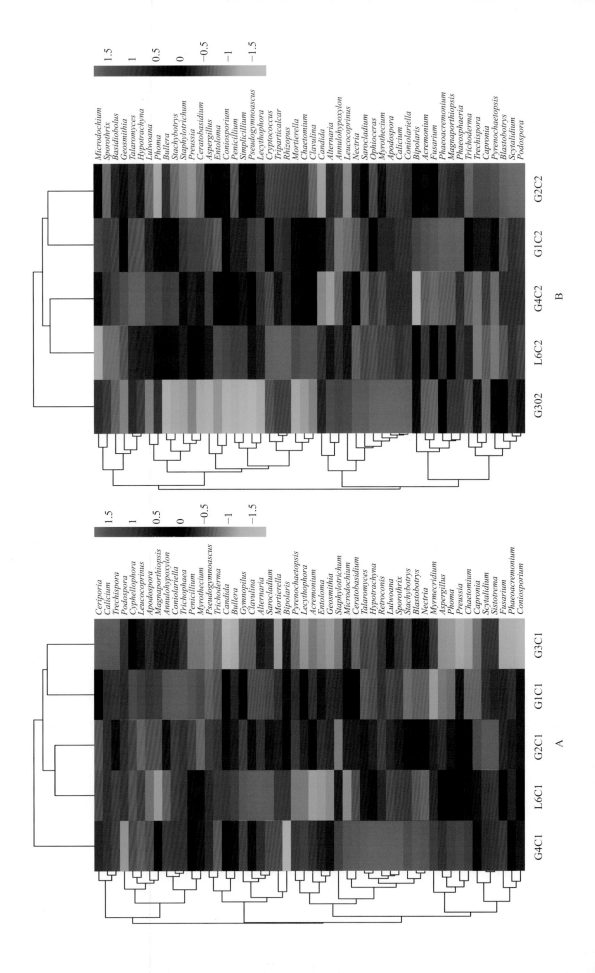

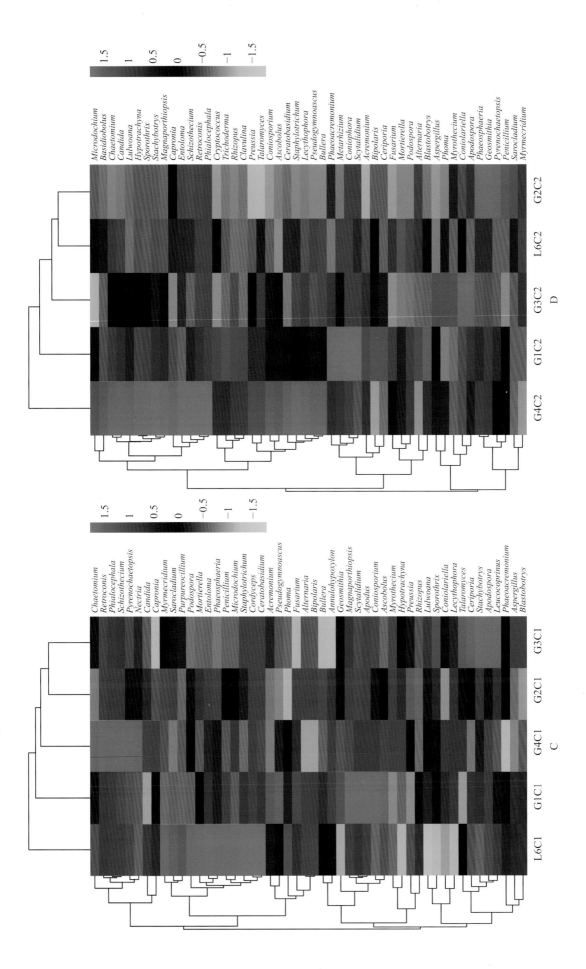

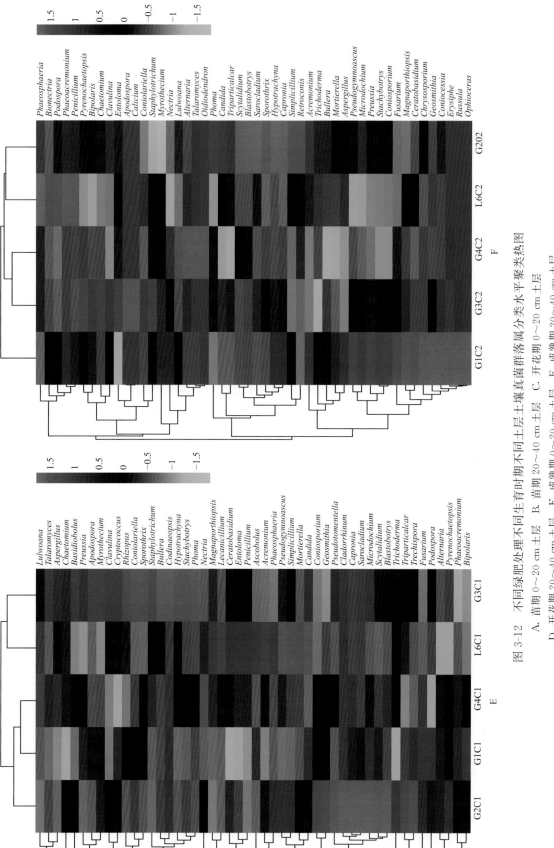

图 3-12　不同绿肥处理不同生育时期不同土层土壤真菌群落属分类水平聚类热图

A. 苗期 0～20 cm 土层　B. 苗期 20～40 cm 土层　C. 开花期 0～20 cm 土层

D. 开花期 20～40 cm 土层　E. 成熟期 0～20 cm 土层　F. 成熟期 20～40 cm 土层

注：各分图左边表示不同细菌，真菌群落属分类水平聚类。上部表示不同绿肥处理聚类。

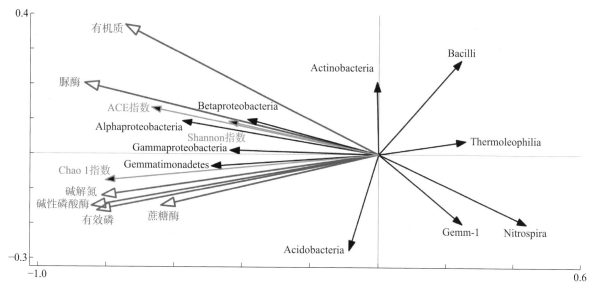

图 4-7　土壤养分、酶活性与细菌群落纲分类水平及多样性指数的冗余分析

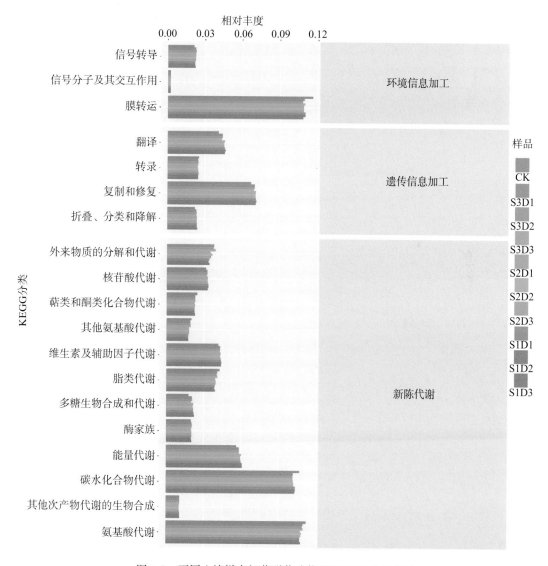

图 4-8　不同土壤样本细菌群落功能基因 KEGG 丰度图

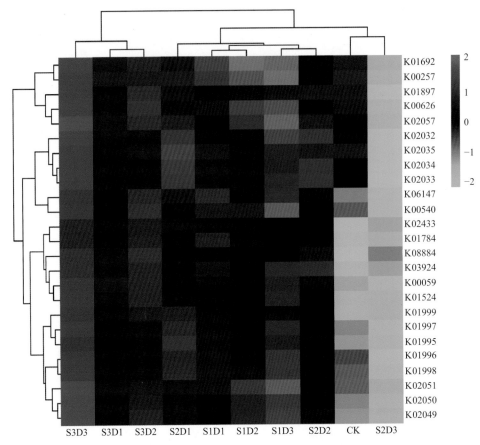

图 4-9　不同土壤样本细菌群落 KEGG 直系同源基因簇(KO)丰度热图

注:横坐标表示所测土壤样本,纵坐标表示代谢相关基因所对应的酶。

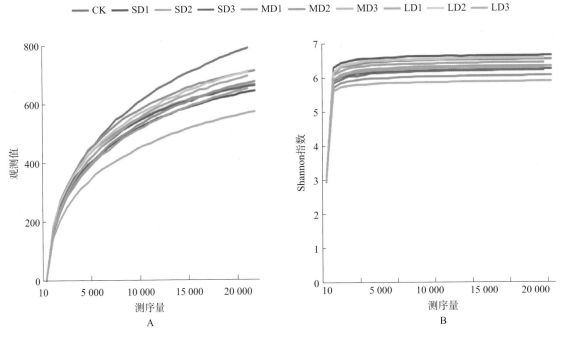

图 4-10　稀疏曲线

A. 真菌丰度系数曲线　　B. Shannon 指数稀疏曲线

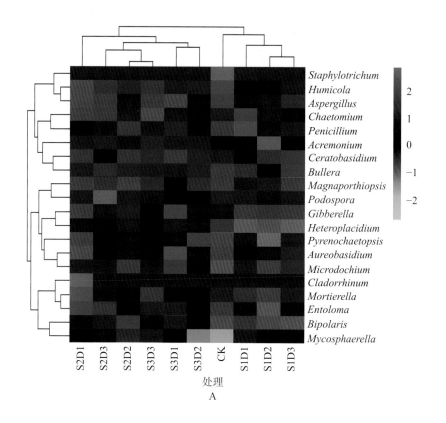

A

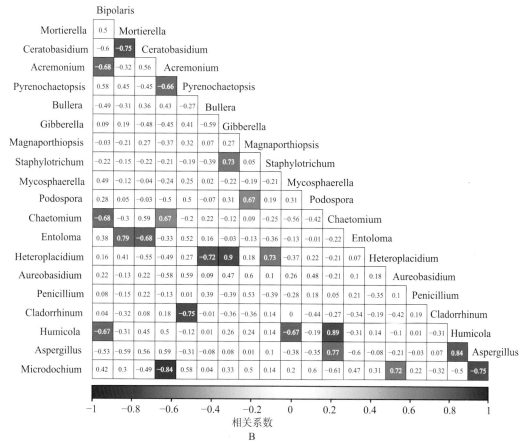

B

图 4-12　属分类水平相对丰度前 20 个已鉴定真菌丰度热图（A）及相关分析（B）

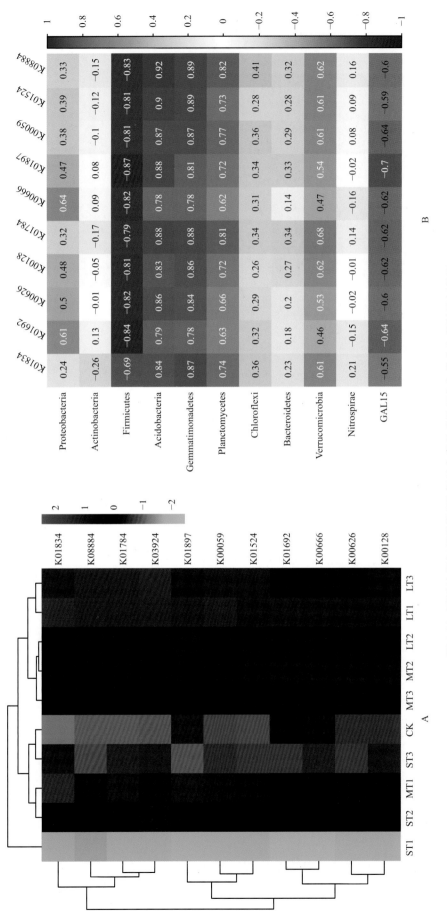

图 5-11　不同处理细菌群落 KO 相对丰度及优势 KO 与优势细菌门的相关性

A. KO 相对丰度热图　B. 优势 KO 与优势菌门的相关性

注：横坐标为处理土壤样本，纵坐标为基因表达丰度；CK 为夏玉米还田，ST1 为小播量早还田，ST2 为小播量中还田，ST3 为小播量晚还田，MT1 为中播量早还田，MT2 为中播量中还田，MT3 为中播量晚还田，LT1 为大播量早还田，LT2 为大播量中还田，LT3 为大播量晚还田。